Computer Literacy

コンピューターリテラシー Microsoft Office Excel 編

多田憲孝+内藤富美子［共著］
Tada Noritaka　Naito Fumiko

［改訂版］

Ohmsha

まえがき

高度情報化社会では、ビジネス分野だけでなく日常生活においても、コンピューターを利用する能力が求められています。この能力のことをコンピューターリテラシー（computer literacy）といいます。本書シリーズはビジネス分野でよく利用されている Microsoft Office のうち、ワープロソフト（Word）、プレゼンテーションソフト（PowerPoint）及び表計算ソフト（Excel）を対象とし、その活用能力を習得することを目的としたコンピューターリテラシーの入門書です。なお、対象としている Office のバージョンは Office 2019 です。

本書シリーズは「Word＆PowerPoint 編」と「Excel 編」の 2 分冊となっており、いずれも、やさしい例題をテーマに、実際に操作しながらソフトウェアの基本的機能を学べるよう工夫されています。また、多くの演習課題が用意されており、活用能力を養うことができます。課題に取り組んでいる際、コンピューターの操作に苦慮することがあるかもしれません。時にはエラーが発生することもあります。しかし、それらを克服し課題を完成させたとき、その喜びと達成感は次の学習への原動力となるでしょう。本書がコンピューターリテラシー習得の一助となれば幸いです。

最後に、本書の刊行にあたりご尽力いただきました株式会社 日本理工出版会に深く御礼申し上げます。

2019 年 12 月

著者ら記す

執筆担当

多田　憲孝　第 8、11、12、14、16、17 章
内藤　富美子　第 1〜7 章、第 9、10、13、15、18 章

本書の利用に際し

1. 本書の利用環境は Windows 10 および Microsoft Office Professional plus 2019 を標準セットアップした状態を想定しています。

2. 本書の例題や演習に関するファイルは、次のサイトでダウンロードすることができます。

   https://www.ohmsha.co.jp/book/9784274229206/

3. キーボードのキー表記はキートップの文字に囲み線をつけて表記します。また、キーを同時に押す場合は 2 つ以上のキーを＋でつないで表記します。

   【例】 A　スペース　Tab　　Shift＋A（シフトキーと A キーを同時に押す）

4. リボンの操作ボタンの指示や値の設定等は、次のように表記します。

(1) タブ名、グループ名、ボタン名等は［　］で囲み、手順は→にて表記します。

【例】［ホーム］タブ →［フォント］グループ →［太字］ボタン

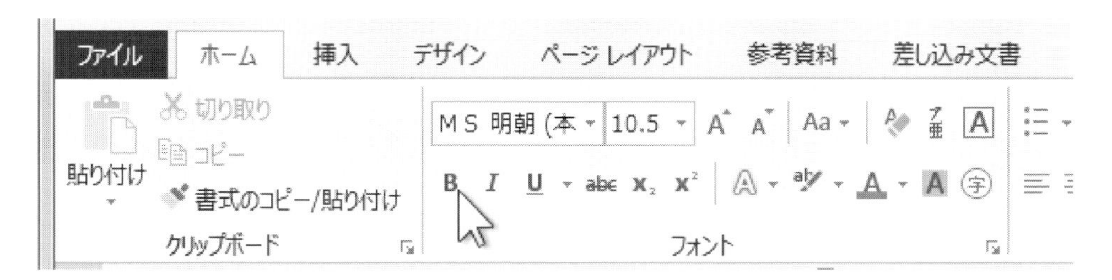

(2) コンボボックス・リストボックス・テキストボックスへの入力値の指示は、次のように表記します。

［欄名］欄；入力値

【例】［文字数］欄；45

文字数

文字数(E):　45　(1-50)　字送り(I):　10.5 pt

標準の字送りを使用する(A)

(3) チェックボックスの設定は、次のように表記します。

［チェックボックス名］チェックオン（あるいはチェックオフ）

【例】［取り消し線］チェックオン

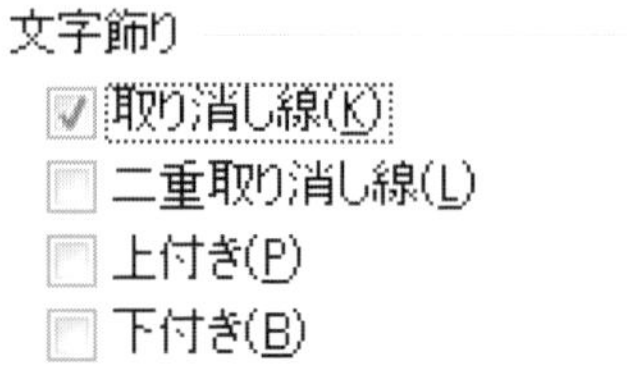

文字飾り
取り消し線(K)
二重取り消し線(L)
上付き(P)
下付き(B)

5. 外来語の表記は、マイクロソフト社日本語スタイルガイド公開版（第1版）に従い表記します。

6. 本書の例題・演習等のデータは架空のものであり、実在する人物・団体・地名等とは一切関係ありません。

7. 塗りつぶしにより着色されたセルは、本書の図では灰色に表示されますが、本文中では演習に使用する Excel シート上の色のとおりに、例えば「黄色のセル」などと表記します。

8. 本文中のシステム名・製品名・会社名は該当する各社の登録商標または商標です。なお、本文中には TM マーク、Ⓡマークは省略しています。

9. 本文中の「One Point」に使用されているロゴタイプは、本書シリーズ Excel 編の執筆者・内藤富美子のデザインによるものです。

目　　次

基　礎　編

第1章　Excelの概要

第2章　データ入力と数式作成

第3章　書式設定と行・列の操作

第4章　基本的な関数

第5章　相対参照と絶対参照

第6章　グラフ機能 I

第7章　データベース機能Ⅰ

第8章　判断処理Ⅰ

第9章　複数シートの利用

第 10 章　基礎編総合演習

応　用　編

第 11 章　日付・時刻に関する処理

第 12 章　文字列に関する処理

第 13 章　グラフ機能Ⅱ

第 14 章　判断処理Ⅱ

第15章　データベース機能II

第16章　表検索処理

第17章　便利な機能

第18章　応用編総合演習

基礎編

Microsoft Excel は、表やグラフを作成するための表計算ソフトです。データの入力・編集、簡単なデータ加工、基本的なグラフ作成等について学びましょう。

第 1 章 Excel の概要

Excel とは**表計算ソフト**の 1 つです。Excel は発売からバージョンアップを重ね、機能が拡充されたりインターフェイスが変化したりしています。本書で説明するバージョンは Excel 2019 です。ここでは、これから Excel の様々な機能を学習していく準備として、すべての章で必要となる基本操作を学びましょう。

1.1 表計算ソフトとは

表計算ソフトとは、数値データの集計や分析を行うアプリケーションソフトです。「ワークシート（スプレッドシート）」と呼ばれる格子状の作業領域のマス目に、データや計算式を入力すると、自動計算が行われます。

Excel では**図 1-1** のように、**表計算機能**だけでなく、**グラフ機能**、**データベース機能**、**マクロ機能**（作業の自動化）などが搭載されており、これらを組み合わせて幅広い用途で利用することができます。

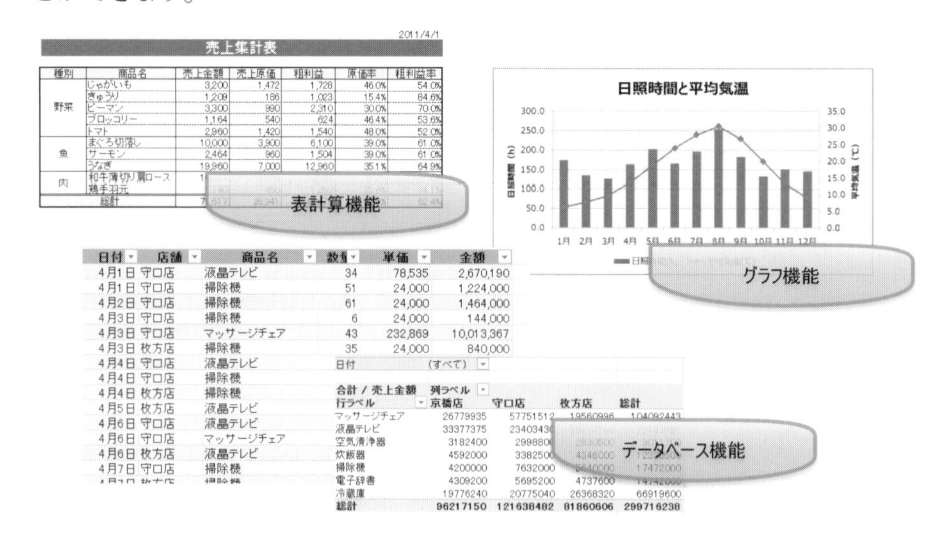

図 1-1　Excel の主な機能

1.2 Excel の起動

Excel を起動しましょう。

① ［スタート］ボタン → ［Excel］をクリックします（**図 1-2**）。

新規ブックを表示しましょう。

② ［空白のブック］をクリックします（**図 1-3**）。

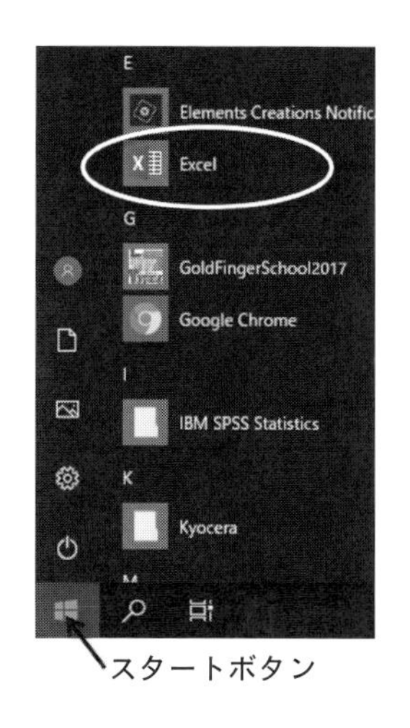

図 1-2　Excel の起動

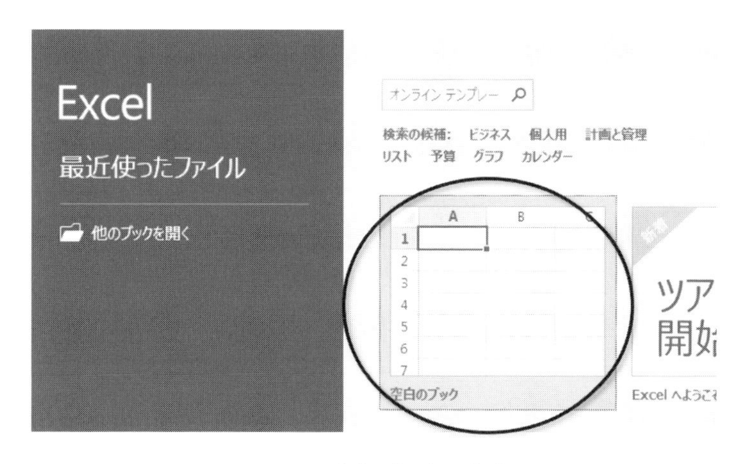

図 1-3　新規ブックの作成

1.3　Excel の画面構成

Excel の画面構成と各部の名称は**図 1-4** のとおりです。本書の説明ではこの名称が使用されますので、はじめに確認しておきましょう。詳細については各章で順に説明します。

1.3.1　各部の名称

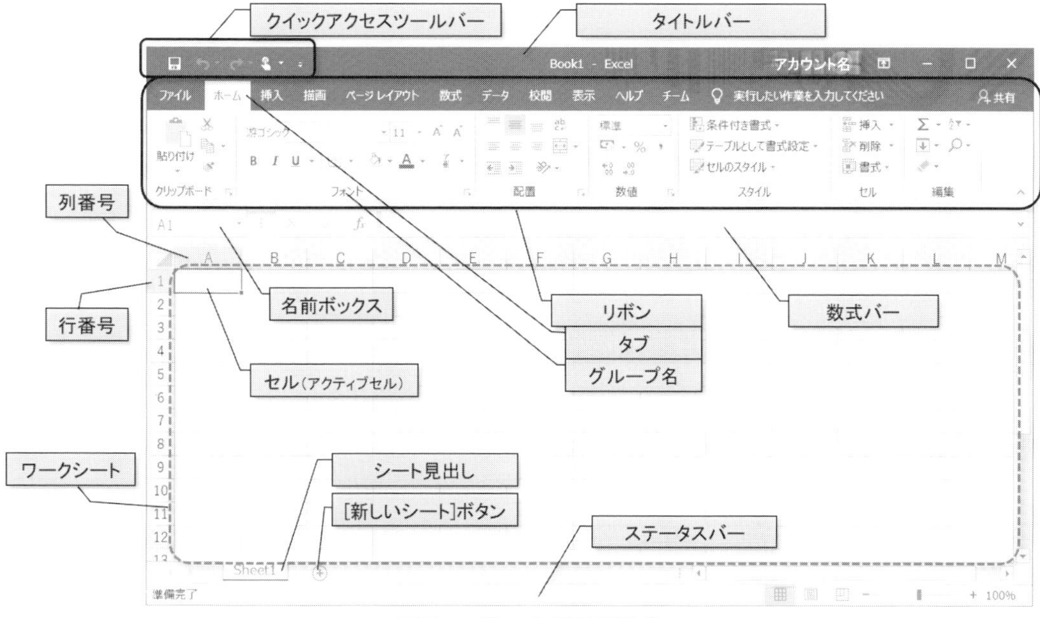

図 1-4　Excel の画面構成

1.3.2　ワークシート

ワークシートは、**行**（1行•2行…等）と**列**（A列•B列…等）で構成された広大な領域です。サイズは1,048,576行×16,384列（最終列：XFD列）です。ワークシートは、必要に応じて［新しいシート］ボタンより追加することができます。

ブック

Excel では、ファイルのことを**ブック**といいます。ブックには複数のワークシートが含まれます。

1.3.3　セルとアクティブセル

ワークシートのマス目を**セル**といいます。すべてのセルには、「A1」「B2」等のようにワークシートの行番号と列番号の組み合わせで構成された名前が付けられています。ワークシートにはたくさんのセルが存在しますが、入力対象のセルは1つのみです。現在の入力対象のセルを「**アクティブセル**」といいます。**図1-5**のように、アクティブセルは太枠で囲まれ、行・列番号が強調表示されるほか名前ボックスにも名前が表示されます。

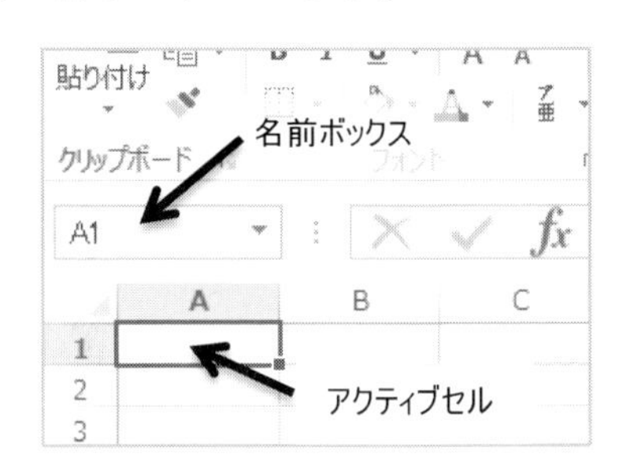

図1-5　アクティブセル

1.4　Excel の基本操作

作成済みの Excel ファイルを使用して、各種の基本操作を確認しましょう。

【使用ファイル：Excel 01.xlsx】

1.4.1　ファイルの読み込み

学習に必要なファイル「Excel 01.xlsx」を開きましょう。

① ［ファイル］タブ →［開く］→［参照］ボタンをクリックします（**図1-6**）。

② ［ファイルを開く］ダイアログボックスが表示されます。

　ファイルが保存されている場所を選択し、開きたいファイル「Excel 01.xlsx」のアイコンをダブルクリックします。

図1-6　ファイルの読み込み

1.4.2　シートの切り替え

ブックに含まれるワークシートの中で、編集対象となっているシートを「**アクティブシート**」といい、**図 1-7** のようにシート見出しの色が白く表示されます。アクティブシートは、シート見出しをクリックして切り替えることができます。

21	4018	4月4日	枚方店	液晶テレビ
22	4019	4月5日	京橋店	液晶テレビ
23	4020	4月5日	京橋店	電子辞書

4月　5月　6月

図 1-7　アクティブシート

Excel 01.xlsx には、**図 1-7** のように 3 枚のワークシートがあります。切り替えて各シートの内容を確認してみましょう。

1.4.3　アクティブセルの移動

アクティブセルの移動方法はいくつかあります。次の操作を試してみましょう。

【使用ファイル：Excel 01.xlsx　使用シート：4 月】

- マウスで任意のセルをクリック
- ↑ ↓ ← → キー

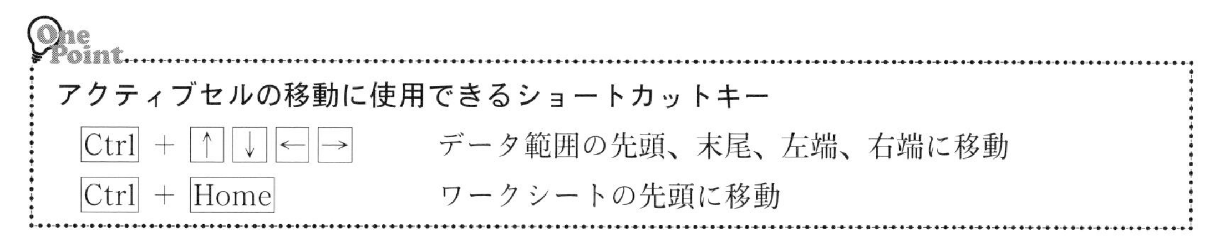

One Point

アクティブセルの移動に使用できるショートカットキー

Ctrl ＋ ↑ ↓ ← →	データ範囲の先頭、末尾、左端、右端に移動
Ctrl ＋ Home	ワークシートの先頭に移動

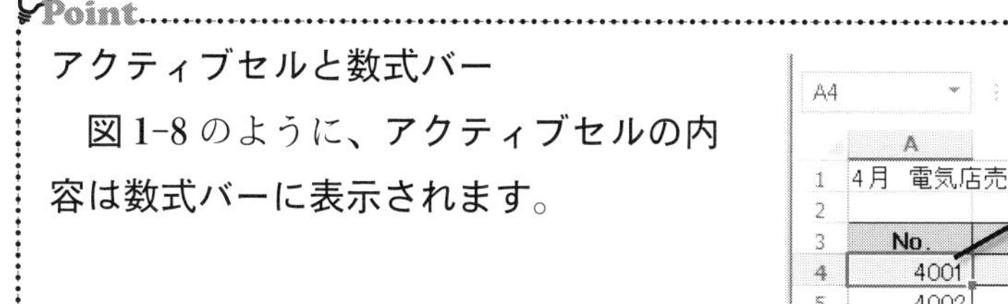

One Point

アクティブセルと数式バー

図 1-8 のように、アクティブセルの内容は数式バーに表示されます。

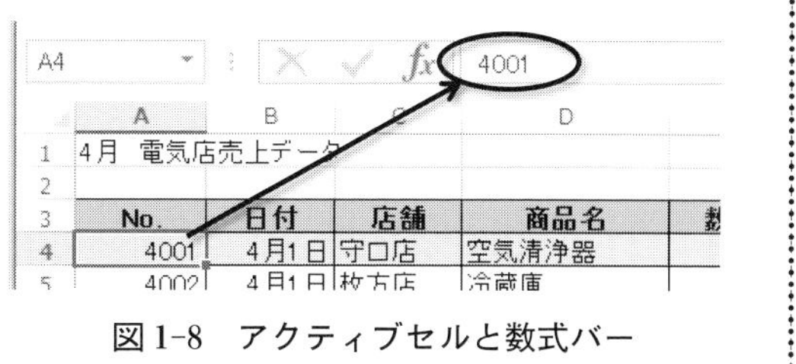

図 1-8　アクティブセルと数式バー

1.4.4　範囲選択

Excel でコマンド（命令）を実行したりデータを入力したりする際には、対象となるセルや行などを範囲選択します。**表 1-1** を参照し、選択方法を確認してみましょう。

【使用ファイル：Excel 01.xlsx　使用シート：4 月】

表1-1　範囲選択方法

対象	マウスポインター		操作方法		
	合わせる位置	形状	単独（1セル・1行・1列）	連続範囲	複数範囲（離れた範囲）
セル	セルの中心（図1-9）		➢ クリック	➢ ドラッグ ➢ 先頭をクリックし、Shiftキーを押しながら最終をクリック	➢ 1箇所目を選択し、Ctrlキーを押しながら2箇所目以降を選択
行	行番号の中央（図1-10）				
列	列番号の中央（図1-11）				

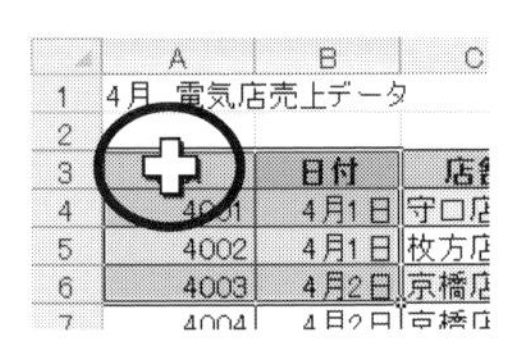

	A	B	C
1	4月　電気店売上データ		
2			
3		日付	店舗
4	4001	4月1日	守口店
5	4002	4月1日	枚方店
6	4003	4月2日	京橋店
7	4004	4月2日	京橋店

図1-9　セル選択

	A	B	C	D
1	4月　電気店売上データ			
2				
3	No.	日付	店舗	商品名
4	4001	4月1日	守口店	空気清浄器
5	4002	4月1日	枚方店	冷蔵庫
6	4003	4月2日	京橋店	液晶テレビ
7	4004	4月2日	京橋店	電子辞書
8	4005	4月2日	京橋店	冷蔵庫
9	4006	4月2日	京橋店	掃除機
10	4007	4月2日	守口店	液晶テレビ
11	4008	4月2日	守口店	冷蔵庫
12	4009	4月2日	枚方店	空気清浄器
13	4010	4月3日	守口店	液晶テレビ
14	4011	4月3日	守口店	空気清浄器
15	4012	4月3日	守口店	空気清浄器
16	4013	4月3日	枚方店	液晶テレビ

図1-11　列選択

	A	B	C	D	E	F	G	H
1	4月　電気店売上データ					開始No.		
2								
3	No.	日付	店舗	商品名	数量	単価	売上金額	
4	4001	4月1日	守口店	空気清浄器	14	15,300	214,200	
5	4002	4月1日	枚方店	冷蔵庫	7	99,880	699,160	
6	4003	4月2日	京橋店	液晶テレビ	11	78,535	863,885	
7	4004	4月2日	京橋店	電子辞書	7	25,200	176,400	

図1-10　行選択

1.4.5　リボンの操作（セルのコピー）

Excelでコマンドを実行するには「**リボン**」を使用します。**図1-12**のように、リボンは「**タブ**」で機能別に分類され、さらに各コマンドのボタンは「**グループ**」に分類されています。ここでは、コピーを例に、リボンの使い方を確認しましょう。

図1-12　リボン

【使用ファイル：Excel 01.xlsx　使用シート：4月】

セルA4のデータを、セルG1にコピーしましょう。

① セルA4をクリックして選択します。

② ［ホーム］タブ → ［クリップボード］グループ → ［コピー］ボタンをクリックします。

③ 貼り付け先のセルG1をクリックして選択します。

④ ［ホーム］タブ → ［クリップボード］グループ → ［貼り付け］ボタンをクリックします。

One Point

元に戻す

クイックアクセスツールバー → ［元に戻す］ボタンをクリックすると、操作を元に戻すことができます。タブの切り替えに影響を受けず、常に表示されています。

1.5　Back Stage ビュー

［ファイル］タブをクリックして表示される画面（**図 1-13**）を「**Back Stage ビュー**」といいます。Back Stage ビューでは、ファイルの保存や印刷等ファイルに関する詳細情報の管理を行うことができます。ここでは、印刷プレビューの確認とファイルの保存をしましょう。

図 1-13　Back Stage ビュー

1.5.1　印刷プレビュー

印刷プレビューでは、ワークシートを印刷する前に印刷イメージを確認することができます。

印刷プレビューを確認しましょう。

①　［ファイル］タブ → ［印刷］をクリックします（**図 1-13**）。

Back Stage ビューから、編集画面に戻しましょう。

②　左上部の矢印 をクリックします。

1.5.2　ファイルの保存

既存のファイルに加えた変更を保存する場合は「**上書き保存**」をします。ファイルを新規作成した場合や、既存のファイルを他の場所や別名に変更する場合は「**名前を付けて保存**」をします（**図1-14**）。

「Excel 01.xlsx」を「Excel 01 完成.xlsx」という名前に変更して保存しましょう。

① ［ファイル］タブ → ［名前を付けて保存］ → ［参照］ボタンをクリックします。

② ［名前を付けて保存］ダイアログボックスが表示されます。保存先を選択します。

③ ［ファイル名］のボックスをクリックし、「Excel 01 完成」と修正します（**図1-15**）。

※拡張子「.xlsx」を消去しても、ファイルの種類に応じて自動的に付加されます。

図1-14　ファイルの保存

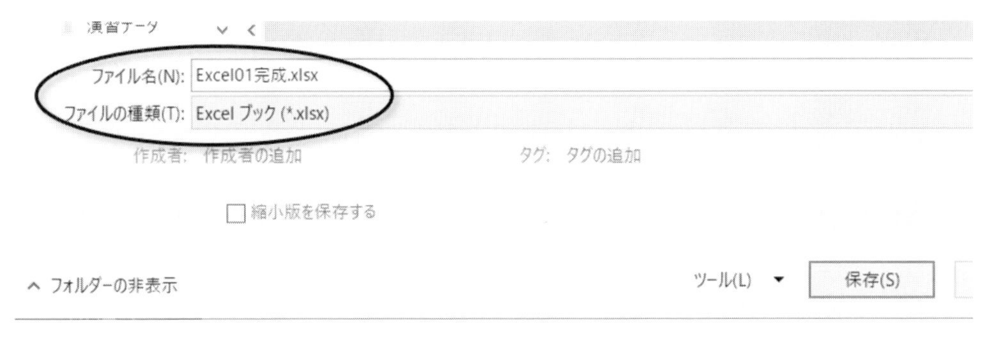

図1-15　ファイル名の変更

④ ［保存］ボタンをクリックします。

One Point

Excel 2019の拡張子

Excel 2010以降のバージョンでの拡張子は「.xlsx」です。ファイルの種類「Excel ブック（*.xlsx）」を選択すると、この形式で保存されます。Excel 2003以前のバージョンではファイル形式が異なりますので、それ以前のExcelで作業をする場合は「Excel 97-2003 ブック（*.xls）」を選択します。

1.6　Excelの終了

Excelを終了しましょう。

① 画面右上の［閉じる］ボタン ✕ をクリックします。

第 2 章　データ入力と数式作成

ここでは、データの入力方法と基本的な四則演算の数式作成を学びましょう。

2.1　データ入力

データ入力のポイントを理解し、効率よく入力する方法を習得しましょう。

例題 1-1　次のようなデータを入力しましょう。

	A	B	C	D	E
1	2010年商品別売上集計表				4月1日
2					
3	商品名	単価	仕入値	数量	売上金額
4	あさり	88	20	20	
5	うなぎ	998	350	20	
6	中トロ	580	253	35	
7	合計				

図 2-1　例題 1-1　完成見本

2.1.1　データの種類

Excel で扱うデータには「文字列」「数値」の 2 種類があります（表 2-1）。

表 2-1　データの種類と特徴

	文字列	数値
計算対象	計算対象にならない	計算対象になる
表示	➢ 左揃え ➢ 列幅からはみ出して表示	➢ 右揃え ➢ 列幅を超えると指数や##で表示

2.1.2　入力のポイント

(1)　データ入力は、セル単位で行います。セルにデータを入力する操作は、①アクティブセルの移動、②文字・数値の入力、③ Enter キーで確定、の 3 段階で完了します。

(2)　数値や数式入力では日本語入力を OFF にし、変換が必要な場合のみ ON にします。

(3)　数値は、入力範囲をあらかじめ選択しまとめて入力します（図 2-2）。

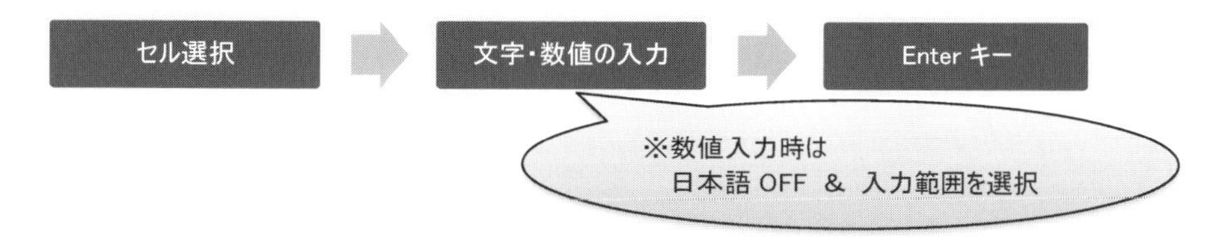

図 2-2　データ入力のポイント

2.1.3　文字列の入力

それでは、例題1-1を作成しましょう。まずは、日本語の見出し部分を入力します。

A列の見出しを入力しましょう（**図2-3**）。

① 日本語入力をONに切り替えます。

※Excel起動時の初期設定ではOFFになっています。

※切り替えは半角/全角キーで行いましょう。

② セルA3をクリックし、アクティブセルにします。

③ 「商品名」と入力します。

④ Enterキーを押して確定します。

※アクティブセルが自動的に1つ下のセルA4に移動します。

※文字列を入力すると左揃えで表示されます。

⑤ 同様にセルA7「合計」まで入力します。

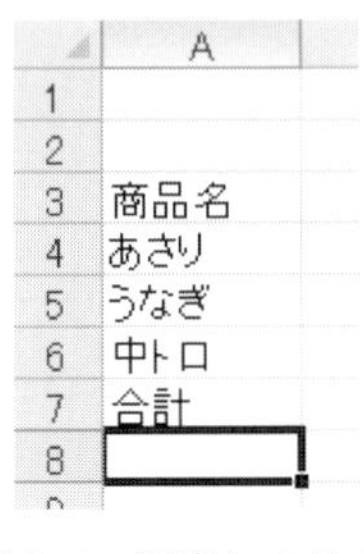

図2-3　見出しの入力

3行目の見出しを入力しましょう（**図2-4**）。

⑥ セルB3をクリックし、アクティブセルにします。

⑦ 「単価」と入力します。

⑧ Tabキーを押して確定します。

※アクティブセルが自動的に1つ右のセルC3に移動します。

※Tabキーの他にも、入力方向によって↑↓←→キーで確定すると効率的です。

⑨ 同様にセルE3「売上金額」まで入力します。

図2-4　見出しの入力

A1のタイトルを入力しましょう（**図2-5**）。

⑩ セルA1に「2010年商品別売上集計表」と入力し、確定します。

※A列から文字がはみ出して表示されますが、**文字列はすべてA1に入力されています**。再度A1をアクティブセルにして数式バーを確認しましょう。

※隣接セルB1にデータが入力された場合、セルからはみ出した部分は見えなくなります。

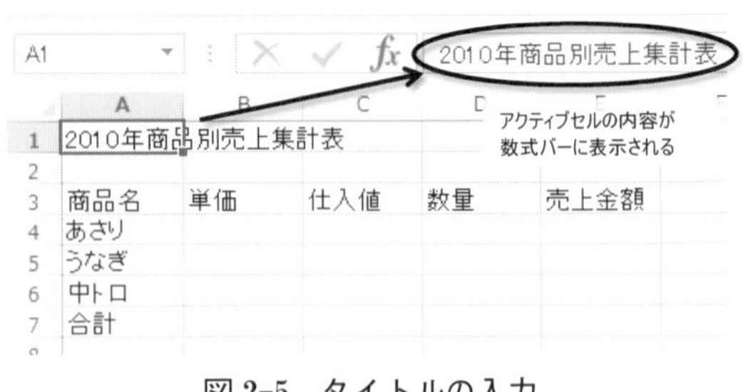

図2-5　タイトルの入力

文字列の入力が終了したら、日本語入力はOFFに切り替えておきましょう。

2.1.4　数値の入力

数値を入力しましょう。数値データを効率よく入力するためのポイントは次の 2 点です。

(1)　日本語入力は OFF にする

日本語入力が ON の状態でも入力は可能ですが、変換状態を確定する Enter キーの入力が必要になるため、余分な操作が増えてしまいます。Excel の作業では数値データを大量に入力することが頻繁にあります。少しでも効率的な方法で行うようにしましょう。

(2)　入力範囲を選択しまとめて入力する

あらかじめ入力範囲を選択しておくと、選択範囲内のみでアクティブセルが移動するため、次の列に移る際にアクティブセルの移動がスムーズに行えます。

①　日本語入力を OFF に切り替えます。

②　セル B4:D6 をドラッグし、入力範囲を選択します（**図 2-6**）。

※複数セルが選択されていても、アクティブセルは 1 つです。名前ボックスに現在のアクティブセルが表示されています。

※「B4:D6」は「B4 から D6 の連続したセル」を意味します。

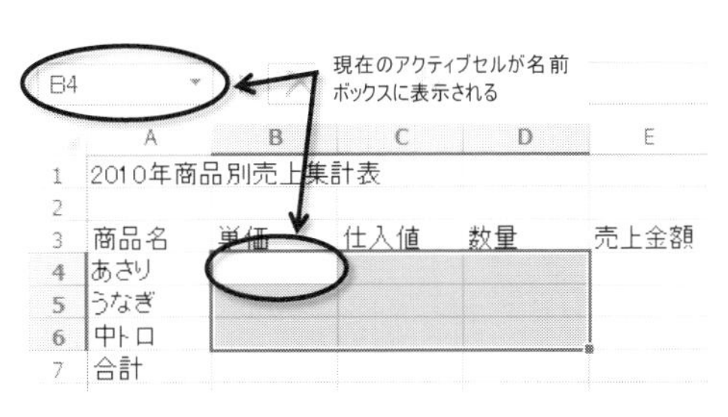

図 2-6　入力範囲の選択

③　「88」と入力し Enter キーを押して確定します（**図 2-7**）。

※アクティブセルが自動的に 1 つ下のセル B5 に移動します。

※数値を入力すると右揃えで表示されます。

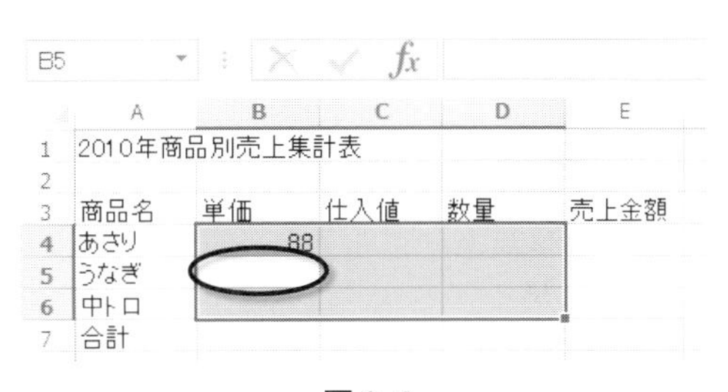

図 2-7

④　同様にセル B6 まで入力し Enter キーを押して確定します（**図 2-8**）。

※アクティブセルが自動的に範囲内の次のセル C4 に移動します。

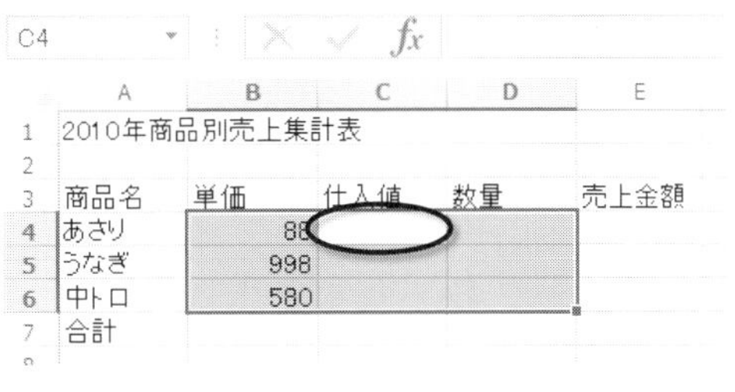

図 2-8

⑤　同様にセル D6 まで入力し Enter キーを押して確定します（**図 2-9**）。

※アクティブセルが自動的に範囲内の先頭セル B4 に移動します。

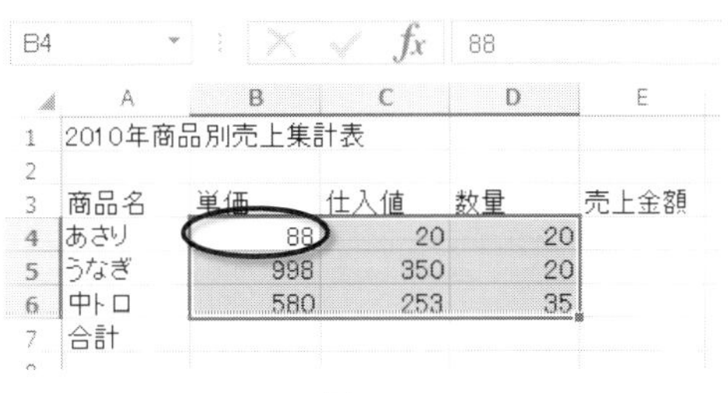

図 2-9

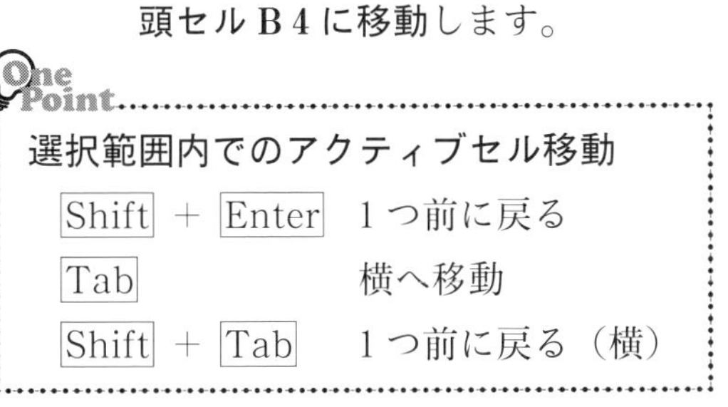
One Point

選択範囲内でのアクティブセル移動

Shift ＋ Enter　1 つ前に戻る

Tab　横へ移動

Shift ＋ Tab　1 つ前に戻る（横）

2.1.5　日付データの入力

日付データは数値として扱われます。「/」や「-」で区切ると日付データとして認識され、期間の計算などに使用することができます。詳しくは応用編「第11章　日付・時刻に関する処理」で学習します。

①　日本語入力をOFFに切り替えます。

②　セルE1に「4/1」と入力します（**図2-10**）。

③　Enterキーを押して確定します（**図2-11**）。

※自動的に「○月○日」という表示形式が設定されます。

※年を省略して入力すると、コンピューターが保持する日付情報に基づいて、入力時点の年の日付として認識されます。

※再度E1をアクティブセルにして数式バーを確認しましょう。

※日付は数値データとして扱われるため、右揃えで表示されます。

図2-10　日付の入力

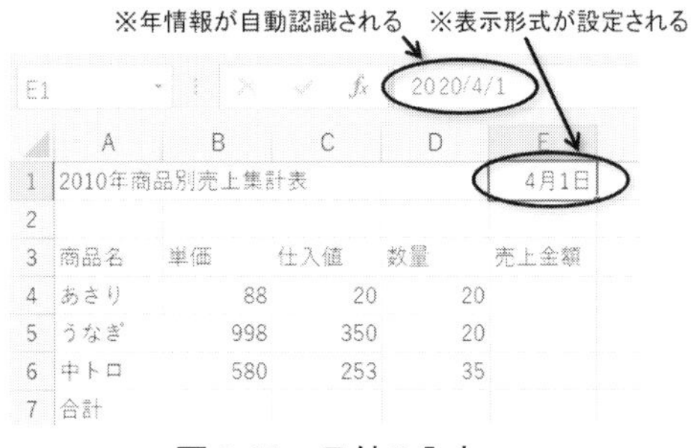

図2-11　日付の入力

2.2　データの修正と削除

例題1-2　例題1-1で入力したデータを次のように修正しましょう。

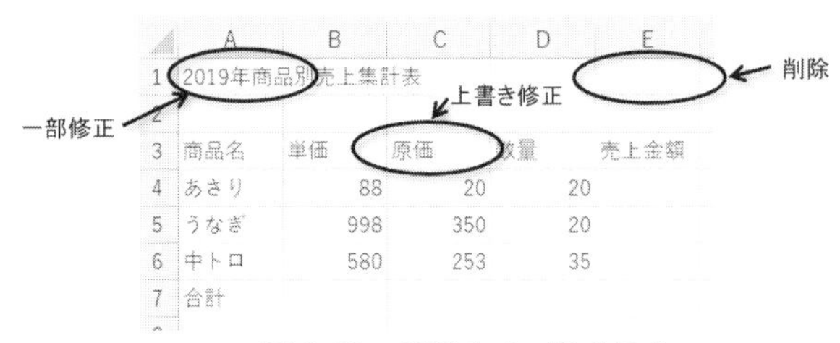

図2-12　例題1-2　完成見本

2.2.1　データの上書き修正

データを打ち直す場合は、入力時と同様の操作をします。入力済みのセルを選択して**新たなデータを入力すると上書き**されます。

セルC3の「仕入値」を「原価」に修正しましょう。

①　セルC3をアクティブセルにします。

②　「原価」と入力します（**図2-13**）。

※元のデータを削除する必要はありません。

③　Enterキーを押して確定します。

図2-13　上書き修正

2.2.2　データの一部修正

入力済みのデータの一部だけを修正する場合は、セルを**ダブルクリック**して「**編集状態**」にします。

セルＡ1の「2010年度…」を「2019年度…」に修正しましょう。

① セルＡ1をダブルクリックします。

※カーソルが表示され、「編集状態」になります。

② ←→キーでカーソルを移動後、Deleteキーまたは Back Spaceキーで「0」を削除して「9」と入力します（**図2-14**）。

③ Enterキーを押して確定します。

図2-14　一部修正

One Point

編集状態にする別法

- 数式バーをクリック（数式バー上にカーソルが表示される）
- F2キー（セル内の末尾にカーソルが表示される）

2.2.3　データの削除

セルのデータをすべて削除する場合は、セルを選択しDeleteキーを使用します。複数セルを選択して一括削除することも可能です。

セルＥ1の日付データを削除しましょう（**図2-15**）。

① セルＥ1をアクティブセルにします。

② Deleteキーを押します。

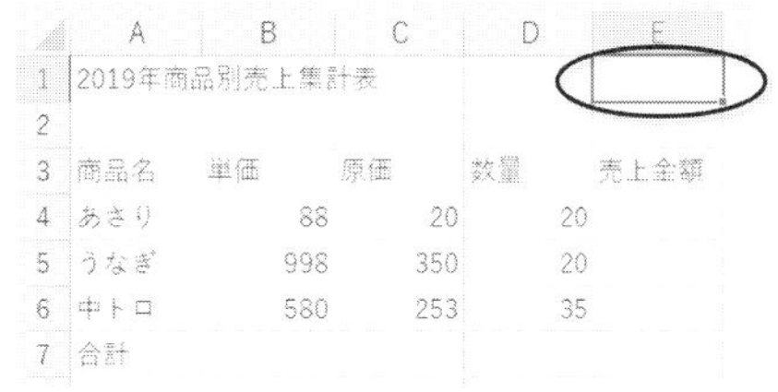

図2-15　削除

One Point

Delete と BackSpace の違い

Excelではセルのデータを削除する際に BackSpaceキーはあまり使用しません。

BackSpaceキーを使用すると**図2-16**のように、セル内にカーソルが残るほか、複数セルを選択している場合にはアクティブセルのみデータが削除されます。

Deleteキーの場合

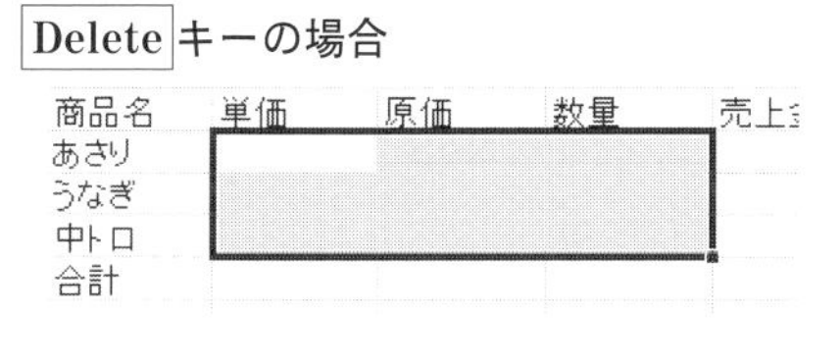

BackSpace キーの場合

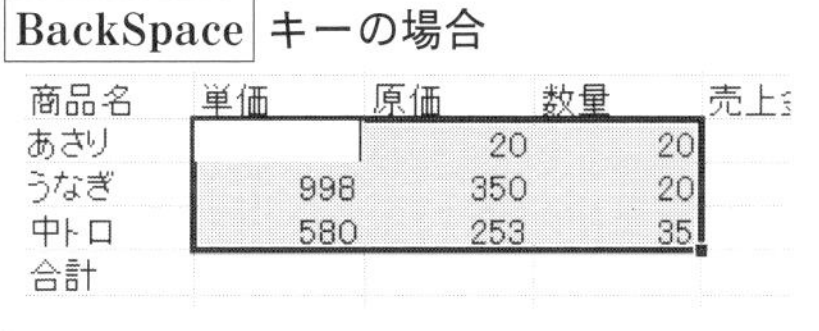

図2-16

データ修正の取り消し

セル内のデータを修正途中で[Esc]キーを押すと、修正前の状態に戻すことができます。ただし、[Esc]キーで取り消せるのは[Enter]キーで確定する前までです。確定後に操作を取り消す場合は、クイックアクセスツールバー［元に戻す］ボタンを使用します。

2.3　数式の入力

数式の入力はExcel活用の第一歩です。入力方法や形式には様々なものがありますが、まずは基本的な四則演算の方法を学びましょう。

例題 1-3　四則演算と数式のコピー

例題1-2で作成したデータをもとに数式を入力しましょう。セル範囲E4:E6やD7:E7のように同じ構成の数式は、1つだけ作成してコピーします。

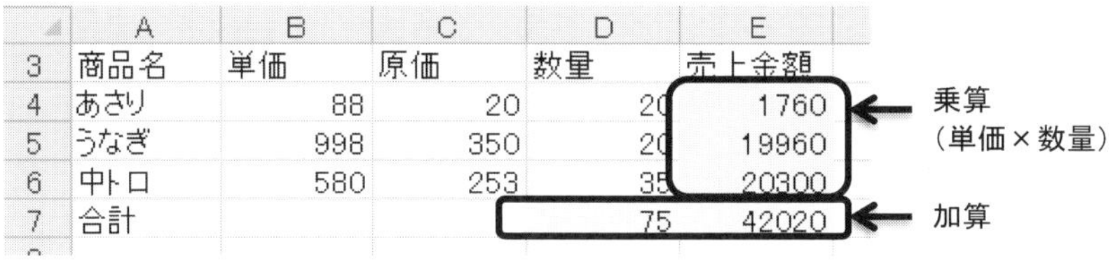

	A	B	C	D	E
3	商品名	単価	原価	数量	売上金額
4	あさり	88	20	20	1760
5	うなぎ	998	350	20	19960
6	中トロ	580	253	35	20300
7	合計			75	42020

乗算（単価×数量）
加算

図2-17　例題1-3　完成見本

2.3.1　数式の概要

実際に数式を作成する前に、基本的なルールを理解しておきましょう。

例題1-3で、セルE4に入力する式は以下のように記述することができます。

```
= B4 * D4 ← セル参照
     ↖算術演算子
```

(1)　先頭に「＝」を入力すると数式として認識されます。

(2)　セル番地を使用して記述します。このように数式作成の際に他のセルの値を利用する記述を「**セル参照**」といいます。

(3)　使用できる主な算術演算子は**表2-2**のとおりです。

表2-2　算術演算子と使用例

計算の種類	演算子	使用例
加算（足し算）	＋	3＋2
減算（引き算）	－	3－2
乗算（掛け算）	＊（アスタリスク）	3＊2　(3×2)
除算（割り算）	／（スラッシュ）	3／2　(3÷2)
べき乗	＾（キャレット）	3＾2　(3^2)

(4)　乗算（＊）・除算（／）は、加算（＋）・減算（－）より優先されます。加算・減算を優先する場合は（　）で囲んで優先順位を変更します。

【設問 1】 セルに次のような式を入力した場合の計算結果を予測し、解答欄に記入しなさい。

※なお、各設問の解答は章末にあります。

a. ＝ 5 ＋ 4＊2　解答欄：________　b. ＝ 5＋4/2　解答欄：________

c. ＝(5＋4)＊2　解答欄：________　d. ＝(5＋4)/2　解答欄：________

2.3.2　数式の入力とコピー

それでは実際に数式を入力し、例題 1-3 を完成させましょう。

セル E4 に売上金額の数式「単価×数量」(＝B4＊D4) を入力しましょう。

① セル E4 をアクティブセルにします。

② キーボードから「＝」を入力します。

③ セル B4 をクリックします (**図 2-18**)。

※**セル参照が自動的に入力されます。**

※他のセルをクリックするとセル参照を変更できます。

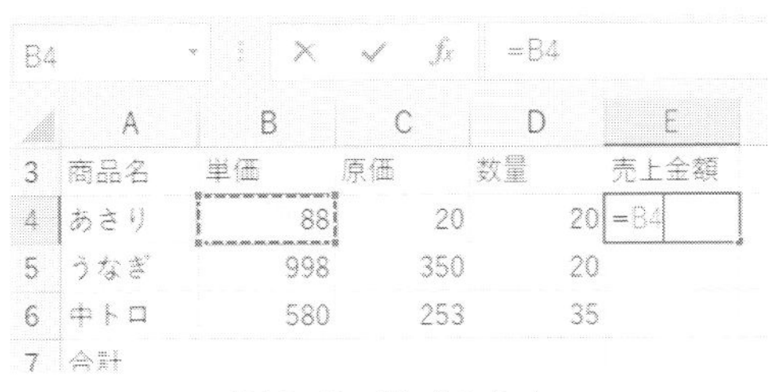

図 2-18　数式の入力

④ キーボードから「＊」を入力します。

⑤ セル D4 をクリックします (**図 2-19**)。

⑥ Enter キーを押して確定します。

※セルに計算結果が表示されます。

※セル E4 をアクティブセルにし、数式バーに数式が表示されていることを確認しましょう (**図 2-20**)。

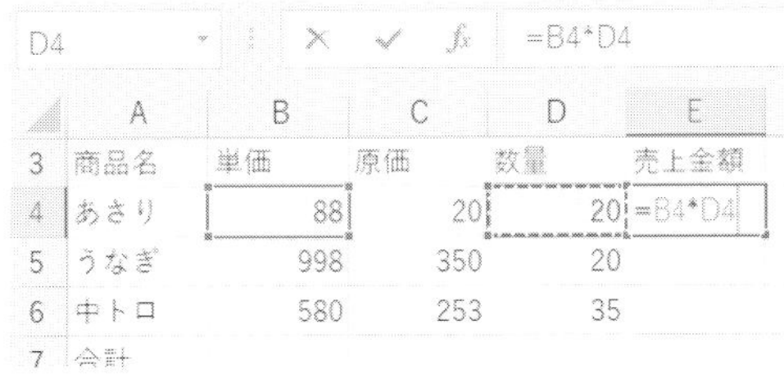

図 2-19　数式の入力

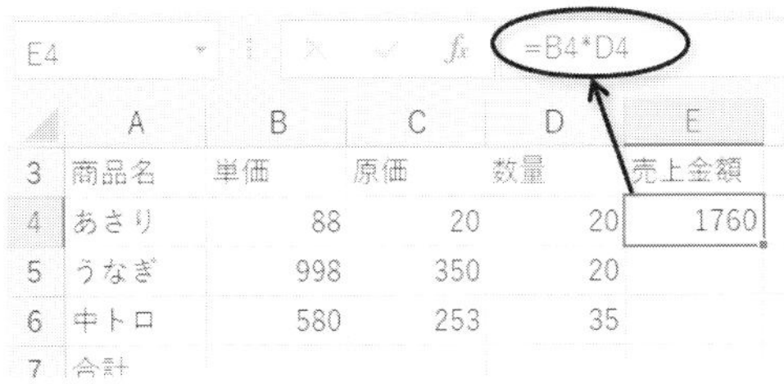

図 2-20　数式の入力

One Point

数式の入力時は、日本語入力は OFF にしましょう。演算子などを全角で入力すると正しく認識されない場合があります。

セル E4 に作成した数式を、セル範囲 E5:E6 にコピーしましょう (**図 2-21**)。

⑦ セル E4 をアクティブセルにします。

⑧ アクティブセル右下の■にマウスポインターを合わせます。

⑨ マウスポインターが ✚ の状態で、セル E6 までドラッグします。

※このように数式をコピーする機能を**オートフィル機能**といいます。次の節で詳しく学習します。

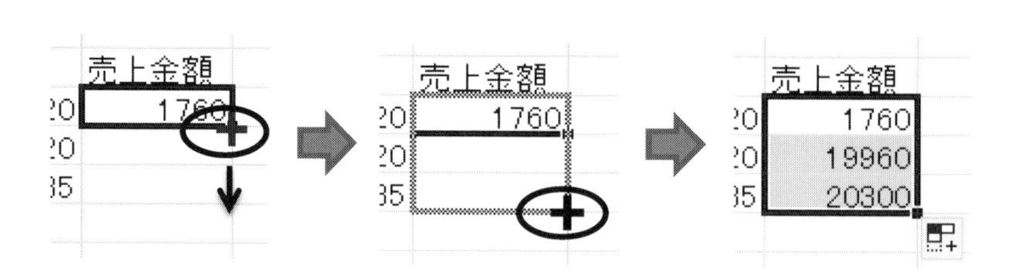

図2-21 オートフィル機能による数式のコピー

【設問2】 セルD7に数量の合計を求める数式を作成し、オートフィル機能を使用してセルE7へコピーしなさい。

【設問3】 ブックに「Excel 02 例題」というファイル名を付けて保存しなさい。

コーヒーブレイク

ビジネスでは、売上高や前年比などの数値を日常的に扱います。これらの意味や計算式を知らなければせっかくExcelの機能を習得してもビジネスの現場で役立てることができません。使用頻度の高い一般的なものは覚えておきましょう。

単価： 販売単価。商品1つの値段。
原価： 仕入原価・仕入単価。商品1つの製造や仕入れにかかった値段。
売上高： 売上金額。**単価×数量**
売上原価：**原価×数量**
粗利益： **売上高－売上原価**
原価率： 売上原価が売上高に占める割合。**売上原価÷売上高**
粗利益率：粗利益が売上高に占める割合。 **粗利益÷売上高**
前年比： 今年度の前年度に対する割合。 **今年度数値÷前年度数値**
(例) 2011年売上÷2010年売上
構成比： 1つの要素が総計に占める割合。**各数値÷総計**
(例) 4月売上÷年度売上総計　　商品Aの売上÷全商品売上
達成率： 実績が、目標や予定に対して占める割合。**実績÷目標値**
(例) 売上実績÷売上目標（目標達成率）　実績÷予算（予算達成率）

2.4 オートフィル機能

オートフィル機能とは、連続データを自動的に埋め込む機能です。データ入力を効率的に行うことができるほか、数式のコピーにも使用します。

2.4.1 オートフィル機能の概要

(1) 入力されるデータ

オートフィル機能で入力される連続データは、基準となるセルに格納されたデータによって異なります（表 2-3）。

表 2-3 データの種類とオートフィル機能

基準データの種類	入力されるデータ
規則性のあるデータ	月→火→水→木→金… 1 月→2 月→3 月→4 月… 2020/1/1 → 2020/1/2 → 2020/1/3 … 子→丑→寅→卯→辰→巳…
文字列 （規則性のないもの）	コピー
数値	コピー（連続データ入力も可能）
数値と文字列の組み合わせ	1 回生 → 2 回生 → 3 回生… 第 1 期→第 2 期→第 3 期…
数式	セル参照が調整された数式 （A1+B1 → A2+B2 → A3+B3…）

(2) 操作方法

オートフィル機能の操作方法は以下のとおりです。

① 基準となるデータが入力されているセルをアクティブセルにします。

② アクティブセル右下の■（フィルハンドル）にマウスポインターを合わせます。

③ マウスポインターが ✚ の状態で、入力範囲の最終セルまでドラッグします。

例題 2 オートフィル機能

例題 1-3 設問 3 で保存したブック（Excel 02 例題.xlsx）に新しいワークシートを挿入し、オートフィル機能を活用して完成見本のような表を作成しましょう。

	A	B	C	D	E	F
1	パソコン教室参加人数					
2						（単位：人）
3	曜日	曜日CD	10代	20代	30代	合計
4	月	1	21	20	17	58
5	火	2	25	22	18	65
6	水	3	19	18	14	51
7	木	4	29	20	19	68
8	金	5	30	21	16	67
9	土	6	23	22	12	57

図 2-22 例題 2 完成見本

ワークシートを挿入しましょう。

① シート見出しの右にある［ワークシートの挿入］ボタンをクリックします。

タイトルなどを入力しましょう。

② セル A 1「パソコン教室参加人数」、A 3「曜日」、B 3「曜日CD」を入力します。

曜日を入力しましょう（**図 2-23　規則性のあるデータのオートフィル**）。

③　セル A 4 に「月」を入力します。

④　フィルハンドルにマウスポインターを合わせ、**＋**になったらセル A 9 までドラッグします。

　※火～土までの**連続データが入力**されます。

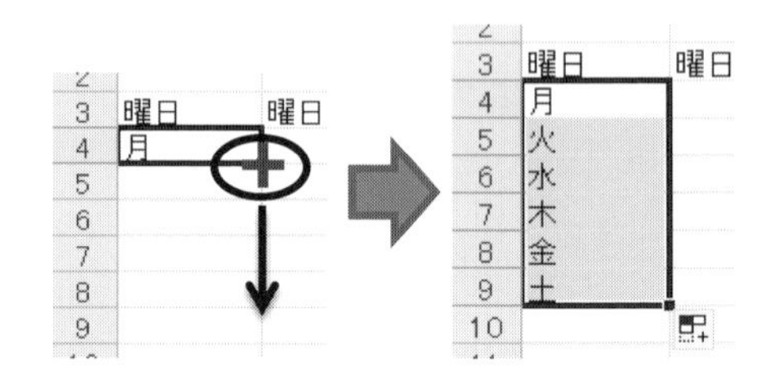

図 2-23　規則性のあるデータのオートフィル

曜日CDを入力しましょう（**図 2-24　数値のオートフィルとオートフィルオプション**）。

⑤　セル B 4 に「1」を入力します。

⑥　オートフィル機能を使用して、B 9 までデータを入力します。

　※**数値がコピーされます。**

⑦　右下に表示された［オートフィルオプション］ボタン をクリックし、［連続データ］を選択します。

　※**連続データに変更**されます。

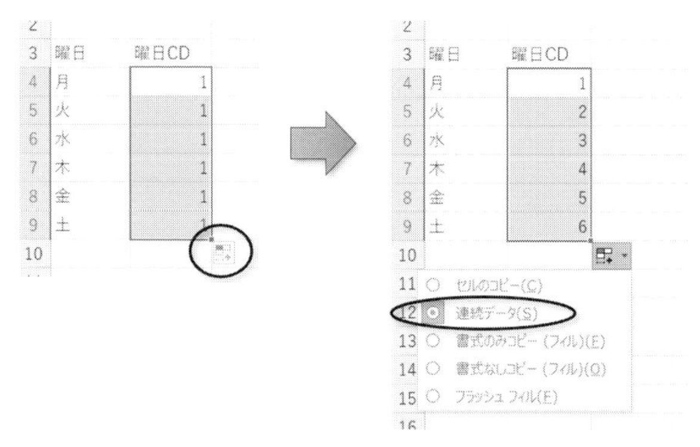

図 2-24　数値のオートフィルとオートフィルオプション

列見出し「10 代」～「30 代」を入力しましょう（**図 2-25　数値と文字列の組み合わせと規則を指定したオートフィル**）。

⑧　セル C 3 に「10 代」、セル D 3 に「20 代」を入力します。

⑨　セル C 3:D 3 を範囲選択します。

　※これにより**「10 ずつ加算」という規則を指定**することができます。

⑩　オートフィル機能を使用して E 3 までデータを入力します。

　※連続データ「30 代」が入力されます。

図 2-25　数値と文字列の組み合わせと規則を指定したオートフィル

【設問4】　セルＣ３のみの選択でオートフィルを実行すると、セルＤ３:Ｅ３にはどんな値が入力されるか予測し、解答欄に記入しなさい。　　　　解答欄：＿＿＿＿　＿＿＿＿

One Point

数値データの規則を指定した２つのセルを選択してオートフィル機能を使用すると、その規則性を踏襲した連続データを入力することができます。

残りの文字列と数値データを入力しましょう。

⑪　セルＦ３に「合計」、セルＦ２に「(単位：人)」を入力します。

⑫　セル範囲Ｃ４:Ｅ９に数値を入力します。

※日本語入力をOFFにして入力しましょう。

セル範囲Ｆ４:Ｆ９に合計の数式を入力しましょう（**図2-27**　数式のオートフィルとセル参照の調整）。

⑬　セルＦ４に「＝Ｃ４＋Ｄ４＋Ｅ４」を入力します（**図2-26**）。

※セル参照はマウスでクリックして入力しましょう。

	A	B	C	D	E	F
1	パソコン教室参加人数					
2						(単位：人)
3	曜日	曜日CD	10代	20代	30代	合計
4	月	1	21	20	17	=C4+D4+E4
5	火	2	25	22	18	
6	水	3	19	18	14	
7	木	4	29	20	19	
8	金	5	30	21	16	
9	土	6	23	22	12	

図2-26

⑭　オートフィル機能を使用してＦ９まで数式をコピーします。

※セル参照が相対的に調整された数式が入力されます。数式バーでコピーした数式を確認しましょう（**図2-27**）。

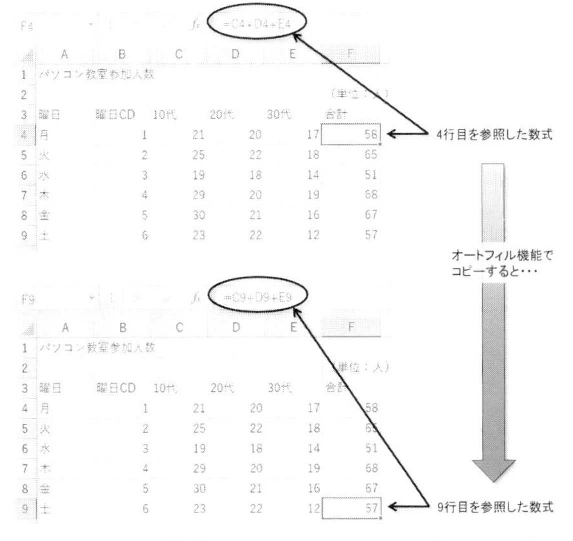

図2-27　数式のオートフィルとセル参照の調整

2.5　演習課題

演習1　次の設問に従って、完成見本のような表を作成しなさい。

【設問1】　新規ブックを作成し、「Excel 02 演習」というファイル名を付けて保存しなさい。

【設問2】　セルA1のタイトルと、3行目の見出しを入力しなさい。

【設問3】　オートフィル機能を使用して以下のデータを入力しなさい。
　　A列「クラス」、B列「出席番号」、H列「目標」

【設問4】　セル範囲C4:F10に数値データを入力しなさい。

【設問5】　塗りつぶされたセルに、以下の指示に従って数式を入力しなさい。
　　合計：英語＋数学＋国語＋理科　　　達成率：合計÷目標
　　文系：英語＋国語　　　理系：数学＋理科　　　点差：文系－理系

	A	B	C	D	E	F	G	H	I	J	K	L	M
1	期末テスト成績表												
2													
3	クラス	出席番号	英語	数学	国語	理科	合計	目標	達成率		文系	理系	点差
4	A	1001	69	70	66	78	283	280	1.010714		135	148	-13
5	A	1002	64	95	42	86	287	280	1.025		106	181	-75
6	B	1003	82	43	85	70	280	280	1		167	113	54
7	B	1004	73	97	53	89	312	280	1.114286		126	186	-60
8	C	1005	66	58	47	69	240	280	0.857143		113	127	-14
9	C	1006	67	96	42	72	277	280	0.989286		109	168	-59
10	C	1007	90	49	76	57	272	280	0.971429		166	106	60
11													

（上図からの続き→）

※図中の塗りつぶしは数式入力セルを意味します。
（実際に色を設定する必要はありません。）

図2-28　演習1　完成見本

演習2　演習1で作成したファイルに新しいシートを挿入し、完成見本のような表を作成しなさい。

塗りつぶしセルには適切な数式を入力すること（p. 16 コーヒーブレイク参照）。

	A	B	C	D	E	F	G	H	I
1	カフェテリア売上表								
2									
3	商品名	販売単価	仕入単価	売上数量	売上高	売上原価	粗利益	粗利益率	原価率
4	コーヒー	300	10	204	61200	2040	59160	0.966667	0.033333
5	紅茶	300	20	136	40800	2720	38080	0.933333	0.066667
6	サンド	500	250	68	34000	17000	17000	0.5	0.5
7	トースト	200	50	39	7800	1950	5850	0.75	0.25
8									
9									

図2-29　演習2　完成見本

＜例題設問解答＞

【設問1】 a.　13　　b.　7　　c.　18　　d.　4.5

【設問2】 セルＤ7の数式：　＝Ｄ4＋Ｄ5＋Ｄ6

【設問3】 省略

【設問4】 セルＤ3：　11代　　セルＥ3：　12代

第 3 章 書式設定と行・列の操作

図 3-1 のように、表の見た目を美しくすることは、わかりやすさや人に与える印象に直結します。ここでは、行や列幅の変更やセルの書式設定など、表の体裁を整える方法について学びましょう。

4月1日

売上集計表

種別	商品名	売上金額	売上原価	粗利益	原価率	粗利益率
野菜	じゃがいも	3200	1472	1728	0.46	0.54
	きゅうり	1209	186	1023	0.153846	0.846154
	ピーマン	3300	990	2310	0.3	0.7
	ブロッコリ	1164	540	624	0.463918	0.536
	トマト	2960	1420	1540	0.47973	0.520
魚	まぐろ切落	10000	3900	6100	0.39	0.61
	サーモン	2464	960	1504	0.38961	0.61039
	うなぎ	19960	7000	12960	0.350701	0.649299
肉	和牛薄切り	16244	6200	10044	0.381679	0.618321
	鶏手羽元	1740	450	1290	0.258621	0.741379
総計		62241	23118	39123	0.371427	0.628573

設定前

2020/4/1

売上集計表

種別	商品名	売上金額	売上原価	粗利益	原価率	粗利益率
野菜	じゃがいも	3,200	1,472	1,728	46.0%	54.0%
	きゅうり	1,209	186	1,023	15.4%	84.6%
	ピーマン	3,300	990	2,310	30.0%	70.0%
	ブロッコリー	1,164	540	624	46.4%	53.6%
	トマト	2,960	1,420	1,540	48.0%	52.0%
魚	まぐろ切落し	10,000	3,900	6,100	39.0%	61.0%
	サーモン	2,464	960	1,504	39.0%	61.0%
	うなぎ	19,960	7,000	12,960	35.1%	64.9%
肉	和牛薄切り肩ロース	16,244	6,200	10,044	38.2%	61.8%
	鶏手羽元	1,740	450	1,290	25.9%	74.1%
総計		62,241	23,118	39,123	37.1%	62.9%

設定後

図 3-1　書式設定の効果

3.1　行と列の操作

ワークシートの行や列は、高さや幅を変更したり、後から挿入や削除したりすることも可能です。

また、セル単位でも挿入や移動などが可能です。

例題 1-1　行と列の操作　　　　　【使用ファイル：Excel 03.xlsx、使用シート：例題 1】

例題 1 シートの表のレイアウト変更とデータ入力を行い、完成見本のように変更しなさい。

	A	B	C	D	E	F	G
1							4月1日
2	売上集計表						
3							
4	種別	商品名	売上金額	売上原価	粗利益	原価率	粗利益率
5	野菜	じゃがいも	3200	1472	1728	0.46	0.54
6		きゅうり	1209	186	1023	0.15384615	0.846154
7		ピーマン	3300	990	2310	0.3	0.7
8		ブロッコリー	1164	540	624	0.46391753	0.536082
9		トマト	2960	1420	1540	0.47972973	0.52027
10	魚	まぐろ切落し	10000	3900	6100	0.39	0.61
11		サーモン	2464	960	1504	0.38961039	0.61039
12		うなぎ	19960	7000	12960	0.3507014	0.649299
13	肉	和牛薄切り肩ロース	16244	6200	10044	0.38167939	0.618321
14		鶏手羽元	1740	450	1290	0.25862069	0.741379
15	総計		62241	23118	39123	0.37142719	0.628573
16							

図 3-2　例題 1-1　完成見本

3.1.1　列幅の変更

列幅の変更は、**図 3-3** のように列番号の境界線にマウスポインターを合わせ、✢ の状態で操作します。目的に応じて 3 種類の方法（任意の幅・自動調整・共通の幅）を使い分けましょう。

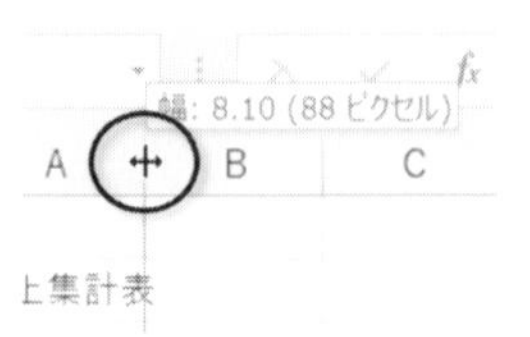

図 3-3　列幅変更

A 列を**任意の幅**で狭くしましょう。

① A 列と B 列の列番号の境界線にマウスポインターを合わせます。

② マウスポインターが ↔ の形になったら、左方向にドラッグします。

One Point

列幅の数値と標準値の指定

列幅変更中にポップヒントで表示される値は、初期設定（游ゴシック 11 pt）の半角数字の表示文字数を表しています。標準値は「8.10」ですが、［ホーム］タブ →［セル］グループ →［書式］→［既定の幅］から変更可能です。

なお、行の高さの数値は文字サイズのポイント数で指定されており、初期設定では余白を含めた 1 行分の 18 pt です。

C 列（商品名の列）の幅を**自動調整**しましょう。

③ C 列と D 列の列番号の境界線にマウスポインターを合わせます。

④ マウスポインターが ↔ の形になったら、**ダブルクリック**します。

※**図 3-4** のように、最も長いデータに合わせて自動調整されます。

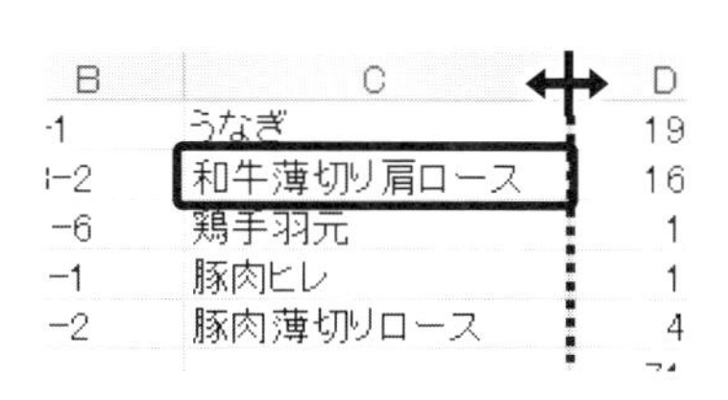

図 3-4　列幅の自動調整

D 列〜F 列（売上金額・売上原価・原価率の列）の幅を**共通の幅**で広くしましょう。

⑤ D 列〜F 列を**列単位で選択**します。

※列番号にマウスポインターを合わせ、⬇ の形でドラッグします。

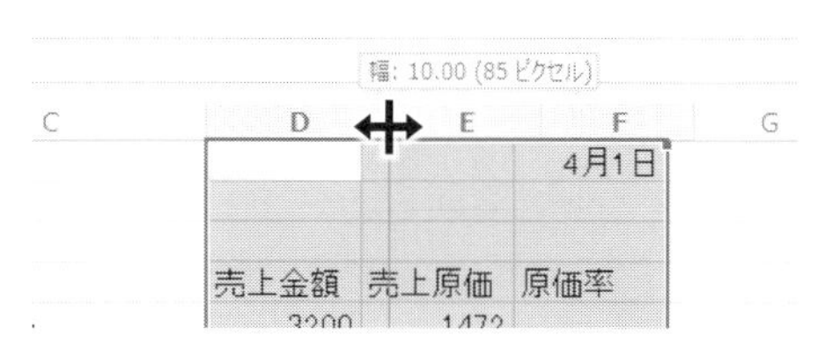

図 3-5　複数列共通の列幅設定

⑥ 選択した列番号の境界線のいずれかにマウスポインターを合わせます。

⑦ マウスポインターが ↔ の形になったら、右方向にドラッグします（**図 3-5**）。

※選択していた D 列〜F 列が同じ幅になっていることを確認しましょう。

行の高さも、行番号部分で列幅同様に操作することが可能です。

3.1.2　行・列の削除と挿入

B 列（商品コードの列）を削除しましょう。

① B 列の列番号を**右クリック**します。

② ショートカットメニューから［削除］を選択します（**図 3-6**）。

※C 列以降に入力されていたデータが詰めて表示されます。

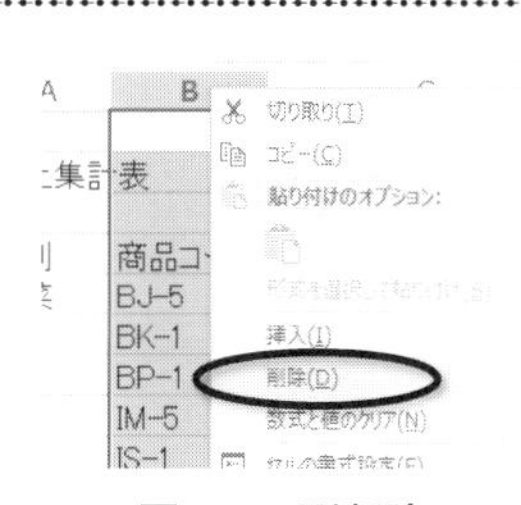

図 3-6　列削除

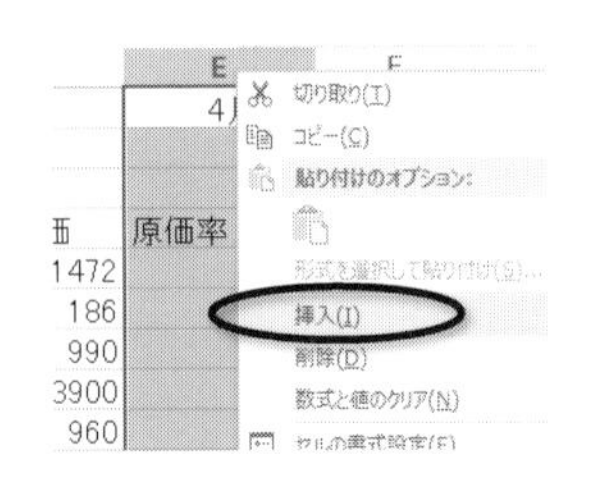

図 3-7　列挿入

E 列に列を挿入し、「粗利益」の欄を追加しましょう。

③　E 列の列番号を**右クリック**します。

④　ショートカットメニューから［挿入］を選択します（**図 3-7**）。
　　※E 列以降に入力されていたデータが右にずれて表示されます。

⑤　セル E 4 に「粗利益」と入力します。

行の削除と挿入も、行番号部分で列同様に操作することが可能です。

One Point

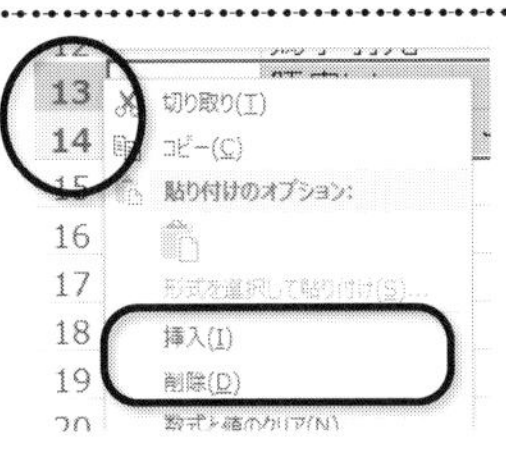

図 3-8　複数行の操作

複数行や複数列を操作する場合は**図 3-8** のように、対象となる**複数行（列）を選択**してから右クリックします。

【設問 1】　13 行目〜14 行目（豚肉ヒレ・豚肉薄切りロース）を削除しなさい。

※なお、各設問の解答は章末にあります。

ヒント：2 行選択してから操作します。

【設問 2】　8 行目〜9 行目に行を追加し、**図 3-9** のとおりデータを入力しなさい。

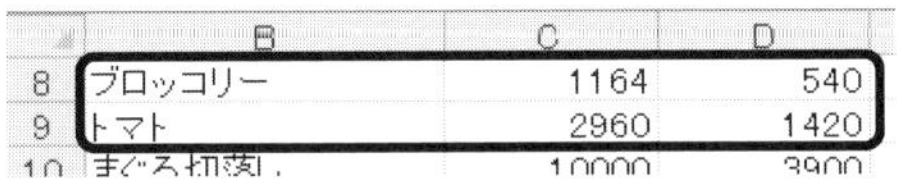

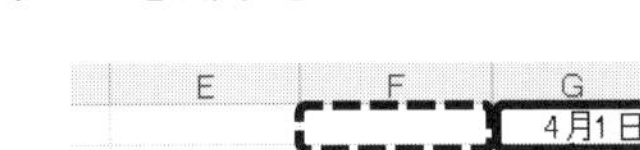

図 3-9 【設問 2】 追加データ

3.1.3　セルの移動とコピー

マウス操作で簡単にセルを移動したりコピーしたりできます。**図 3-10** のように、セルの移動とコピーを使用して、G 列に「粗利益率」欄を追加しましょう。

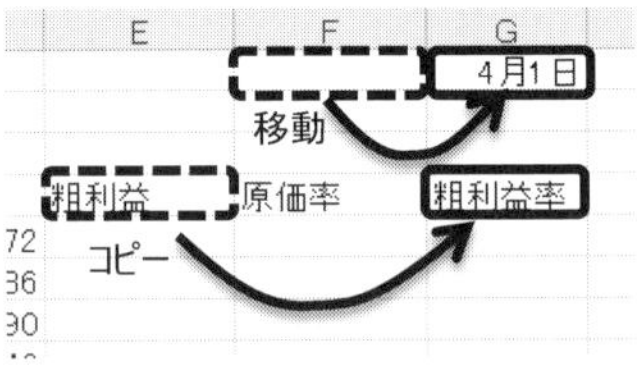

図 3-10　セルの移動とコピーによる表の追加

セル F 1 の日付をセル G 1 に移動しましょう。

①　セル F 1 をアクティブセルにします。

②　アクティブセルの外枠にマウスポインターを合わせ ✥ の形になったらセル G 1 までドラッグします（**図 3-11**）。

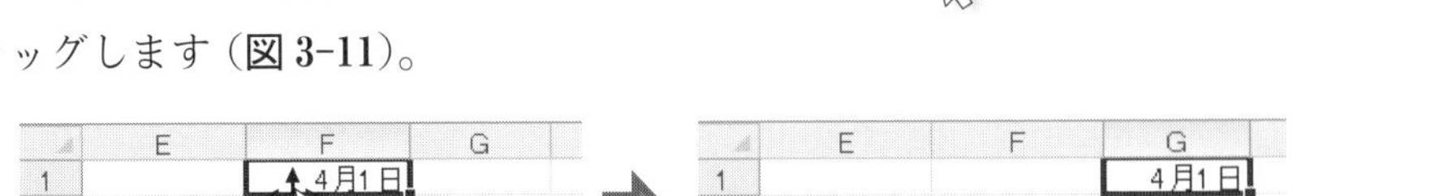

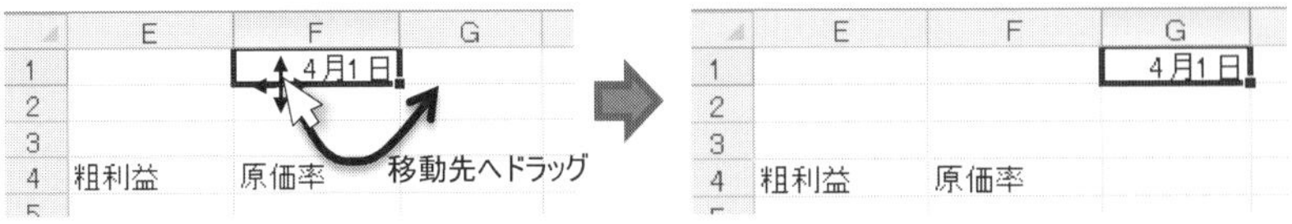

図 3-11　ドラッグによるセルの移動

セルＥ4の「粗利益」をセルＧ4にコピーし、「粗利益率」に修正しましょう。

③　セルＥ4をアクティブセルにします。

④　アクティブセルの外枠にマウスポインターを合わせ の形になったら Ctrl キーを押しながらセルＧ4までドラッグします。

　※ Ctrl キーは押したままでマウスのボタンを先に離します。

⑤　Ｇ4をダブルクリックし、「粗利益率」に修正します。

　※C列～G列の列幅を同じ幅に調整しておきましょう。

【設問3】「粗利益」「原価率」「粗利益率」の数式を作成し、各欄を完成させなさい（**図3-12**）。

ヒント：数式はp.16第2章コーヒーブレイクを参照してください。オートフィル機能を使用すること。

	E	F	G
4	粗利益	原価率	粗利益率
5	1728	0.46	0.54
6	1023	0.15384615	0.84615385

図3-12　【設問3】　完成例（一部）

3.2　セルの書式設定

罫線・塗りつぶし・フォントサイズ・配置・桁区切りなどの書式は**セル単位**で設定します。［ホーム］タブの［フォント］［配置］［数値］の各グループにあるボタンを使用し、ボタンにないものは各グループ名の右端にある［ダイアログボックス起動ツール］ボタン （**図3-13**）をクリックして［セルの書式設定］ダイアログボックスから設定します。

図3-13　ダイアログボックス起動ツール

例題1-2　セルの書式設定　　【使用ファイル：Excel 03.xlsx、使用シート：例題1】

例題1-1で作成した表を、完成見本のように書式設定しなさい。

種別	商品名	売上金額	売上原価	粗利益	原価率	粗利益率
野菜	じゃがいも	3,200	1,472	1,728	46.0%	54.0%
	きゅうり	1,209	186	1,023	15.4%	84.6%
	ピーマン	3,300	990	2,310	30.0%	70.0%
	ブロッコリー	1,164	540	624	46.4%	53.6%
	トマト	2,960	1,420	1,540	48.0%	52.0%
魚	まぐろ切落し	10,000	3,900	6,100	39.0%	61.0%
	サーモン	2,464	960	1,504	39.0%	61.0%
	うなぎ	19,960	7,000	12,960	35.1%	64.9%
肉	和牛薄切り肩ロース	16,244	6,200	10,044	38.2%	61.8%
	鶏手羽元	1,740	450	1,290	25.9%	74.1%
総計		62,241	23,118	39,123	37.1%	62.9%

（表題：売上集計表　2020/4/1）

図3-14　例題1-2　完成見本

3.2.1　罫線の設定

罫線の設定は、まず表全体に基本となる格子線を引き、部分的に二重線や太線などに変更します。［フォント］グループの各種罫線の▼ボタンをクリックすると、**図3-15**のように頻度の高いものが一覧表示され簡単に設定することができます。

表全体に格子線を設定しましょう。

① セル範囲 A 4:G 15 を選択します。

② ［ホーム］タブ → ［フォント］グループ → ［下罫線］ボタンの▼をクリックし、一覧から［格子］を選択します。

※［下罫線］ボタンは、直近に使用したボタンに変化します。

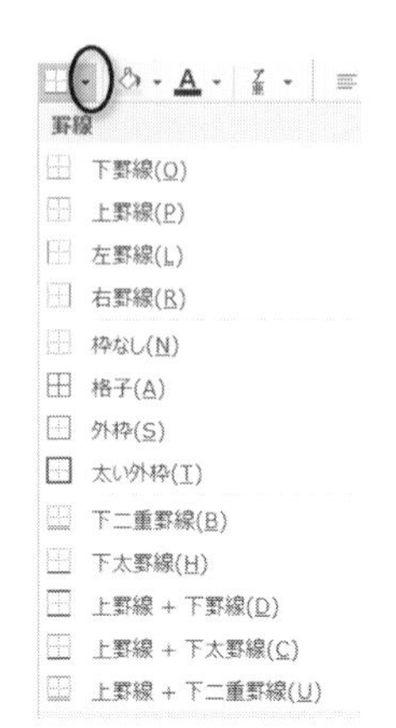

図 3-15　各種罫線ボタン

表の外枠を太罫線に設定しましょう。

③ セル範囲 A 4:G 15 を選択します。

④ ［ホーム］タブ → ［フォント］グループ → ［格子］ボタンの▼をクリックし、一覧から［太い外枠］を選択します。

図 3-16 のように「野菜」などの種別内の横罫線を点線に変更しましょう。ボタンで設定できないものは**［セルの書式設定］ダイアログボックス**を使用します。

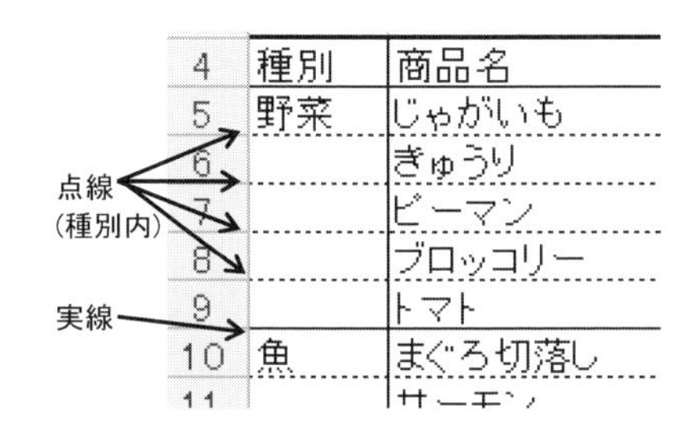

図 3-16　罫線の一部変更

⑤ セル範囲 A 5:G 9 を選択します。

⑥ ［ホーム］タブ → ［フォント］グループ → ［ダイアログボックス起動ツール］ボタンをクリックします。

⑦ ［セルの書式設定］ダイアログボックスが表示されます。

図 3-17 のように、［罫線］タブに切り替え、左側の［スタイル］から任意の点線を選択し、右側の罫線ボタンのをクリックして横線のみに点線を設定します。

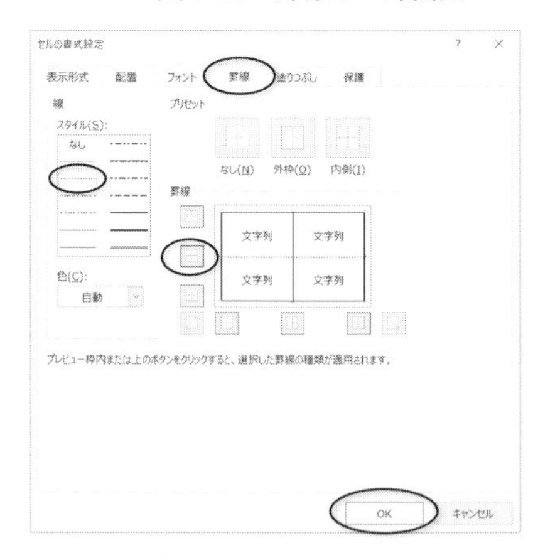

図 3-17　［セルの書式設定］ダイアログボックス（［罫線］タブ）

⑧ ［OK］ボタンをクリックします。

⑨ 種別「魚」にも同様の罫線を設定するため、セル範囲 A 10:G 12 を選択します。

⑩ F 4 キーを押します。

※直前に設定したものと同様の罫線が繰り返して設定されます。

⑪ 種別「肉」にも同様の罫線を施すため、セル範囲 A 13:G 14 を選択し F 4 キーを押します。

繰り返し設定

F 4 キーを押すと、直前のコマンドまたは操作を繰り返すことができます。

3.2.2　フォントグループの設定

［ホーム］タブ →［フォント］グループ（**図 3-18**）では、文字に関する設定のほか、前項の罫線や、塗りつぶしの色などが設定可能です。［ダイアログボックス起動ツール］ では［フォント］タブが表示されます。

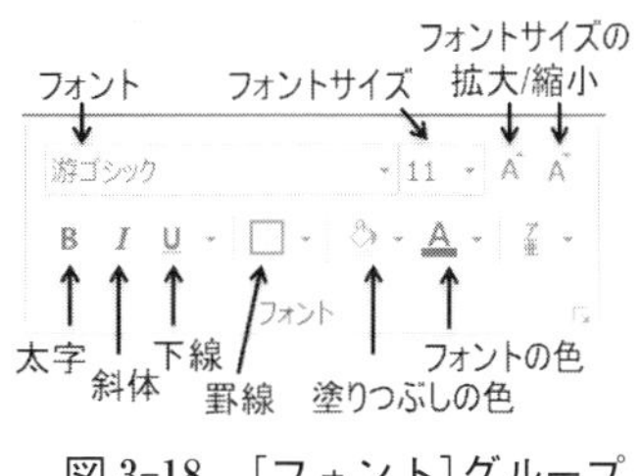

図 3-18　［フォント］グループ

表 3-1 のとおり、設定対象セルを選択し、各ボタンの▼をクリックして設定しましょう。

表 3-1　［フォント］グループ設定内容の指示

設定対象	ボタン	値　等
A2	フォント	任意のゴシック体
	フォントサイズ	16
A4:G4, A15:B15	塗りつぶしの色	任意の色

設定の解除

［塗りつぶしの色］を解除する場合は、［塗りつぶしなし］を選択します。

3.2.3　配置グループの設定

［ホーム］タブ →［配置］グループ（**図 3-19**）では、中央揃え・右揃えなどのほか、セルの結合や文字方向などが設定可能です。［ダイアログボックス起動ツール］ では［配置］タブが表示されます。

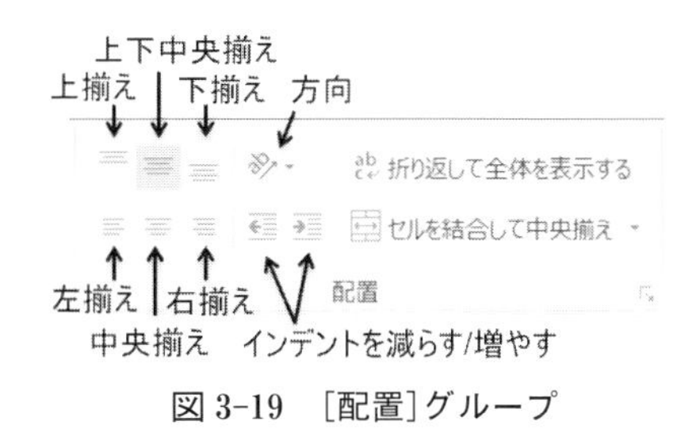

図 3-19　［配置］グループ

A 2 のタイトルを表の幅の中央に揃えるため、［**セルを結合して中央揃え**］を設定しましょう。

① セル範囲 A 2:G 2 を選択します。

② ［ホーム］タブ →［配置］グループ →［セルを結合して中央揃え］ボタン をクリックします。

設定の解除

［フォント］［配置］グループのボタンで、設定中ボタンの色が変化するものは、再度クリックして解除することができます。

【設問 4】 セル範囲 A 4 : G 4 を中央揃えに設定しなさい。

【設問 5】 **図 3-20** のようにセルを結合しなさい（4 箇所）。

ヒント：F 4 キーを活用しましょう。

【設問 6】 結合したセル A 2 に任意の塗りつぶしの色とフォントの色を設定しなさい。

	A	B	売
4	種別	商品名	売
5	野菜	じゃがいも	
6		きゅうり	
7		ピーマン	
8		ブロッコリー	
9		トマト	
10	魚	まぐろ切落し	
11		サーモン	
12		うなぎ	
13	肉	和牛薄切り肩ロース	
14		鶏手羽元	
15	総計		

図 3-20 【設問 5】 完成例

3.2.4　数値グループの設定

［ホーム］タブ →［数値］グループ（**図 3-21**）では、桁区切りスタイル・パーセントスタイル・小数点以下の桁数調整など**数値の表示形式**の設定が可能です。［ダイアログボックス起動ツール］では［表示形式］タブが表示されます。

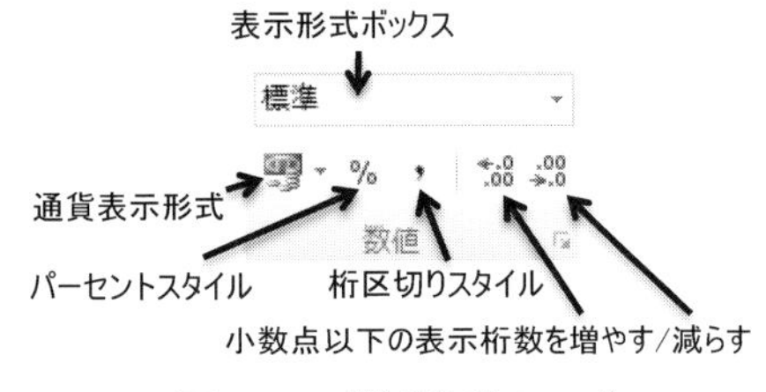

図 3-21 ［数値］グループ

セル範囲 C 5 : E 15 の数値に［桁区切りスタイル］を設定しましょう。

① セル範囲 C 5 : E 15 を選択します。

② ［ホーム］タブ →［数値］グループ →［桁区切りスタイル］ボタン , をクリックします。

One Point

表示形式とセルのデータ

「表示形式」は、セルに表示されるデータの見た目をわかりやすく変更する機能です。**図 3-22** のように、表示形式を変更しても、セルのデータ自体は変化しないことに注意しましょう。

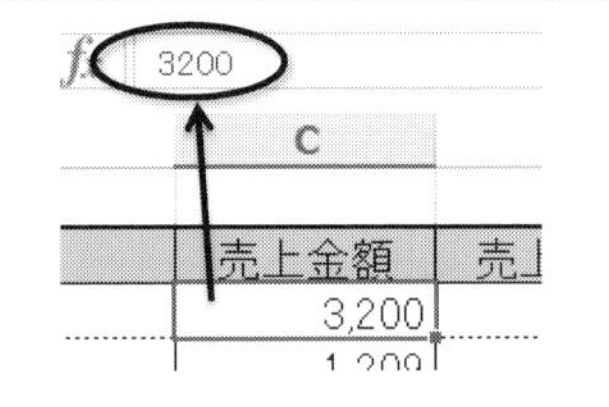

図 3-22 表示形式とセルのデータ

セル範囲 F 5 : G 15 の数値に［パーセントスタイル］を設定し、小数点第 1 位までの表示に変更しましょう。

③ セル範囲 F 5 : G 15 を選択します。

④ ［ホーム］タブ →［数値］グループ →［パーセントスタイル］ボタン % をクリックします。

⑤ 同グループの［小数点以下の表示桁数を増やす］ボタンをクリックします。

セル G 1 の日付の表示形式を「2020/4/1」のように変更しましょう。

⑥ セル G 1 を選択します。

⑦ ［ホーム］タブ →［数値］グループ →［数値の書式］ ユーザー定義 の▼をクリックし、一覧から［短い日付形式］を選択します（**図 3-23**）。

図 3-23 ［数値の書式］

表示形式の解除

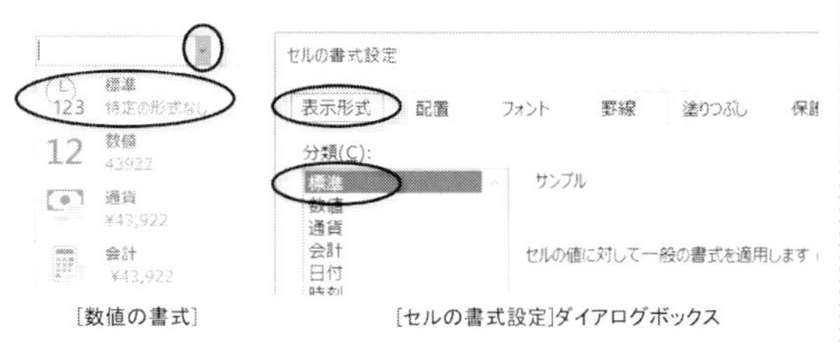

[数値の書式]　[セルの書式設定]ダイアログボックス

図 3-24　表示形式の解除

表示形式を解除するには**図 3-24** のように「標準」の設定にします。以下の 2 つの方法があります。

- ［数値の書式］のリストから［標準］を選択
- ［セルの書式設定］ダイアログボックスの［表示形式］タブ →［分類］から［標準］を選択

　※［フォント］［配置］グループのような、**ボタンによる解除はできません。**

書式のクリア

セルの書式設定をすべて解除するには、［ホーム］タブ →［編集］グループ →［クリア］ボタン →［書式のクリア］を選択します（**図 3-25**）。

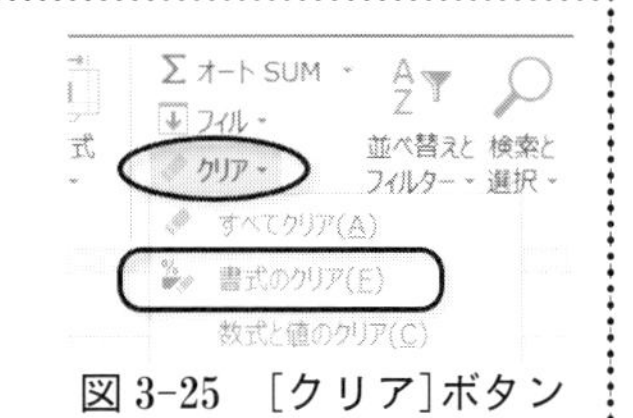

図 3-25　［クリア］ボタン

3.3　演習課題

演習 1　【使用ファイル：Excel 03.xlsx、使用シート：演習 1】

以下の設問に従って完成見本のような表を完成させなさい。

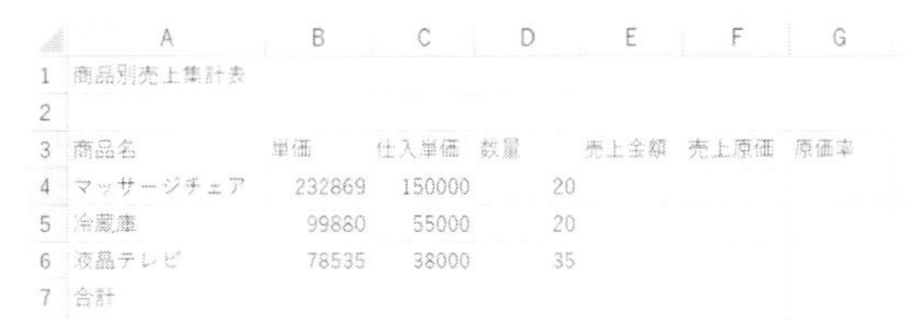

	A	B	C	D	E	F	G
1	商品別売上集計表						
2							
3	商品名	単価	仕入単価	数量	売上金額	売上原価	原価率
4	マッサージチェア	232869	150000	20			
5	冷蔵庫	99880	55000	20			
6	液晶テレビ	78535	38000	35			
7	合計						

図 3-26　演習 1 【設問 1】 入力見本

【設問 1】　**図 3-26** のようにデータを入力し、A 列の列幅を変更しなさい。

【設問 2】　完成見本を参考に、「売上金額」「売上原価」（E 4 : F 6）の数式を入力しなさい。

【設問 3】　完成見本を参考に、「合計」（D 7 : F 7）の数式を入力しなさい。

【設問 4】　完成見本を参考に、「原価率」（G 4 : G 7）の数式を入力しなさい。

【設問 5】　完成見本を参考に、以下の条件でセルに書式を設定しなさい。

条件 1 ：表の範囲全体にベースとなる格子線を設定し、合計との境界線のみ二重線とする

ヒント：二重線は、A 6 : G 6 を選択し［フォント］グループの罫線ボタンから［下二重罫線］を選択。

条件 2 ：D 列の列幅は最適値、E 列と F 列は同じ幅にする

条件 3 ：表のタイトルと項目の見出しは配置を変更し、任意の塗りつぶし等を設定する

条件 4 ：数値の表示形式を設定する

ヒント：「¥」は［数値］グループ →［通貨表示形式］ボタン で設定する。

	A	B	C	D	E	F	G
1	商品別売上集計表						
2							
3	商品名	単価	仕入単価	数量	売上金額	売上原価	原価率
4	マッサージチェア	232,869	150,000	20	¥4,657,380	¥3,000,000	64.4%
5	冷蔵庫	99,880	55,000	20	¥1,997,600	¥1,100,000	55.1%
6	液晶テレビ	78,535	38,000	35	¥2,748,725	¥1,330,000	48.4%
7	合計			75	¥9,403,705	¥5,430,000	57.7%

図3-27　演習1　完成見本

演習2　　【使用ファイル：Excel 03.xlsx、使用シート：演習2】

以下の設問に従って完成見本のような表を完成させなさい。

【設問1】　完成見本を参考に、データを入力しなさい。

ヒント1：セルB3・セルF3は、改行位置で Alt + Enter キーを押してセル内で改行する。

One Point

セル内の改行

Alt + Enter

※自動的に［折り返して全体を表示する］ 折り返して全体を表示する 設定になります。

ヒント2：「企業ID」のデータは、オートフィル機能を使用する。

ヒント3：「会社説明会日程」のデータは、「2020/5/21」などのように入力する。

【設問2】　以下の条件で列幅を調整しなさい。

条件1：A列は任意の適切な幅にする

条件2：D列は「20」の幅にする（この時点では表示しきれないデータが存在する）

ヒント：列番号を右クリック →［列の幅］→［列幅］ダイアログボックス内［列幅］欄；20

条件3：上記以外の列はすべて最適値にする

ヒント：対象の列をすべて選択して任意の境界線をダブルクリックすると効率的

【設問3】　完成見本を参考に、以下の条件で罫線を設定しなさい。

条件1：表全体にベースの格子線を設定する

条件2：外枠を太罫線にする

	A	B	C	D	E	F	G
1	企業採用情報						
2							2020年度
3	企業ID	所在地 コード	本社所在地	企業名	従業員数	採用予定 人数	会社説明会日程
4	10001	4	宮城県	青木モード（株）	623	3	2020年5月21日
5	10002	12	千葉県	（株）青木住宅	661	29	2020年6月9日
6	10003	33	岡山県	青山工房（株）	789	23	2020年7月21日
7	10004	21	岐阜県	赤木コンサルタンツ（株）	296	17	2020年7月19日
8	10005	32	島根県	赤木ユニオン（株）	465	20	2020年10月21日
9	10006	34	広島県	赤羽メディア（株）	789	3	2020年8月30日
10	10007	40	福岡県	（株）赤松トレード	506	10	2020年7月22日
11	10008	6	山形県	（株）赤嶺ビジネスエンジニアリング	146	4	2020年4月26日
12	10009	4	宮城県	阿久津証券（株）	514	5	2020年9月1日
13	10010	6	山形県	阿久津ビジネスエンジニアリング（株）	678	13	2020年9月29日

図3-28　演習2　完成見本

条件３：企業データの横線のみ任意の細線や点線に設定する

【設問４】 以下の条件で配置の設定を変更しなさい。

条件１：セルＡ１のタイトルは表の幅の中央に配置する

条件２：セルＧ２は右揃え、３行目の見出しセルは中央揃えにする

条件３：企業名は［縮小して全体を表示する］設定とし、長いデータが入力された場合のみ文字サイズを縮小する

ヒント：［セルの書式設定］ダイアログボックスの［配置］タブ内、［縮小して全体を表示する］チェックボックスを オンにする（**図 3-29**）。

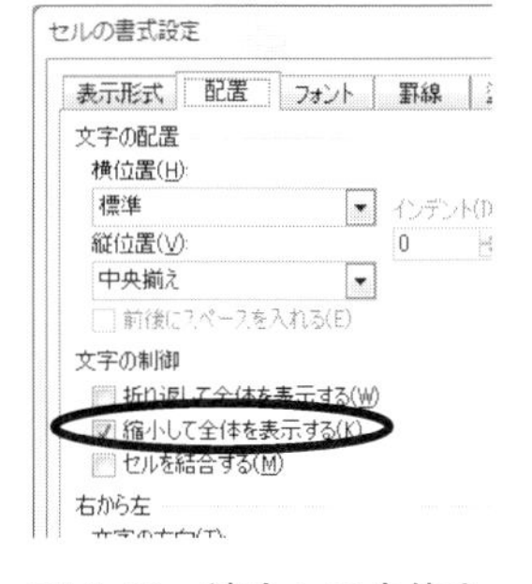

図 3-29　縮小して全体を表示する

【設問５】 完成例を参考に、表示形式や塗りつぶし等の設定をしなさい。

演習３　　【使用ファイル：Excel 02 演習.xlsx、使用シート：sheet 1】

第２章の演習１で作成した表に任意の書式を設定しなさい。見やすくなるよう工夫すること。

演習４　　【使用ファイル：Excel 02 演習.xlsx、使用シート：sheet 2】

第２章の演習２で作成した表に任意の書式を設定しなさい。見やすくなるよう工夫すること。

＜例題設問解答＞

【設問１】 13〜14 行目を行単位で選択し、選択範囲内で右クリック →［削除］を選択します。

【設問２】 8〜9 行目を行単位で選択し、選択範囲内で右クリック →［挿入］を選択します。挿入された行に図 3-9 のとおりデータ入力します。

【設問３】 各列５行目に以下の数式を入力し、アクティブセル右下のフィルハンドルをダブルクリックしてコピーします。

Ｅ５「粗利益」：＝Ｃ５−Ｄ５　Ｆ５「原価率」：＝Ｄ５/Ｃ５

Ｇ５「粗利益率」：＝Ｅ５/Ｃ５

【設問４】 Ａ４:Ｇ４を選択し、［ホーム］タブ →［配置］グループ →［中央揃え］ボタンをクリックします。

【設問５】 Ａ５:Ａ９を選択し、［ホーム］タブ →［配置］グループ →［セルを結合して中央揃え］ボタンをクリックします。Ａ10:Ａ12 を選択し F4 キーを押します。同様にＡ13:Ａ14 を選択し F4 キーを、Ａ15:Ｂ15 を選択し F4 キーを押します。

※ Ctrl キーで複数選択後に［セルを結合して中央揃え］ボタンをクリックしても可。

【設問６】 省略

第 4 章　基本的な関数

関数とは数式の一種です。関数を使用すると、数式を単純化したり、多種多様な計算をしたりすることができます。関数は Excel 活用の要ともいえます。本書応用編で関数を駆使して様々な処理を実現するためには、基礎を丁寧に理解することが不可欠です。ここでは、基本的な関数を中心に、関数の概念と入力方法をしっかり学びましょう。

4.1　関数の概要

関数とはあらかじめ定義された数式のことで、「**引数**（ひきすう）」と呼ばれる特定の値を指定することにより様々な計算処理を行うことができます。

4.1.1　関数の書式

Excel 2019 で使用できる関数は 400 種類以上あります。必要とされる引数の個数や順序は、関数によって異なりますが、すべて以下の書式に基づいて記述します。

＝　**関数名（引数 1，引数 2，...）**

- ➢　数式を定義する「＝」から始まる
- ➢　引数は「(　)」で囲み、「,」で区切る

4.2　関数の入力

それでは、基本的な関数の書式と入力方法を学びましょう。関数の入力方法はいくつかありますが、ここではそれぞれの関数において一般的な入力方法で説明します。

例題 1　基本的な関数　　　　【使用ファイル：Excel 04.xlsx、使用シート：例題 1】

	A	B	C	D	E	F	G	H
1	Aクラス　小テスト結果							
2								
3	氏名	英語	数学	国語	合計	平均	得意科目点数	不得意科目点数
4	石井 博○	83	92	46	221	73.7	92	46
5	衛藤 卓○	56	91	100	247	82.3	100	56
6	小沢 ○森	66	58	47	171	57.0	66	47
7	小沢 陽○	32	90	欠席	122	61.0	90	32
8	坂本 和○	85	36	72	193	64.3	85	36
9	塩○ 晋也	35	94	69	198	66.0	94	35
10	田○瀬 哲男	84	51	73	208	69.3	84	51
11	土○ 善之	欠席	90	51	141	70.5	90	51
12	仲村 美○代	52	65	48	165	55.0	65	48
13	西村 ○ゆり	52	61	65	178	59.3	65	52
14								
15	受験者人数	9	10	9				
16								
17	クラス人数	10						

図 4-1　例題 1　完成見本

4.2.1 合計（SUM）・平均（AVERAGE）・最大値（MAX）・最小値（MIN）

合計や平均など、使用頻度の高い関数は［ホーム］タブ → ［編集］グループ → ［オートSUM］ボタン Σ オートSUM ▾ （ Σ ▾ ）から簡単に入力できます。

> **SUM（数値 1，数値 2，...）**
> ➢ 合計を求める
> 数値：合計したい範囲

「合計」欄に「英語」～「国語」の合計を求める **SUM 関数**を入力しましょう。

① セル E 4 をアクティブセルにします。

② ［ホーム］タブ → ［編集］グループ → ［オートSUM］ボタンをクリックします（**図 4-2**）。

図 4-2 ［オート SUM］ボタン

③ 自動認識された範囲を確認します（**図 4-3**）。

④ Enter キーを押して確定します。

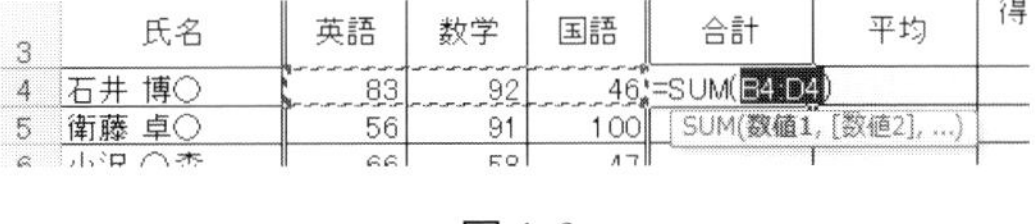

図 4-3

※セルに計算結果が表示されます。

※セル E 4 をアクティブセルにし、数式バーに SUM 関数を使用した数式が表示されていることを確認しましょう（**図 4-4**）。

※「SUM（B 4：D 4）」という数式は、「セル範囲 B 4～D 4 までの 3 つのセルを合計する」という意味です。

図 4-4

One Point

参照演算子

引数を記述する際、セル範囲の指定に使用する「：」を**参照演算子**といいます。

主な参照演算子は**表 4-1** のとおりです。

表 4-1

参照演算子	意味	使用例
：（コロン）	連続範囲	B4：D4　B4 から D4 までの 3 つのセル
，（コンマ）	複数の範囲	B4, D4　B4 と D4 の 2 つのセル

⑤ オートフィル機能を使用して、セル E 4 に入力された数式を E 13 までコピーします。

オートフィル機能を使用する際、フィルハンドルをダブルクリックすると、隣接するセルの入力範囲を認識して、コピーされるので便利です。

AVERAGE（数値1，数値2，...）
➢　平均を求める
数値：平均したい範囲

「平均」欄に「英語」～「国語」の平均を求める **AVERAGE関数**を入力しましょう。

⑥　セルF4をアクティブセルにします。

⑦　［ホーム］タブ → ［編集］グループ → ［オートSUM］ボタンの▼をクリックし、一覧から［平均］を選択します（**図4-5**）。

⑧　自動認識された範囲を確認します。

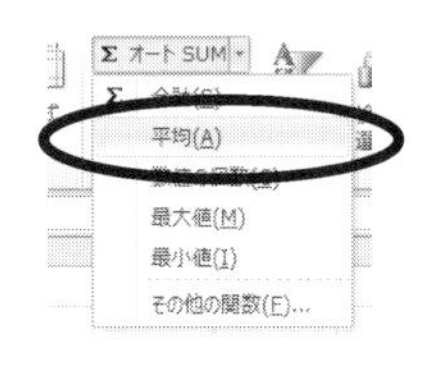

図4-5

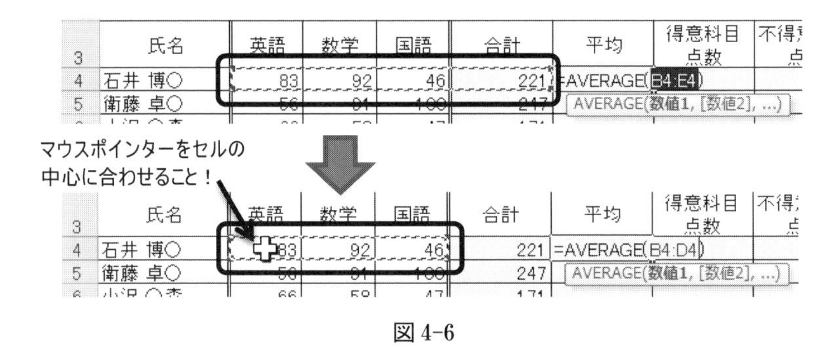

図4-6

自動認識された範囲が正しくないため、正しいセル範囲B4:D4に修正します。

※範囲を修正する場合は**図4-6**のようにマウスをセルの中心に合わせ、マウスポインターが✚の形でドラッグします。

⑨　Enterキーを押して確定します。
　※セルF4の数式「AVERAGE（B4:D4）」を数式バーで確認しておきましょう。

⑩　オートフィル機能を使用して、セルF4に入力された数式をF13までコピーします。

⑪　［ホーム］タブ → ［数値］グループ → ［小数点以下の表示桁数を減らす］ボタンを数回クリックし、小数点以下の桁数表示を揃えます。

MAX（数値1，数値2，...）
➢　最大値を求める
数値：数値の入力範囲

MIN（数値1，数値2，...）
➢　最小値を求める
数値：数値の入力範囲

AVERAGE関数と同様の手順で、最大値を求める **MAX関数**、最小値を求める **MIN関数**を入力することができます。

【設問 1】「得意科目点数」欄に「英語」～「国語」の最大値を求める MAX 関数を入力しなさい。

ヒント：[オート SUM] ボタンの▼をクリックし、一覧から [最大値] を選択します。

※なお、各設問の解答は章末にあります。

【設問 2】「不得意科目点数」欄に「英語」～「国語」の最小値を求める MIN 関数を入力しなさい。

ヒント：[オート SUM] ボタンの▼をクリックし、一覧から [最小値] を選択します。

4.2.2　データの個数を数える（COUNT・COUNTA）

特定のセル範囲にいくつデータが入力されているかを数える関数として、COUNT 関数と COUNTA 関数があります。**COUNT 関数は数値データのセルのみを数え**、文字列やスペースは数えません。それに対して、**COUNTA 関数**は文字列やスペースなどを含め、**空白セル以外のセルをすべて数えます**。

COUNT（値 1，値 2，...）
- 範囲内で、数値が入力されているセルの個数を求める

値：範囲

COUNTA（値 1，値 2，...）
- 範囲内で、空白ではないセルの個数を求める

値：範囲

では、これらの関数を使用して、例題 1 の「受験者人数」と「クラス人数」を求めてみましょう。

「英語」の「受験者人数」はセル範囲 B 4 : B 13 の中で、点数（＝数値）が入力されているセルの個数を数えれば求められますので、COUNT 関数を使用します。

「クラス人数」は、同じセル範囲 B 4 : B 13 を使用して求めるならば、「欠席」という文字列も含めてすべてのデータを数えなければなりませんので、COUNTA 関数を使用します（**図 4-7**）。

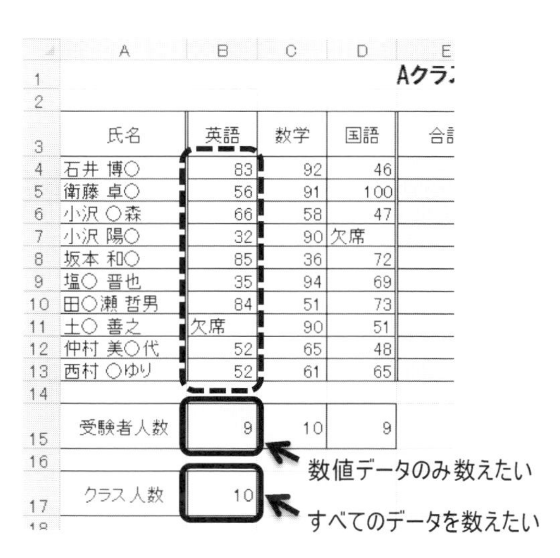

	A	B	C	D	E
1					Aクラ
2					
3	氏名	英語	数学	国語	合計
4	石井 博○	83	92	46	
5	衛藤 卓○	56	91	100	
6	小沢 ○森	66	58	47	
7	小沢 陽○	32	90	欠席	
8	坂本 和○	85	36	72	
9	塩○ 晋也	35	94	69	
10	田○瀬 哲男	84	51	73	
11	土○ 善之	欠席	90	51	
12	仲村 美○代	52	65	48	
13	西村 ○ゆり	52	61	65	
14					
15	受験者人数	9	10	9	
16					
17	クラス人数	10			

図 4-7　COUNT 関数と COUNTA 関数

COUNT 関数を使用して「受験者人数」を求めましょう。

① セルB 15をクリックし、アクティブセルにします。

② ［ホーム］タブ → ［編集］グループ → ［オートSUM］ボタンの▼をクリックし、一覧から［数値の個数］を選択します（**図4-8**）。

③ 自動認識された範囲が正しくないため、正しいセル範囲B 4:B 13に修正します。

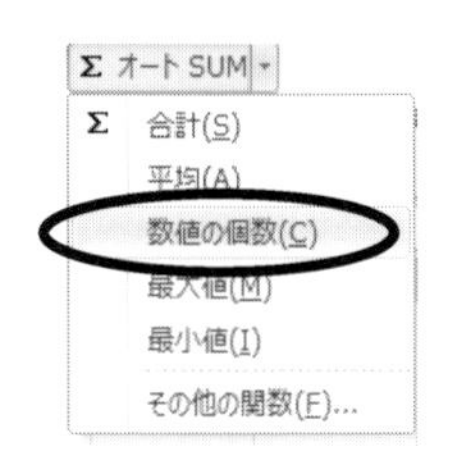

図4-8

④ Enterキーを押して確定します。

※セルB 15の数式「COUNT（B 4:B 13）」を数式バーで確認しておきましょう。

⑤ オートフィル機能を使用して、セルB 15に入力された数式をD 15までコピーします。

⑥ ［オートフィルオプション］をクリックし、［書式なしコピー］を選択します（**図4-9**）。

※コピー元セルB 15の罫線がコピーされてしまい、左罫線が二重線になるのを防ぎます。

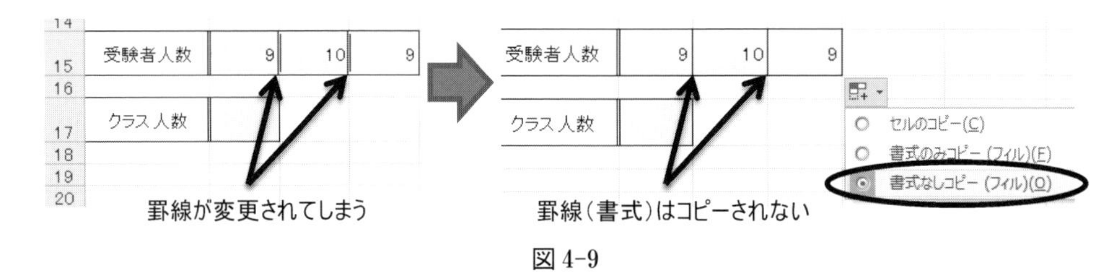

図4-9

COUNTA関数を使用して「クラス人数」を求めましょう。COUNTA関数は［オートSUM］ボタンにはありません。関数の入力ツールは他にもありますが、ここでは**数式オートコンプリート**を利用して、キーボードから直接入力してみましょう。

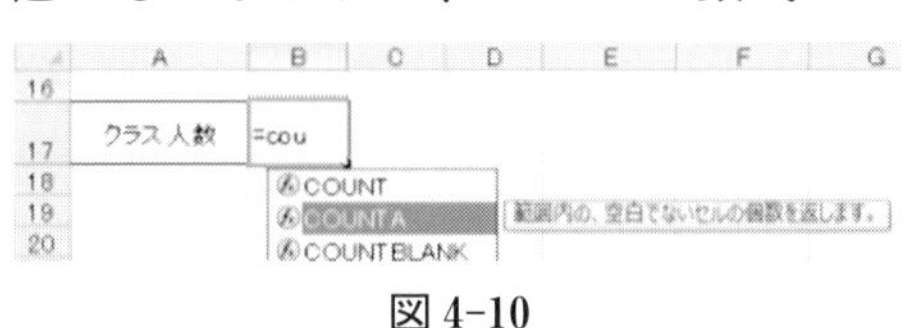

図4-10

⑦ 日本語入力をOFFにします。

⑧ セルB 17をクリックし、アクティブセルにします。

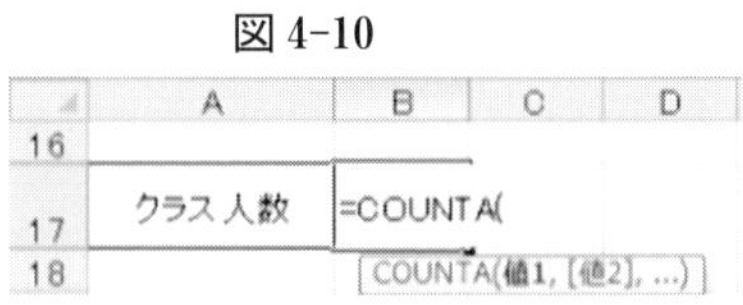

図4-11

⑨ キーボードから「＝ c o u 」と入力します。

⑩ couから始まる関数のリストが表示されるので、↓キーを押して［COUNTA］を反転させます（**図4-10**）。

⑪ Tabキーを押します。

「＝COUNTA（　」までが自動入力され、必要な引数のヒントが表示されます（**図4-11**）。

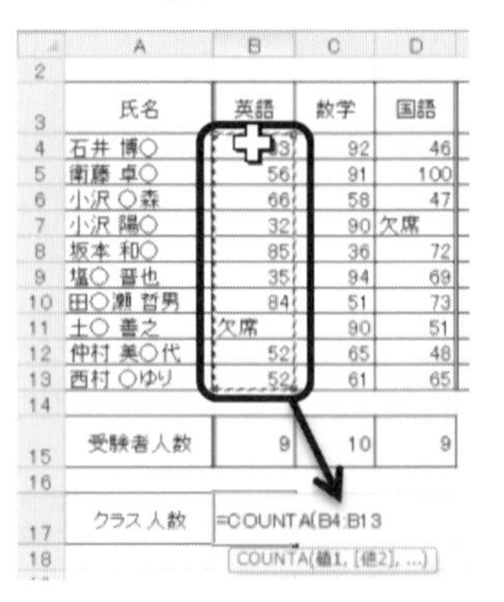

図4-12

⑫ セル範囲B 4:B 13をマウスでドラッグして入力します（**図4-12**）。

⑬ キーボードから、末尾に「)」を入力します。

⑭ Enterキーを押して確定します。

※セルB 17の数式「COUNTA（B 4:B 13）」を数式バーで確認しておきましょう。

例題2 端数処理関数 【使用ファイル：Excel 04.xlsx、使用シート：例題2】

「サンプル値」を端数処理し、小数第1位まで算出しなさい。

	A	B	C	D
1	端数処理関数の処理結果比較			
2				
3	サンプル値	四捨五入 ROUND	切り捨て ROUNDDOWN	切り上げ ROUNDUP
4	123.345	123.3	123.3	123.4
5	567.789	567.8	567.7	567.8

図4-13 例題2 完成見本

4.2.3 端数処理（ROUND・ROUNDDOWN・ROUNDUP）

関数を使用して、四捨五入などの端数処理を行うことができます。

ROUND（数値，桁数）

➢ 数値を指定した桁数で四捨五入する

数値：四捨五入する数値

桁数：四捨五入した結果の小数部の桁数

【例】小数第1位まで算出したい場合→「1」を指定

整数にしたい場合→「0」を指定

10の位まで算出したい場合→「−1」を指定

ROUNDDOWN（数値，桁数）

➢ 数値を指定した桁数で切り捨てる

数値：切り捨てする数値

桁数：切り捨てした結果の小数部の桁数

ROUNDUP（数値，桁数）

➢ 数値を指定した桁数で切り上げる

数値：切り上げする数値

桁数：切り上げした結果の小数部の桁数

「四捨五入」欄にROUND関数を入力しましょう。ROUND関数のように［オートSUM］ボタンから入力できない関数は、数式バーにある**［関数の挿入］ボタン** *fx* をクリックし、**［関数の挿入］ダイアログボックス**を使用して入力します。引数が複数必要な関数などは、この方法が便利です。

① 日本語入力をOFFにします。

② セルB4をアクティブセルにします。

③ 数式バーにある［関数の挿入］ボタンをクリックします（図4-14）。

図4-14 ［関数の挿入］ボタン

④ ［関数の挿入］ダイアログボックスが表示されます。

次のように選択し、［OK］ボタンをクリックします。

［関数の分類］欄；すべて表示

［関数名］欄；ROUND

※リストはAから順に表示されていますが、関数名の先頭文字であるRキーを押すとRまでジャンプできます（図4-15）。

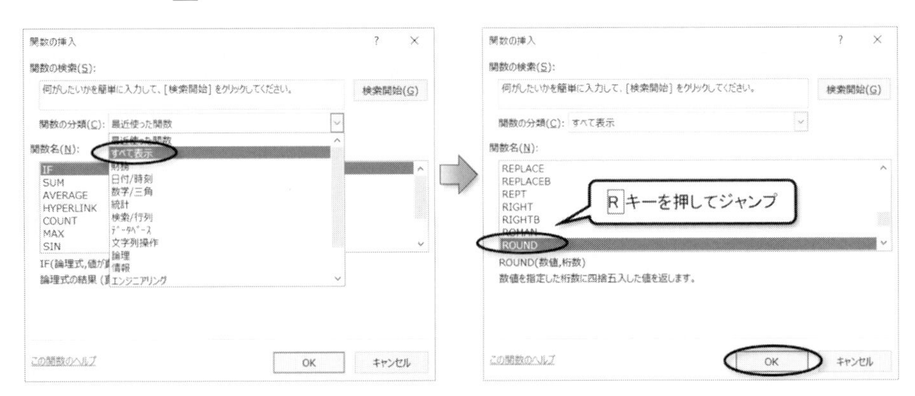

図4-15

⑤ ［関数の引数］ダイアログボックスが表示されます。最初の引数［数値］欄にカーソルが点滅していることを確認し、セルA4をマウスでクリックして入力します（図4-16）。

図4-16

⑥ ［桁数］欄にカーソルを移動し（Tabキー or マウスでクリック）、「1」を入力します。

⑦ ［OK］ボタンをクリックします。

※セルB4の数式「ROUND(A4,1)」を数式バーで確認しておきましょう。

⑧ オートフィル機能を使用して、セルB4に入力された数式をB5にコピーします。

【設問 3】「切り捨て」欄に、ROWNDDOWN 関数を使用して、「サンプル値」の小数第 1 位未満を切り捨てる数式を入力しなさい。

【設問 4】「切り上げ」欄に、ROWNDUP 関数を使用して、「サンプル値」の小数第 1 位未満を切り上げる数式を入力しなさい。

【設問 5】 B 4 に作成した数式「=ROUND(A 4,1)」の引数［桁数］を変更し、数式の結果を解答欄に記入しなさい。

解答欄：

桁数	数式の結果
2	
1	123.3
0	
−1	
−2	

ヒント：関数が入力されたセルをアクティブセルにして［関数の挿入］ボタンをクリックすると、［関数の挿入］ダイアログボックスで現在入力されている引数を変更することができます。また、図 4-17 のように、［関数の挿入］ダイアログボックスで［数式の結果］を確認することも可能です。

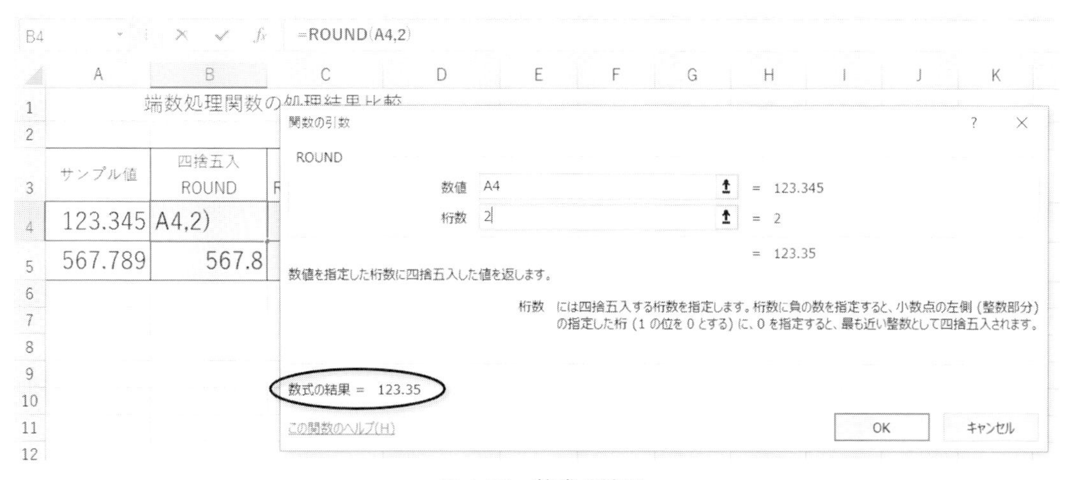

図 4-17 数式の結果

[関数の挿入] ダイアログボックスの注意点

［関数名］欄でキーボードから先頭文字キーを押してジャンプする際に、［関数の検索］欄にカーソルが表示されていると、**図 4-18** のように［関数の検索］欄に文字が入力されてしまいます。このような場合は、［関数名］ボックス内をクリックしてボックスを選択してから、先頭文字キーを押します。

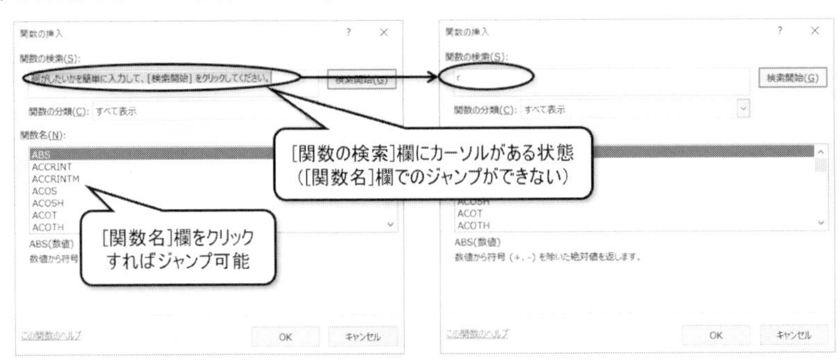

図 4-18

また、日本語入力が ON になっている場合もジャンプできません。

コーヒーブレイク

関数の入力方法

関数の入力方法は、この章で学習した①［オート SUM］ボタン［Σ オート SUM ▾］、②キーボード入力（数式オートコンプリート）、③［関数の挿入］ボタンのほか、④［数式］タブ（**図 4-19**）もあります。

図 4-19

入力方法に決まりはありませんので、状況により使いやすい方法を使用してください。ただし、あまりダイアログボックスなどのヒントに頼りすぎず、**関数の書式は覚える**ようにしてください。応用で学習する関数の中には、［関数の挿入］ダイアログボックスが使用できない関数もあるのです。

様々な関数の書式を覚えて、素早くキーボード入力ができれば、Excel を活用していくうえで大きな強みになるでしょう。

4.3　演習課題

演習 1　　　　【使用ファイル：Excel 04.xlsx、使用シート：演習 1】

次の条件に従って、表中黄色のセル内に当てはまる適切な式を入れ、完成見本のとおり表を作成しなさい。表内「未受験」はテストを受けていないことを意味します。

※塗りつぶしにより着色されたセルは、本書の図では灰色に表示されますが、本文中では使用するExcelシート上の色のとおりに、例えば「黄色のセル」などと表記します。以下同様。

※すべて関数を使用すること。

※罫線が変更されないように注意すること。

平均：小数点以下第1位まで表示

合計：4科目の合計

ヒント：隣接した数値セルを合計範囲に含めていないとエラーチェックを表す緑の三角形が表示されますが、数式が正しい場合は無視して構いません。

文系合計：　=SUM(B4, D4)

ヒント：合計対象のセルが2カ所に分かれているため、Ctrlキーを使用して選択します。

	A	B	C	D	E	F	G	H
1	期末テスト成績表							
2								
3	出席番号	英語	数学	国語	理科	合計	文系合計	理系合計
4	1001	69	70	66	78	283	135	148
5	1002	64	95	42	86	287	106	181
6	1003	82	未受験	85	70	237	167	70
7	1004	73	97	53	89	312	126	186
8	1005	66	58	47	未受験	171	113	58
9	1006	67	96	42	未受験	205	109	96
10	1007	90	49	76	57	272	166	106
11	平均	73.0	77.5	58.7	76.0			
12	受験者数	7	6	7	5			
13	最高点	90	97	85	89			

図4-20　演習1　完成見本

演習2　　【使用ファイル：Excel 04.xlsx、使用シート：演習2】

次の条件に従って、表中黄色のセル内に当てはまる適切な式を入れ、完成見本のとおり表を作成しなさい。

※関数を使用して、整数未満の端数を処理すること。

※「単価」×8%の計算値を「四捨五入」・「切り捨て」・「切り上げ」した場合の処理結果を比較する。

	A	B	C	D	E	F	G
1		消費税額比較表					
2					(単位：円)		<参考>
3	商品名	単価	四捨五入	切り捨て	切り上げ		処理前
4	そぼろ弁当	330	26	26	27		26.4
5	ハンバーグ弁当	580	46	46	47		46.4
6	焼肉弁当	920	74	73	74		73.6

図4-21　演習2　完成見本

演習3　　【使用ファイル：Excel 04.xlsx、使用シート：演習3】

次の条件に従って、表中黄色のセル内に当てはまる適切な式を入れ、完成見本のとおり表を作成しなさい。

※割引率・税率は、セル参照E19・E20を使用すること。

割引額：合計×割引率　整数未満切り上げ

消費税：(合計－割引額)×税率　整数未満切り捨て

総計：合計－割引額＋消費税

ご請求額：総計のセルを参照した数式とする

	A	B	C	D	E	F
1						2020年5月1日
2			御請求書			
3						
4	○○ネット株式会社　御中					
5						〒000-0000
6						○○市××区△△0-0-0
7						□□文具株式会社
8						
9	ご請求額		¥2,656			
10						
11						
12	売上日	商品コード	商品名	単価	数量	金額
13	2020/4/1	MC-6	封筒	298	3	¥894
14	2020/4/5	MP-2	リサイクルノート	158	4	¥632
15	2020/4/8	BT-3	修正テープ	280	3	¥840
16	2020/4/10	BD-2	ボールペン	99	5	¥495
17	2020/4/10	BM-1	蛍光マーカー	120	3	¥360
18	合		計			¥3,221
19	割		引　額		25%	¥806
20	消		費　税		10%	¥241
21	総		計			¥2,656

図 4-22　演習 3　完成見本

演習 4【使用ファイル：Excel 04.xlsx、使用シート：演習 4】

次の条件に従って、表中黄色のセル内に当てはまる適切な式を入れ、完成見本のとおり表を作成しなさい。

定価：原価に利益率を乗じた価格を上乗せする関数を使用して、千円未満を切り上げ処理する

	A	B	C	D
1	定価算出表			
2				
3	商品名	原価	利益率	定価 (千円未満切上げ)
4	プラズマテレビ	¥128,000	28%	¥164,000
5	液晶テレビ	¥101,000	32%	¥134,000

図 4-23　演習 4　完成見本

＜例題設問解答＞

【設問 1】　セル G 4 の数式：　＝ MAX (B 4 : D 4)

【設問 2】　セル H 4 の数式：　＝ MIN (B 4 : D 4)

【設問 3】　セル C 4 の数式：＝ROUNDDOWN (A 4, 1)

【設問 4】　セル D 4 の数式：＝ROUNDUP (A 4, 1)

【設問 5】

桁数	数式の結果
2	123.35
1	123.3
0	123
−1	120
−2	100

第 5 章　相対参照と絶対参照

「Excel では「A 1」「B 1」などの**セル参照**を用いて数式を作成する」ということを第 2 章で学びました。ここでは、セルの参照方式についてさらに理解を深めるため、**相対参照**と**絶対参照**について学習します。セルの参照方式を難しく感じる人も多いようですが、今後の数式作成には不可欠な内容です。じっくり考えて理解しましょう。

5.1　参照方法の違い

参照方法には「相対参照」と「絶対参照」があります。参照方法の違いを**図 5-1** に示しています。詳細は次節から実習していきます。

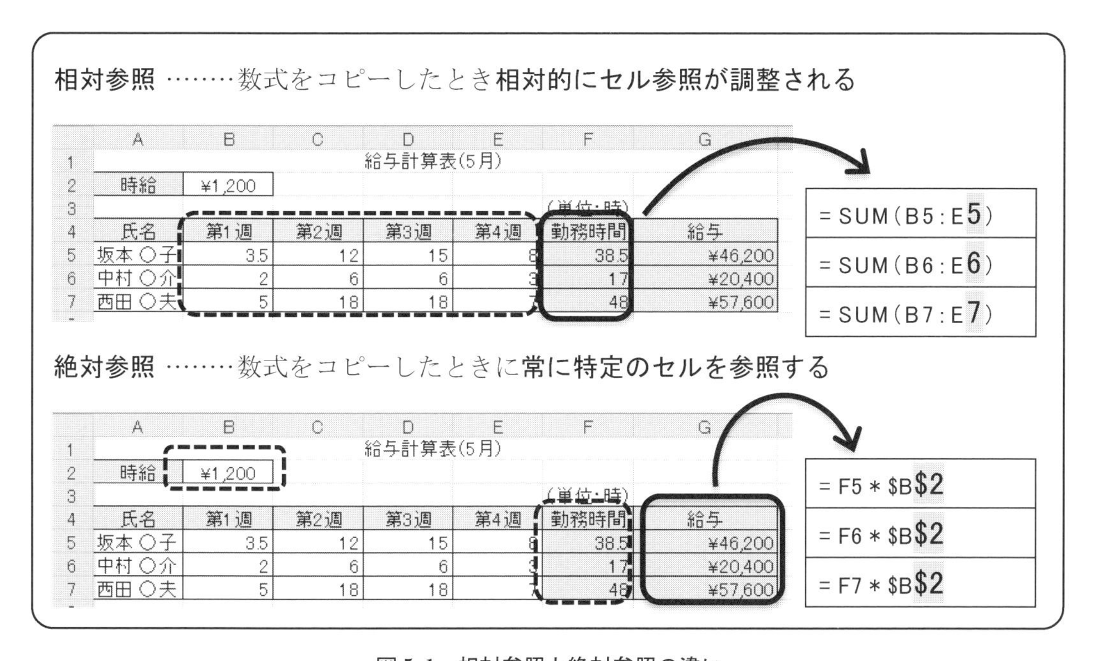

図 5-1　相対参照と絶対参照の違い

5.2　相対参照

これまでの章で使用してきた参照方法は**相対参照**です。相対参照とは、数式をコピーしたときコピーした方向やセル数によって**相対的にセル参照が調整される**方式です。

例題 1-1　相対参照の確認　　　　　　【使用ファイル：Excel 05.xlsx、使用シート：例題 1】

	A	B	C	D	E	F	G
1				給与計算表(5月)			
2	時給						
3						(単位:時)	
4	氏名	第1週	第2週	第3週	第4週	勤務時間	給与
5	坂本 ○子	3.5	12	15	8	38.5	
6	中村 ○介	2	6	6	3	17	
7	西田 ○夫	5	18	18	7	48	

図 5-2　例題 1-1　完成見本

例題 1-1 では、F 列の「勤務時間」を求める数式を作成します。数式をコピーするとセル参照が相対的に調整されることを確認し、「相対参照」とは何かを理解しましょう。

F 列に「第 1 週」～「第 4 週」を合計する SUM 関数を入力しましょう。

① セル F 5 をアクティブセルにし、[オート SUM] ボタンをクリックします (**図 5-3**)。

図 5-3

② Enter キーを押して確定します。

③ セル F 5 に作成した数式を、オートフィル機能を使用して、セル F 7 までコピーします (**図 5-4**)。

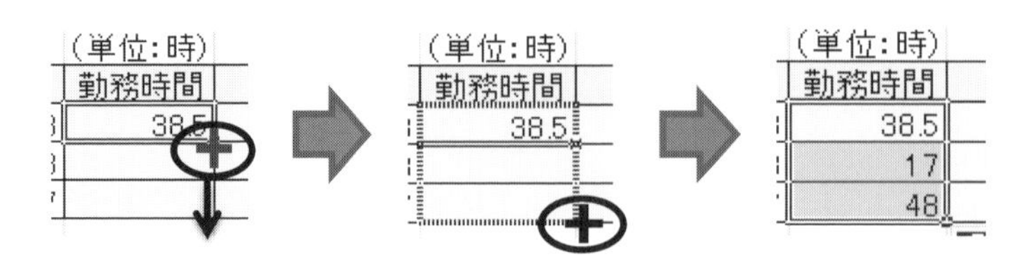

図 5-4

できあがった数式を確認してみましょう。

④ セル F 5 をアクティブセルにして、数式バーを確認します (**図 5-5**)。

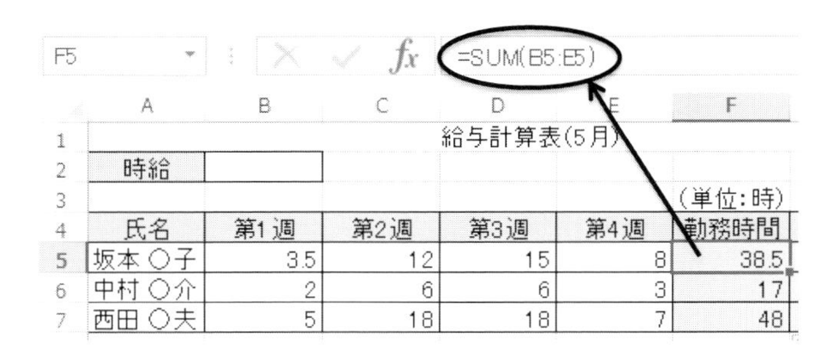

	A	B	C	D	E	F
1				給与計算表(5月)		
2	時給					
3						(単位:時)
4	氏名	第1週	第2週	第3週	第4週	勤務時間
5	坂本 〇子	3.5	12	15	8	38.5
6	中村 〇介	2	6	6	3	17
7	西田 〇夫	5	18	18	7	48

図 5-5

⑤　同様にセルＦ６・Ｆ７の数式も確認します。

【設問 1】　確認したセルＦ７の数式を**図 5-6** 内の解答欄に書き写しなさい。

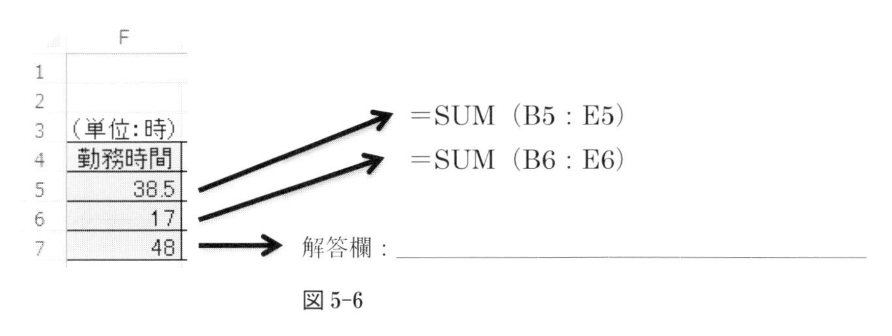

図 5-6

※なお、各設問の解答は章末にあります。

セル参照は、Ｂ５→Ｂ６→Ｂ７と１行ずつ下に調整されています。これが相対参照です。

5.3　絶対参照

相対参照は便利ですが、セル参照を調整しないで特定のセルを参照したい場合もあります。このような場合は**絶対参照**を使用します。絶対参照とは、数式をコピーしたときに**常に特定のセルを参照する**方式です。絶対参照を使用する場合は、「**$A$1**」のように列や行に「**$**」を付けます。数式内のセル参照にカーソルを置き、F４キーを押すと絶対参照の指定ができます。

例題 1-2　絶対参照の指定　　　　【使用ファイル：Excel 05.xlsx、使用シート：例題 1】

	A	B	C	D	E	F	G
1				給与計算表(5月)			
2	時給	¥1,200					
3						(単位:時)	
4	氏名	第1週	第2週	第3週	第4週	勤務時間	給与
5	坂本 〇子	3.5	12	15	8	38.5	¥46,200
6	中村 〇介	2	6	6	3	17	¥20,400
7	西田 〇夫	5	18	18	7	48	¥57,600

図 5-7　例題 1-2　完成見本

例題 1-2 では、Ｇ列の「給与」を求める数式を作成します。「時給」が入力されたセルＢ２はすべての数式で使用するため、調整されないように「絶対参照」にします。「絶対参照」の必要性を理解しましょう。

セルＢ２に時給データ「1200」を入力しましょう。

①　セルＢ２をアクティブセルにし、「1200」と入力し確定します。

Ｇ列に「給与」を計算する数式「勤務時間」×「時給」を作成しましょう。

②　セルＧ５をアクティブセルにし、「＝　Ｆ５＊Ｂ２」を入力します（**図5-8**）。

IF　=F5*B2

	A	B	C	D	E	F	G
1				給与計算表(5月)			
2	時給	1200					
3						(単位:時)	
4	氏名	第1週	第2週	第3週	第4週	勤務時間	給与
5	坂本 ○子	3.5	12	15	8	38.5	=F5*B2
6	中村 ○介	2	6	6	3	17	
7	西田 ○夫	5	18	18	7	48	

※Enter キーはまだ押さないでください

図5-8

③　セルＢ２を絶対参照にするため、Ｆ４キーを押します（**図5-9**）。

IF　=F5*$B$2

	A	B	C	D	E	F	G
1				給与計算表(5月)			
2	時給	1200					
3						(単位:時)	
4	氏名	第1週	第2週	第3週	第4週	勤務時間	給与
5	坂本 ○子	3.5	12	15	8	38.5	=F5*$B$2
6	中村 ○介	2	6	6	3	17	
7	西田 ○夫	5	18	18	7	48	

F4キーを押すと絶対参照になる

図5-9

④　Enterキーを押して確定します。

⑤　セルＧ５に作成した数式を、オートフィル機能を使用して、セルＧ７までコピーします。

できあがった数式を確認してみましょう。

⑥　セルＧ５をアクティブセルにして、数式バーを確認します（**図5-10**）。

G5　=F5*$B$2

	A	B	C	D	E	F	G
1				給与計算表(5月)			
2	時給	1200					
3						(単位:時)	
4	氏名	第1週	第2週	第3週	第4週	勤務時間	給与
5	坂本 ○子	3.5	12	15	8	38.5	46200
6	中村 ○介	2	6	6	3	17	20400
7	西田 ○夫	5	18	18	7	48	57600

図5-10

⑦　同様にセルＧ６・Ｇ７の数式も確認します。

【設問２】　確認したセルＧ７の数式を**図5-11**内の解答欄に書き写しなさい。

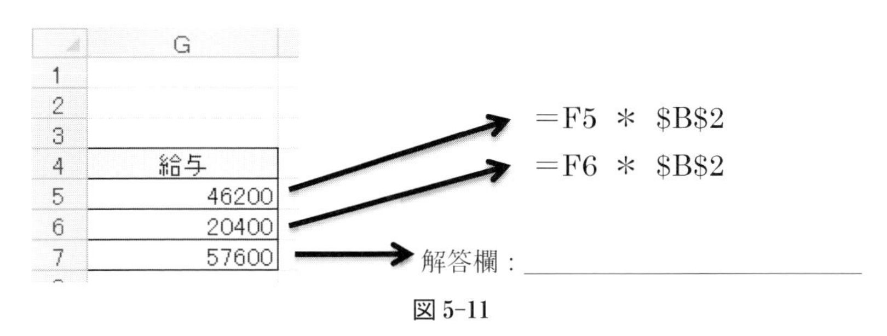

図 5-11

相対参照である「F 5」は F 5→F 6→F 7 と 1 行ずつ下に調整されています。
「$B$2」は、$B$2→$B$2→$B$2 とすべて同じ B 2 を参照しています。これが絶対参照です。

One Point

複合参照

絶対参照を指定したセルには、「$A$1」のように「$」が 2 つ含まれています。「$A」は A 列を固定することを、「$1」は行 1 を固定することを表しています。

絶対参照を指定する際に、F 4 キーを何度か押すと**図 5-12** のように「A$1」→「$A 1」→「A 1」と変化し、行のみを固定したり、列のみを固定したりすることも可能です。**行または列のみを固定させる**参照方式を「**複合参照**」といいます。

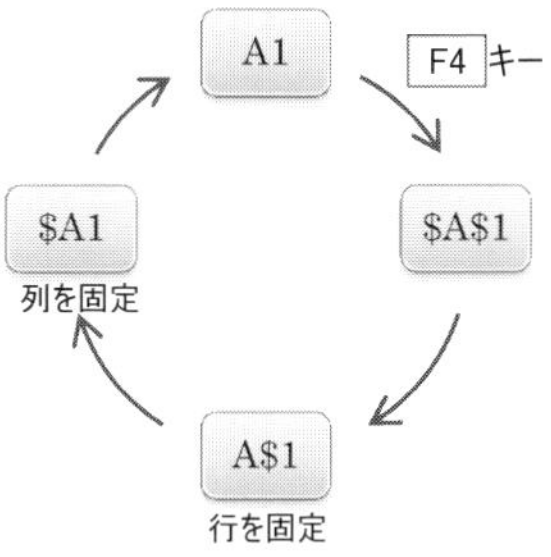

A1
F4 キー
$A$1
A$1
行を固定
$A1
列を固定

図 5-12

【設問 3】「時給」「給与」の表示形式を[通貨表示形式]に設定しなさい。

コーヒーブレイク

複合参照を考える

複合参照はどんな場合に必要なのでしょうか？

答えは、「数式を縦と横の両方にコピーする場合」です。その例を見てみましょう。

【使用ファイル：Excel 05.xlsx、使用シート：コーヒーブレイク】

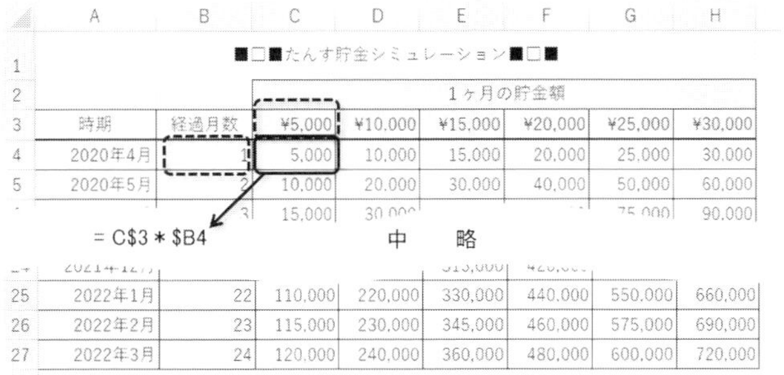

	A	B	C	D	E	F	G	H
1	■□■たんす貯金シミュレーション■□■							
2			1ヶ月の貯金額					
3	時期	経過月数	¥5,000	¥10,000	¥15,000	¥20,000	¥25,000	¥30,000
4	2020年4月	1	5,000	10,000	15,000	20,000	25,000	30,000
5	2020年5月	2	10,000	20,000	30,000	40,000	50,000	60,000
6		3	15,000	30,000			75,000	90,000
	中略							
25	2022年1月	22	110,000	220,000	330,000	440,000	550,000	660,000
26	2022年2月	23	115,000	230,000	345,000	460,000	575,000	690,000
27	2022年3月	24	120,000	240,000	360,000	480,000	600,000	720,000

＝C$3＊$B4

図 5-13

図 5-13 のように、セル C 4 には「＝ C$3＊$B 4」という式が入力されています。
つまり「1 ヶ月の貯金額 ¥5,000」×「経過月数 1」＝5,000　という計算です。
この数式を縦にコピーすると 2022 年 3 月にはいくら貯まるのかが求められます。

横にコピーすると1ヶ月あたりの金額を増やすといくらになるのかが求められます。

複合参照のポイントは、列と行を分けて考えることです。

- **列を固定するべきか否かは横方向へのコピーだけを考える**
- **行を固定するべきか否かは縦方向へのコピーだけを考える**

上記の数式で、セルC3の参照について考えてみましょう。

C列を固定すべきか否かで考えるのは横にコピーする場合です。C3→D3…と調整されるようにしたいので、C列は固定しません。

3行目を固定すべきか否かで考えるのは縦にコピーする場合です。C4→C5…とずれると正しく計算されませんので、3行目は固定します。ゆえに「C$3」と指定します。

5.4　関数での利用

絶対参照は関数でも利用されます。ここでは、順位を求めるRANK.EQ関数を例に、参照方法の使い分けについて考えてみましょう。

例題2　RANK.EQ関数を使用して、順位を表示しなさい。

Aクラス　小テスト結果

氏名	英語	数学	国語	合計	平均	得意科目点数	不得意科目点数	合計点順位	得意科目順位
石井 博○	83	92	46	221	73.7	92	46	2	3
衛藤 卓○	56	91	100	247	82.3	100	56	1	1
小沢 ○森	66	58	47	171	57.0	66	47	7	8
小沢 陽○	32	90	欠席	122	61.0	90	32	10	4
坂本 和○	85	36	72	193	64.3	85	36	5	6
塩○ 晋也	35	94	69	198	66.0	94	35	4	2
田○瀬 哲男	84	51	73	208	69.3	84	51	3	7
土○ 善之	欠席	90	51	141	70.5	90	51	9	4
仲村 美○代	52	65	48	165	55.0	65	48	8	9
西村 ○ゆり	52	61	65	178	59.3	65	52	6	9

図5-14　例題2　完成見本

5.4.1　順位（RANK.EQ）

順位を求めたい場合は**RANK.EQ関数**を使用します。例えばある人のテストの点数がクラス全体の中で何位にあたるのかを知りたい場合などに使用します。

RANK.EQ（数値，参照，順序）

- 順位を求める

数値：順位を調べたい数値

参照：順位を付ける対象となる数値全体の範囲

順序：順位を付ける方法を指定する

降順（大きい順）で順位を付ける場合は「0」を指定

昇順（小さい順）で付ける場合は「1」など0以外の数値を指定

I 列「合計点順位」には、E 列「合計」での順位を表示します。セル I4 の石井博○さんの順位を求めるために必要な引数は**図 5-15** のようになります。

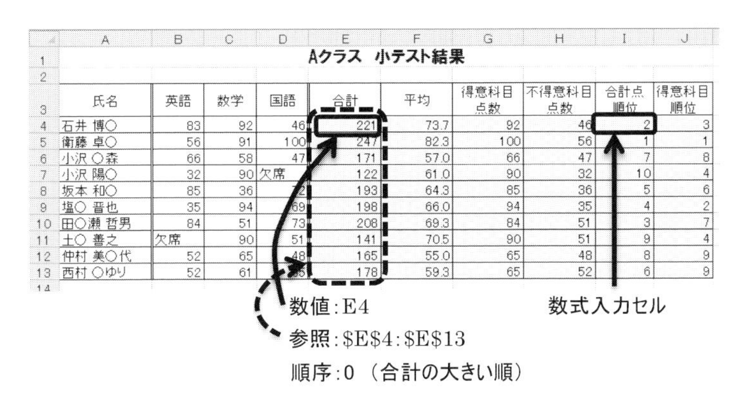

	A	B	C	D	E	F	G	H	I	J
1	Aクラス　小テスト結果									
2										
3	氏名	英語	数学	国語	合計	平均	得意科目点数	不得意科目点数	合計点順位	得意科目順位
4	石井 博○	83	92	46	221	73.7	92	46	2	3
5	衛藤 卓○	56	91	100	247	82.3	100	56	1	1
6	小沢 ○森	66	58	47	171	57.0	66	47	7	8
7	小沢 陽○	32	90	欠席	122	61.0	90	32	10	4
8	坂本 和○	85	36	72	193	64.3	85	36	5	6
9	塩○ 晋也	35	94	69	198	66.0	94	35	4	2
10	田○瀬 哲男	84	51	73	208	69.3	84	51	3	7
11	土○ 善之	欠席	90	51	141	70.5	90	51	9	4
12	仲村 美○代	52	65	48	165	55.0	65	48	8	9
13	西村 ○ゆり	52	61	[illegible]	178	59.3	65	52	6	9

図 5-15　RANK.EQ 関数の引数

【設問 4】　数式入力セル I4 にはどのような数式を作成すればよいか。**図 5-15** の引数を RANK.EQ 関数の書式に当てはめて解答欄を完成させなさい。

解答欄：RANK.EQ（＿＿＿＿＿＿＿＿＿＿＿＿＿＿＿＿＿＿＿＿）

それでは数式を入力しましょう。

① 日本語入力を OFF にします。

② セル I4 をアクティブセルにします。

③ 数式バーにある［関数の挿入］ボタンをクリックします。

④ ［関数の挿入］ダイアログボックスが表示されます。
次のように選択し、［OK］ボタンをクリックします。
［関数の分類］欄；すべて表示
［関数名］欄；RANK.EQ
※リストは A から順に表示されていますが、関数名の先頭文字である R キーを押すと R までジャンプできます（**図 5-16**）。

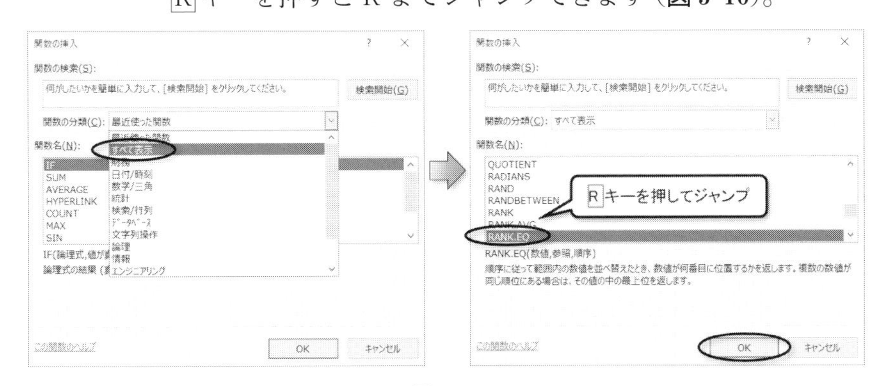

図 5-16

⑤ ［関数の引数］ダイアログボックスが表示されます。最初の引数［数値］欄にカーソル

が点滅していることを確認し、セルE4をマウスでクリックして入力します。

⑥ ［参照］欄にカーソルを移動します（Tabキー or マウスでクリック）。

⑦ セル範囲E4:E13をドラッグし、F4キーを押して**絶対参照**にします（**図5-17**）。
　※後で数式をコピーする際に、このセル範囲を変化させないため。

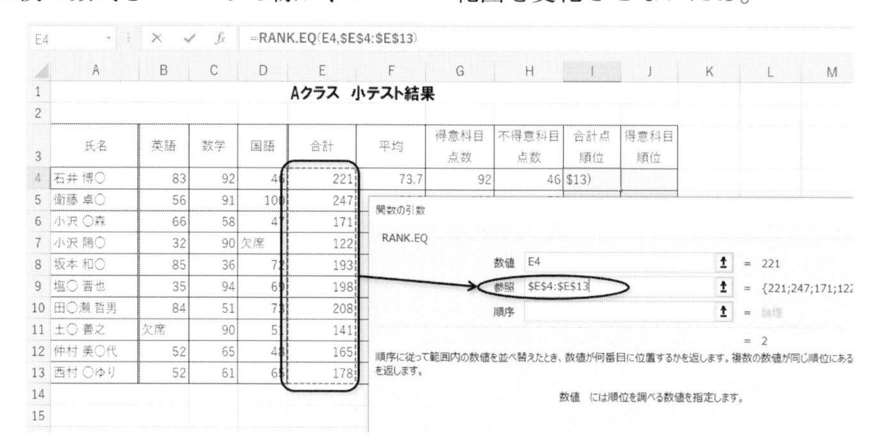

図5-17

⑧ ［順序］欄にカーソルを移動し、「0」を入力します（**図5-18**）。

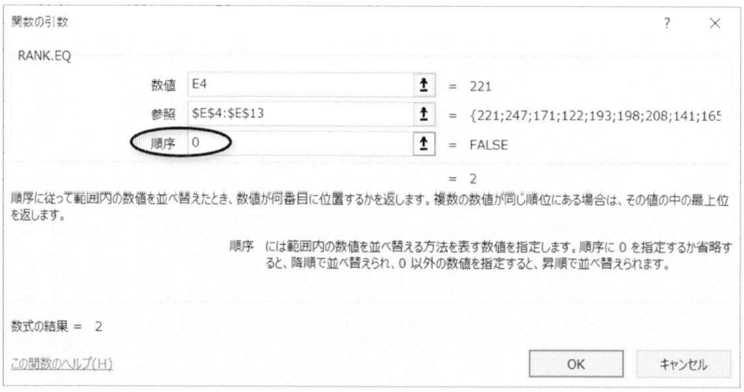

関数の引数
RANK.EQ
数値　E4　= 221
参照　$E$4:$E$13　= {221;247;171;122;193;198;208;141;165
順序　0　= FALSE
= 2
順序に従って範囲内の数値を並べ替えたとき、数値が何番目に位置するかを返します。複数の数値が同じ順位にある場合は、その値の中の最上位を返します。
順序　には範囲内の数値を並べ替える方法を表す数値を指定します。順序に 0 を指定するか省略すると、降順で並べ替えられ、0 以外の数値を指定すると、昇順で並べ替えられます。
数式の結果 =　2
この関数のヘルプ(H)　OK　キャンセル

図5-18

⑨ ［OK］ボタンをクリックします。
　※セルI4の数式「RANK.EQ(E4,$E$4:$E$13,0)」を数式バーで確認しておきましょう。

⑩ オートフィル機能を使用して、セルI4に入力された数式をI13までコピーします。

ここで、引数［参照］について考えてみましょう。

【設問5】 例題2で、セルI5に入力されている数式を確認し、解答欄に記入しなさい。

解答欄：RANK.EQ（＿＿＿＿＿＿＿＿＿＿＿＿＿＿＿＿）

【設問6】 例題2で、セルI4に「RANK.EQ(E4,E4:E13,0)」のように引数［参照］を相対参照で入力した場合、セルI5にはどのような数式が入力されるか推測し、解答欄に記入しなさい。

解答欄：RANK.EQ（＿＿＿＿＿＿＿＿＿＿＿＿＿＿＿＿）

【設問 7】　設問 4、5 から考えて、例題 2 セル I4 において引数［参照］は、絶対参照にするべきか相対参照にするべきか。解答欄に記入しなさい。

解答欄：＿＿＿＿＿＿＿＿参照

【設問 8】　RANK.EQ 関数を使用して、J 列「得意科目順位」欄に「得意科目点数」の順位を求めなさい。

コーヒーブレイク

順位を求める関数

Excel 2010 以降のバージョンでは、順位を求める関数が RANK.EQ 関数を含めて 3 種類あります。一般的には RANK.EQ 関数を使用しますが、必要に応じで使い分けましょう。

RANK.EQ 関数

複数の値が同じ順位にあるときは、**最上位**の順位が返されます（**図 5-19**）。

合計	合計点順位
270	1
270	1

図 5-19

RANK.AVG 関数

複数の値が同じ順位にあるときは、**平均**の順位が返されます（**図 5-20**）。

合計	合計点順位
270	1.5
270	1.5

図 5-20

RANK 関数（RANK.EQ 関数と同じ結果が返されます）

「互換性関数」（**図 5-21**）に属した関数です。「互換性関数」とは、現在のバージョンで新しい関数に置き換えられている関数で、以前のバージョンとの互換性を保つために残された関数です。以前のバージョンの Excel を使用しない場合は推奨されていません。

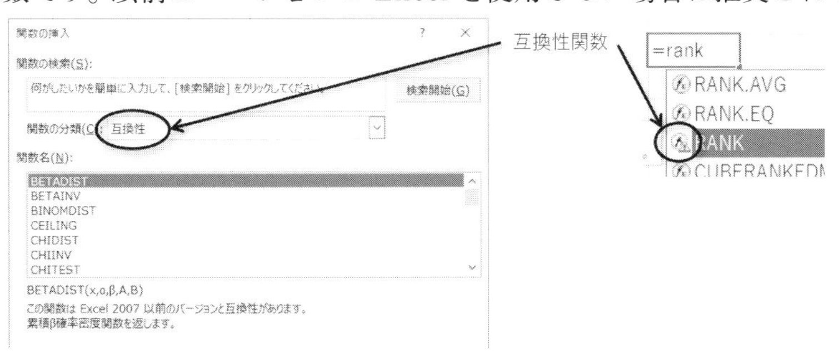

図 5-21

5.5　演習課題

演習1　【使用ファイル：Excel 05.xlsx、使用シート：演習1】

次の条件に従って、表中黄色のセル内に当てはまる適切な式を入れ、完成見本のとおり表を作成しなさい。

※塗りつぶしにより着色されたセルは、本書の図では灰色に表示されますが、本文中では使用する Excel シート上の色のとおりに、例えば「黄色のセル」などと表記します。以下同様。

卒業者数の合計は関数を使用する

卒業者数：桁区切りスタイル

構成比：各教育機関卒業者数の合計に対する割合

　　　　パーセントスタイル・小数点以下第1位まで表示する

卒業者数順位：関数を使用して、卒業者数が多い順に順位をつける

	A	B	C	D
1	学校卒業者の人数			
2				
3	教育機関	卒業者数	構成比	卒業者数順位
4	中学校	7,317,600	11.6%	4
5	高校	27,075,300	43.0%	1
6	専門学校	7,512,800	11.9%	3
7	短大･高専	5,454,100	8.7%	5
8	大学	14,398,600	22.8%	2
9	大学院	1,273,200	2.0%	6
10	合計	63,031,600	100.0%	

図5-22　演習1　完成見本

演習2　【使用ファイル：Excel 05.xlsx、使用シート：演習2】

次の条件に従って、表中黄色のセル内に当てはまる適切な式を入れ、完成見本のとおり表を作成しなさい。

割引額：「定価」×「割引率」　割引率はG2のセル参照を使用した数式とする

割引後定価：「定価」－「割引額」

売上高（F5：F7）：「割引後定価」×「売上数量」

合計（E8：F8）：各列の5～7行目のセルを関数を使用して合計する

売上構成比：「売上高」の構成比

※金額を表す数値は［桁区切りスタイル］、割合は［パーセントスタイル］を設定する

	A	B	C	D	E	F	G
1	▼春期バーゲン売上分析表						
2						割引率	30%
3							
4	商品名	定価	割引額	割引後定価	売上数量	売上高	売上構成比
5	空気清浄器	15,300	4,590	10,710	14	149,940	12%
6	冷蔵庫	99,880	29,964	69,916	7	489,412	39%
7	液晶テレビ	78,500	23,550	54,950	11	604,450	49%
8	合計				32	1,243,802	100%

図5-23　演習2　完成見本

演習 3　【使用ファイル：Excel 05.xlsx、使用シート：演習 3】

演習 3「春期バーゲン売上分析表 ver.2」は、演習 2「春期バーゲン売上分析表」を改良したものである。表中黄色のセル内に適切な式を入れ、完成見本のとおり表を作成しなさい。

改良点：「割引額」の算出を省略し、「割引後定価」の数式を変更

ヒント：100%＝1 である。よって 1－割引率で「割引後定価」の掛け率が算出できる。「割引後定価」は、定価×掛け率で求められる。

	A	B	C	D	E	F
1	▼春期バーゲン売上分析表 ver.2					
2					割引率	30%
3						
4	商品名	定価	割引後定価	売上数量	売上高	売上構成比
5	空気清浄器	15,300	10,710	14	149,940	12%
6	冷蔵庫	99,880	69,916	7	489,412	39%
7	液晶テレビ	78,500	54,950	11	604,450	49%
8	合計			32	1,243,802	100%

図 5-24　演習 3　完成見本

演習 4　【使用ファイル：Excel 05.xlsx、使用シート：演習 4】

次の条件に従って、表中黄色のセル内に当てはまる適切な式を入れ、完成見本のとおり表を作成しなさい。

※選手がエントリーされたら、「選手名」に名前を入力することになっている。「現在のエントリー数」は、「選手名」欄のデータ数を求めること。

※罫線や小数点以下表示桁数などの書式も完成例に準じて設定すること。

	A	B	C	D
1	■50m走■　エントリー記録表			
2				
3	エントリーNo.	選手名	記録	順位
4	1	西田 ○夫	7.59	7
5	2	松岡 浩○	6.97	2
6	3	江○ 乙彦	7.56	6
7	4	楢○ 茂樹	7.44	4
8	5	河上 ○也	7.02	3
9	6	玉置 実○	9.01	10
10	7	鈴○ 孝男	7.55	5
11	8	大坪 ○彦	6.93	1
12	9	酒井 隆○	7.78	8
13	10	澤田 ○由	8.20	9
14	平均		7.61	―
15	最高記録		6.93	―
16				
17	現在のエントリー数		10	

図 5-25　演習 4　完成見本

演習5　　　　　　　　　　　　　　【使用ファイル：Excel 05.xlsx、使用シート：演習5】

演習5「九九一覧表」は、A列と3行目に入力された見出し「1」～「9」を使用した乗算で作成できる。表中黄色のセル内に適切な式を入れ、完成見本のとおり表を作成しなさい。

なお、数式はセルB4のみに作成し、下方向と右方向にコピーするだけですべてのセルに正しい数式が入力されるようにすること。

九九一覧表

	1	2	3	4	5	6	7	8	9
1	1	2	3	4	5	6	7	8	9
2	2	4	6	8	10	12	14	16	18
3	3	6	9	12	15	18	21	24	27
4	4	8	12	16	20	24	28	32	36
5	5	10	15	20	25	30	35	40	45
6	6	12	18	24	30	36	42	48	54
7	7	14	21	28	35	42	49	56	63
8	8	16	24	32	40	48	56	64	72
9	9	18	27	36	45	54	63	72	81

図5-26　演習5　完成見本

<例題設問解答>

【設問1】　=SUM(B7：E7)

【設問2】　=F7＊$B$2

【設問3】　「￥1,200」のような表示にします。操作方法は以下のとおりです。

① セルB2をアクティブセルにし、Ctrlキーを押しながらセル範囲G5:G7をドラッグして選択します。

② ［ホーム］タブ → ［数値］グループ → ［通貨表示形式］ボタン をクリックします。

【設問4】　RANK.EQ（　E4，　$E$4:$E$13，　0　）

【設問5】　RANK.EQ（　E5，　$E$4:$E$13，　0　）

【設問6】　RANK.EQ（　E5，　E5:E14，　0　）

【設問7】　絶対　参照

※設問6のように、引数［参照］の範囲がずれてしまうと正しい順位が求められません。

【設問8】　セルJ4の数式：　＝ RANK.EQ（　G4，　$G$4:$G$13，　0　）

第 6 章　グラフ機能 I

Excel では、作成した表から簡単にグラフを作成することができます。ここでは、グラフの挿入と、グラフ要素の追加や書式設定方法の基本原則を学びます。

6.1　様々なグラフ

はじめに、代表的なグラフの種類と特徴を確認しましょう（図 6-1）。

棒グラフ

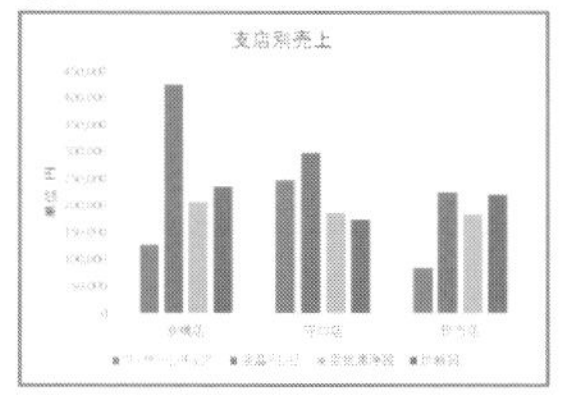

項目の大小比較に適している

円グラフ

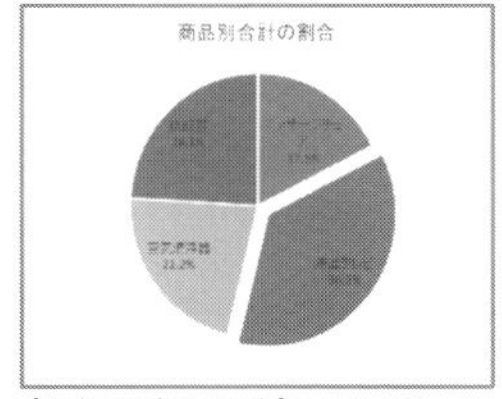

割合の表現に適している

折れ線グラフ

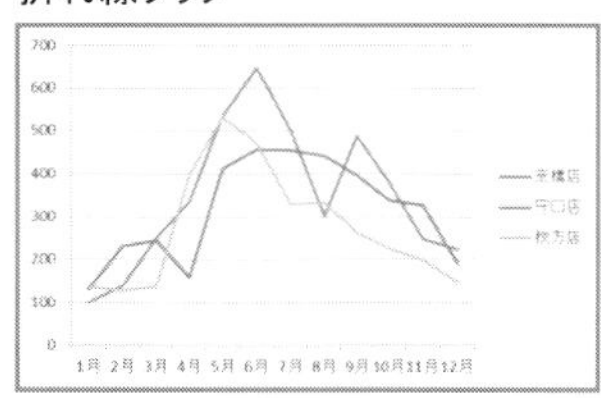

データ推移の表現に適している

レーダーチャート
バランスの比較に
適している

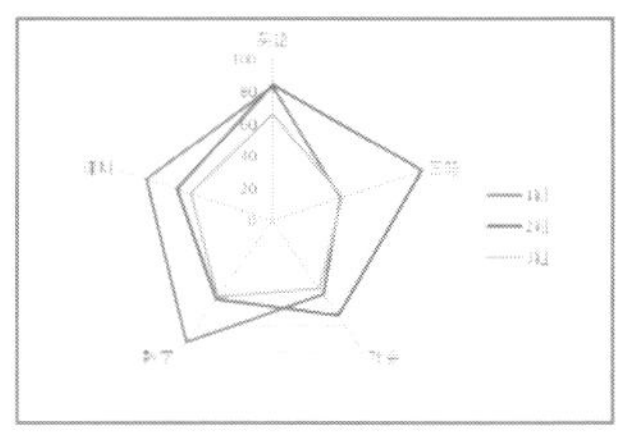

散布図
相関関係・分布などの
表現に適している

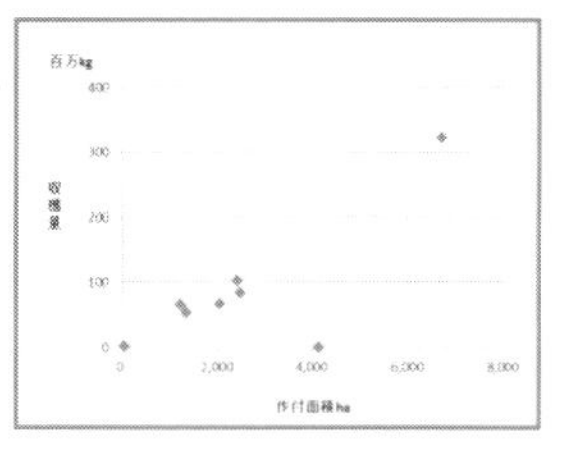

図 6-1　グラフの種類と特徴

6.2　グラフの作成と編集

Excel のグラフ機能では多くの種類のグラフが用意されており、詳細な設定が可能です。本書で紹介する設定はごく一部にすぎません。断片的に捉えるのではなく、設定の基本原則を理解するように意識しましょう。

例題 1-1　グラフの挿入

【使用ファイル：Excel 06.xlsx、使用シート：例題 1】

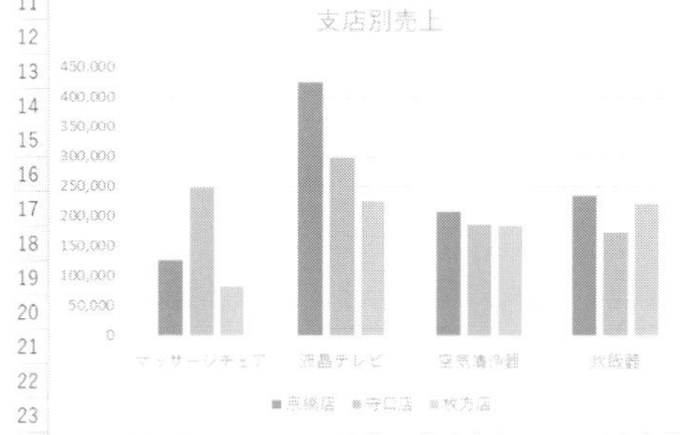

第1四半期 売上

（単位：円）

	京橋店	守口店	枚方店	合計	平均
マッサージチェア	127,000	248,000	84,000	459,000	153,000
液晶テレビ	425,000	298,000	225,000	948,000	316,000
空気清浄器	208,000	187,000	185,000	580,000	193,333
炊飯器	235,000	174,000	221,000	630,000	210,000
合計	995,000	907,000	715,000	2,617,000	872,333
平均	248,750	226,750	178,750	654,250	

図 6-2　例題 1-1　完成見本

6.2.1　グラフの挿入

グラフは、グラフ化したいセル範囲を選択して挿入します。

グラフ化するセル範囲を選択しましょう。

①　セル範囲 A3:D7 をドラッグします。

　※完成見本から、**合計や平均はグラフに含まれていない**ことに注意します。

One Point

グラフ化の範囲選択 1

グラフに表示する項目軸や系列名に使用する**見出しセルを含めて選択**します（図 6-3）。

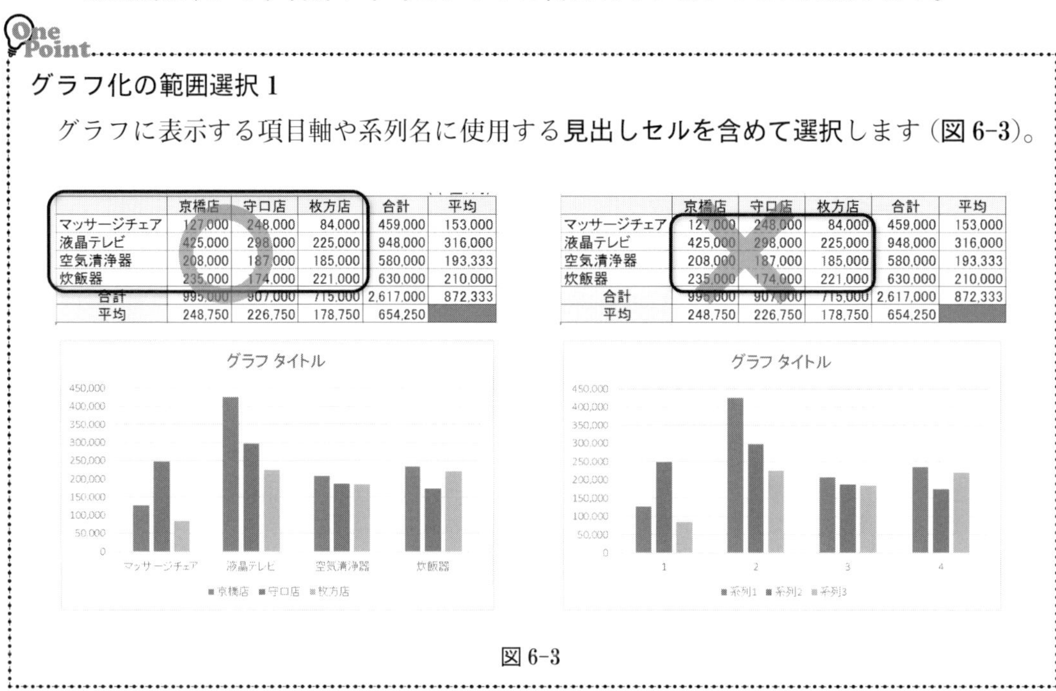

	京橋店	守口店	枚方店	合計	平均
マッサージチェア	127,000	248,000	84,000	459,000	153,000
液晶テレビ	425,000	298,000	225,000	948,000	316,000
空気清浄器	208,000	187,000	185,000	580,000	193,333
炊飯器	235,000	174,000	221,000	630,000	210,000
合計	995,000	907,000	715,000	2,617,000	872,333
平均	248,750	226,750	178,750	654,250	

	京橋店	守口店	枚方店	合計	平均
マッサージチェア	127,000	248,000	84,000	459,000	153,000
液晶テレビ	425,000	298,000	225,000	948,000	316,000
空気清浄器	208,000	187,000	185,000	580,000	193,333
炊飯器	235,000	174,000	221,000	630,000	210,000
合計	995,000	907,000	715,000	2,617,000	872,333
平均	248,750	226,750	178,750	654,250	

図 6-3

2-D 集合縦棒グラフを挿入しましょう。

②　［挿入］タブ →［グラフ］グループ →［縦棒/横棒グラフの挿入］→［集合縦棒］をクリックします（図 6-4）。

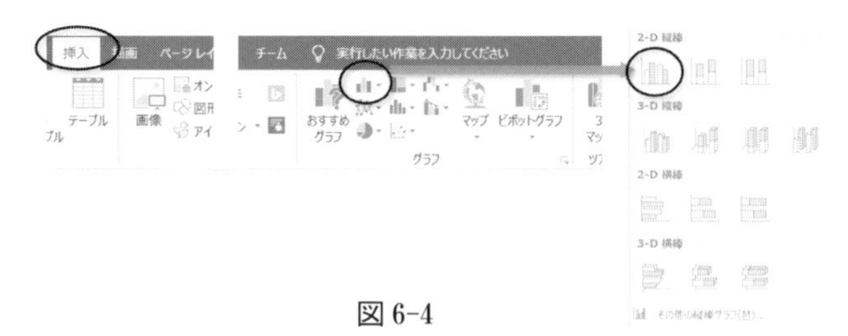

図 6-4

One Point

グラフの削除

グラフを削除する場合は、グラフエリアを選択し Delete キーを押します。

6.2.2　グラフの移動とサイズ変更

グラフを移動しましょう。

①　マウスポインターをグラフエリアに合わせ、✥ の形で表の下へドラッグします（図 6-5）。

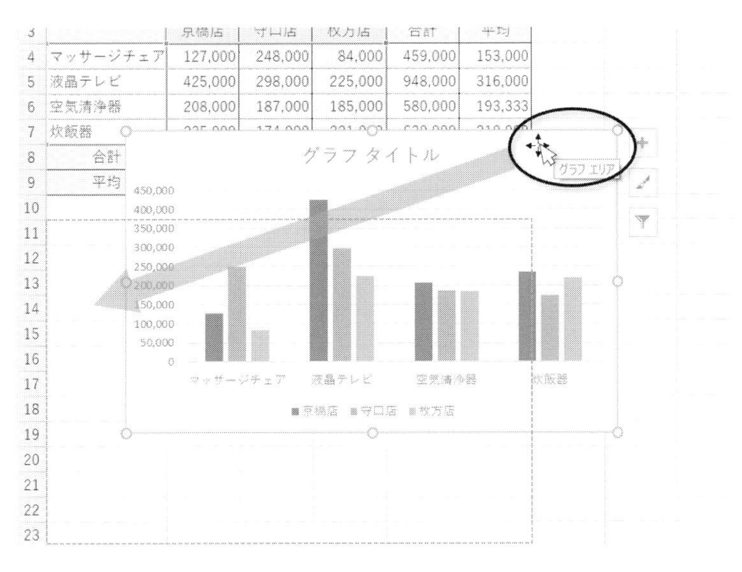

図 6-5

サイズを変更しましょう。

②　マウスポインターをグラフエリア右下に合わせ、⤡ の形でドラッグします（**図 6-6**）。

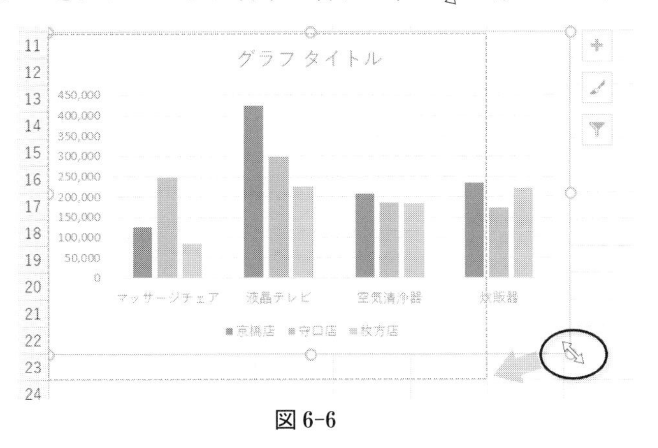

図 6-6

One Point

移動やサイズ変更の際に、Alt キーを押しながらドラッグすると、セルに吸着させることができます。

グラフタイトルの文字列を修正しましょう。

③　グラフタイトルをクリックして選択し、さらにグラフタイトルをクリックします（**図 6-7**）。

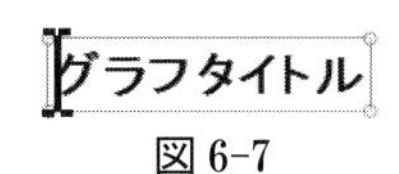

図 6-7

④　カーソルが表示され文字列の修正が可能になります。「支店別売上」に修正します（**図 6-8**）。

図 6-8

⑤　グラフエリアをクリックし、グラフタイトルの選択を解除します。

例題 1-2　グラフの編集1　【使用ファイル：Excel 06.xlsx、使用シート：例題1】

例題1-1で作成したグラフを、完成見本のように編集しましょう。

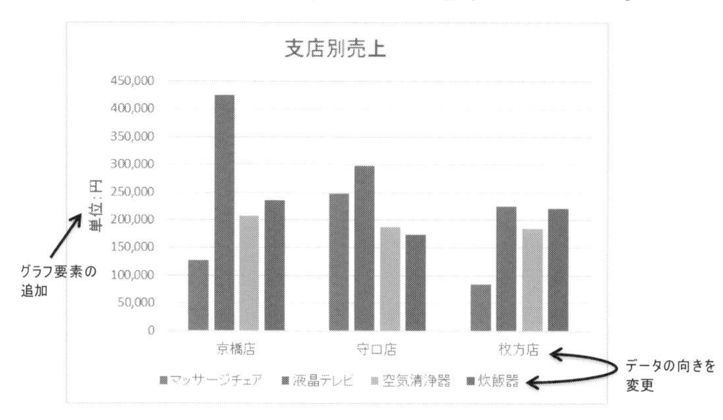

図6-9　例題1-2　完成見本

6.2.3　グラフの選択

グラフエリア内をクリックするとグラフが選択されます。このとき、**図6-10**のようにグラフを編集するための［**グラフツール**］が表示されます。［グラフツール］には、［デザイン］［書式］の2つのタブがあります。グラフの編集をする場合はこれらの中から適切なコマンドを探しましょう。

図6-10　グラフの選択とグラフツール

6.2.4　データの変更

［デザイン］タブ →［データ］グループ（**図6-11**）では、グラフ作成後にデータの範囲や向きを変更することができます。ここでは、**図6-12**のようにデータの向きを変更します。

図6-11　［データ］グループ

①　グラフをクリックして選択します。

②　［デザイン］タブ →［データ］グループ →［行/列の切り替え］ボタンをクリックします。

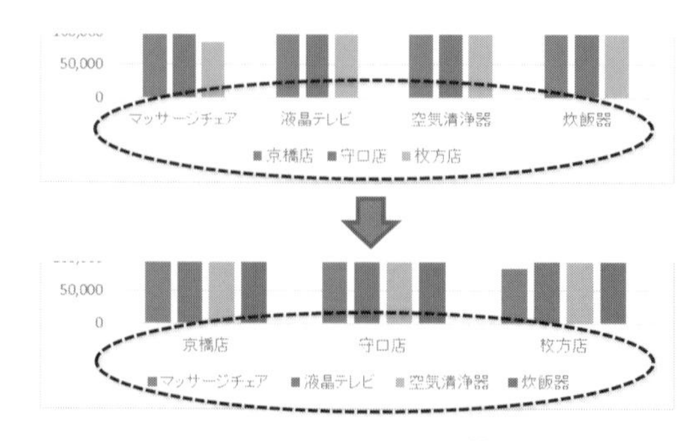

図6-12　行/列の切り替え

6.2.5　グラフ要素の追加

グラフには、「グラフエリア」「グラフタイトル」などのグラフ要素（**図 6-13**）があり、［デザイン］タブ →［グラフのレイアウト］グループ →［グラフ要素を追加］ボタン（**図 6-14**）から追加することができます。

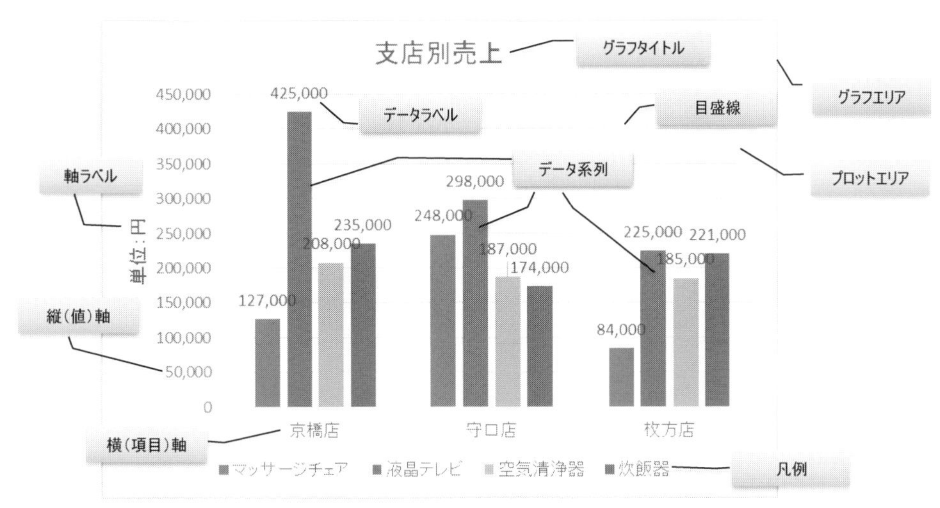

図 6-13　グラフ要素

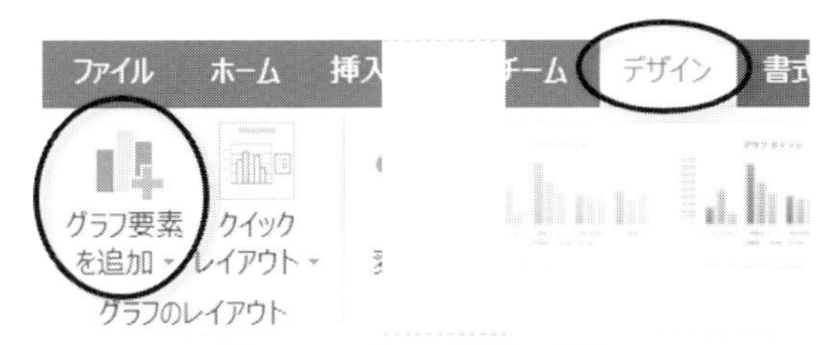

図 6-14　グラフ要素の追加

縦（値）軸ラベルを追加し、文字列を「単位：円」に修正しましょう。

① グラフをクリックして選択します。

② ［デザイン］タブ →［グラフのレイアウト］グループ →［グラフ要素を追加］→［軸ラベル］→［第 1 縦軸］をクリックします（**図 6-15**）。

③ 縦（値）軸ラベルが選択された状態で縦（値）軸ラベルをクリックします。

④ カーソルが表示されたら、「単位：円」に修正します。

⑤ グラフエリアをクリックし、縦（値）軸ラベルの選択を解除します。

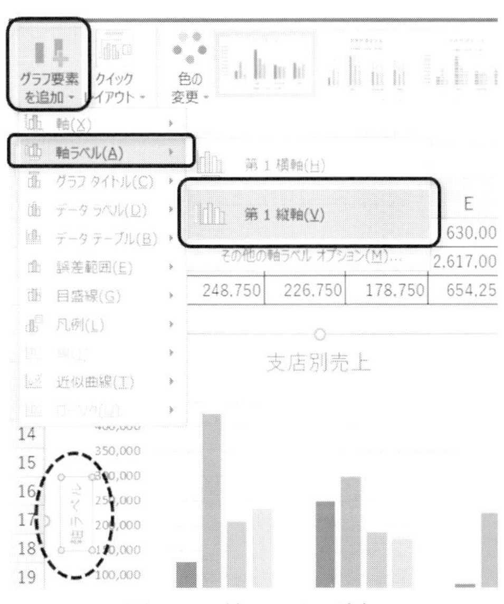

図 6-15　軸ラベルの追加

グラフ選択時に表示される［グラフ要素］ボタン ＋ からグラフ要素を追加することも可能です（図 6-16）。

図 6-16

【設問 1】　他の要素も追加可能であることを確認しなさい。

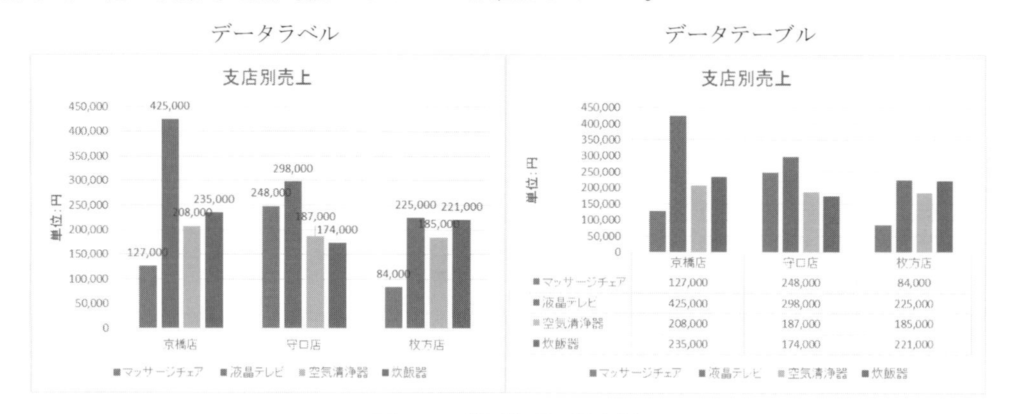

図 6-17　【設問 1】　設定例

※なお、各設問の解答は章末にあります。

※次の操作のため、例題 1-2 完成見本の状態にしておきましょう。

例題 1-3　グラフの編集 2　　　　　【使用ファイル：Excel 06.xlsx、使用シート：例題 1】

例題 1-2 で編集したグラフをもとに、グラフ要素の書式設定をしましょう。

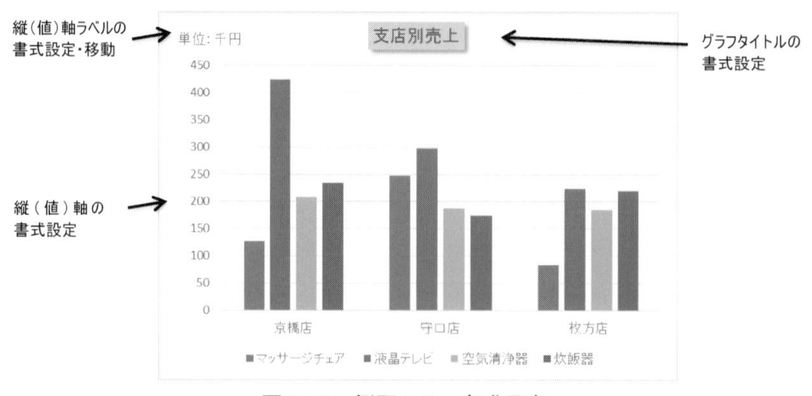

図 6-18　例題 1-3　完成見本

6.2.6 グラフ要素の書式設定

［書式］タブ →［現在の選択範囲］グループ →［選択対象の書式設定］ボタンで表示される［○○○の書式設定］ウィンドウ（**図 6-19**）では、グラフタイトルやグラフエリア等の各グラフ要素の書式設定を変更することができます。ここでは、一例としてグラフタイトルと縦（値）軸を取り上げますが、要素によって様々な設定が行えますので、色々と研究してみてください。

図 6-19　グラフ要素の書式設定

グラフタイトルの［塗りつぶし］と［影］の設定を変更しましょう。

① グラフタイトルをクリックして選択します。

② ［書式］タブ →［現在の選択範囲］グループ →［グラフ要素］グラフ タイトル に「グラフタイトル」と表示されていることを確認し、［選択対象の書式設定］ボタンをクリックします。

③ ［グラフタイトルの書式設定］ウィンドウが表示されます。［塗りつぶしと線］→［塗りつぶし］をクリックして展開します。［塗りつぶし（単色）］をクリックし、［塗りつぶしの色］から任意の色を選択します（**図 6-20**）。

④ ［効果］→［影］をクリックして展開します。［標準スタイル］から任意の影スタイルを選択します（**図 6-21**）。

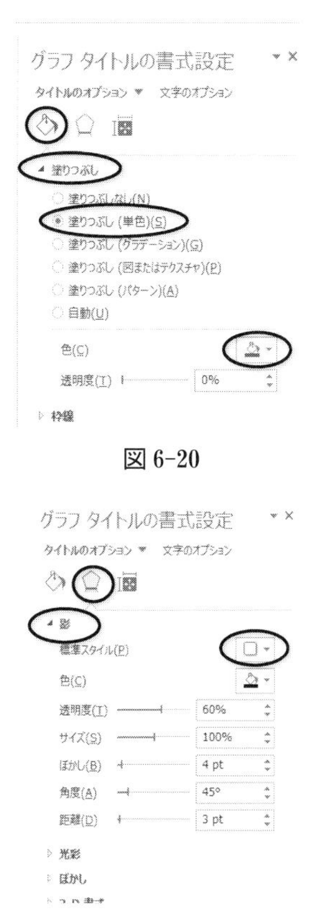

図 6-20

図 6-21

One Point

［書式］タブ → ［現在の選択範囲］グループ → ［グラフ要素］グラフ エリア には、現在選択されているグラフ要素が表示されており、［選択対象の書式設定］ボタン 選択対象の書式設定 をクリックすると、その要素の書式設定が可能です。

グラフタイトルのフォントサイズを「12」に変更します。フォントサイズやフォントの変更は［○○○の書式設定］ウィンドウではできませんので、セルの書式設定と同様に［ホーム］タブから設定します。

⑤　グラフタイトルを選択します。（ドラッグによる文字単位の選択も可）

⑥　［ホーム］タブ → ［フォント］グループ → ［フォントサイズ］の▼をクリックし、一覧から「12」を選択します。

One Point

フォントに関する設定の別法

フォントに関する設定は［ホーム］タブを使用しますが、グラフ編集中に［ホーム］タブへの切り替えが面倒な場合は**ミニツールバー**（**図6-22**）が便利です。ミニツールバーは、文字をドラッグして選択すると表示されます。

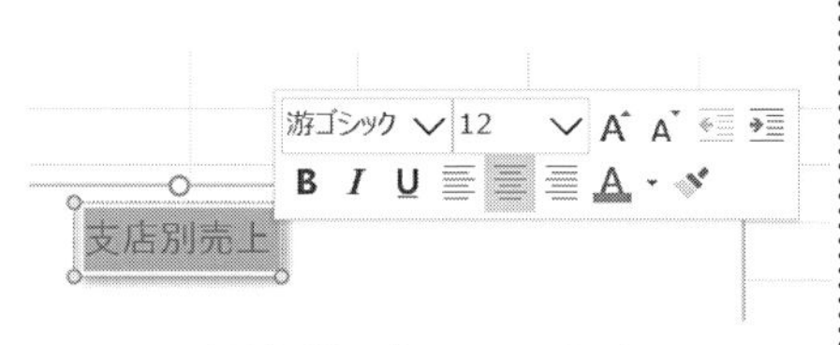

図6-22　ミニツールバー

縦（値）軸の表示単位を「千」に設定しましょう（**図6-23**）。

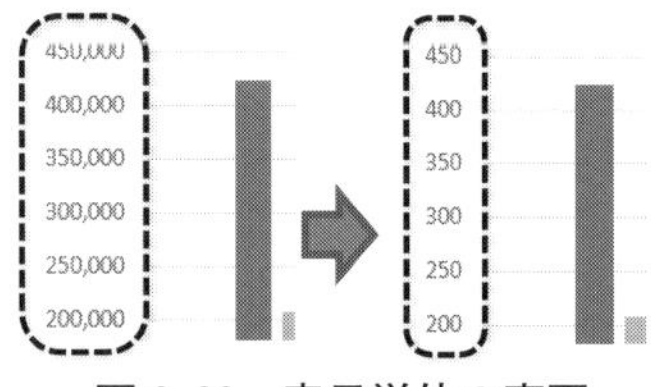

図6-23　表示単位の変更

⑦　縦（値）軸をクリックして選択します。
　書式設定ウィンドウが、［軸の書式設定］に切り替わります。

⑧　［軸のオプション］をクリックします（**図6-24**）。

⑨　［軸のオプション］を展開し、以下のとおり設定します（**図6-24**）。
　［表示単位］；千
　［表示単位のラベルをグラフに表示する］チェックオフ

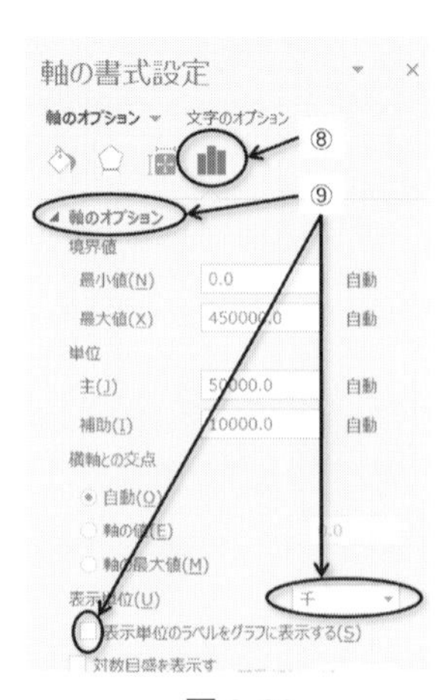

図6-24

グラフ要素選択の別法

グラフ上でクリックしても選択が困難なグラフ要素は、以下の方法で選択できます。

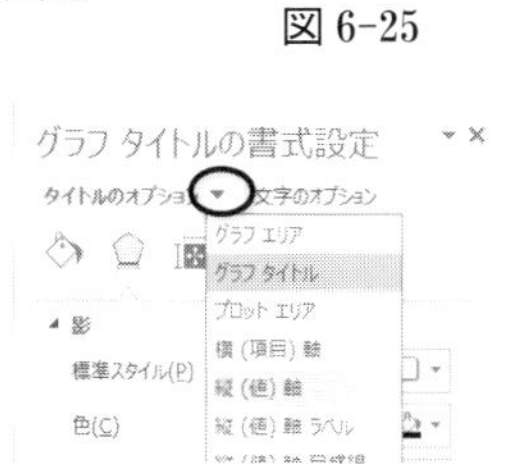

図 6-25

- ［書式］タブ → ［現在の選択範囲］グループ → ［グラフ要素］の▼をクリックして一覧から選択（**図 6-25**）。
- 書式設定ウィンドウの［○○のオプション］の▼をクリックして一覧から選択（**図 6-26**）。

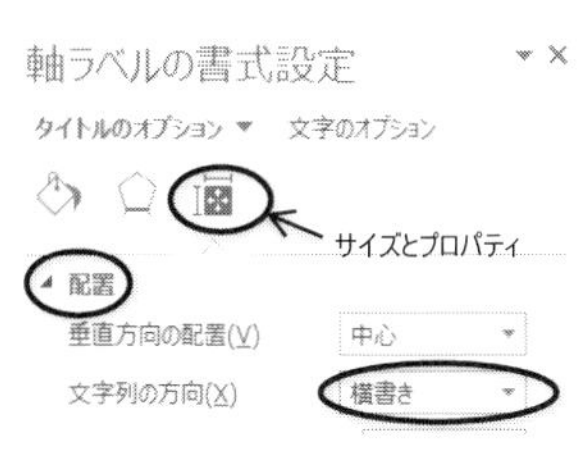

図 6-26

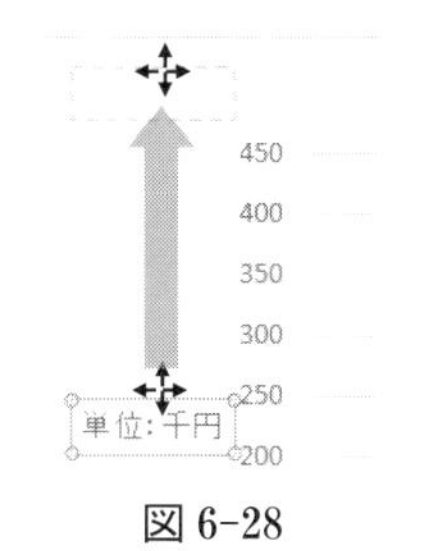

図 6-27

【設問 2】　縦（値）軸ラベルの文字列を「単位：千円」に変更しなさい。

【設問 3】　縦（値）軸ラベルの配置を横書きに変更しなさい。

ヒント：［サイズとプロパティ］ → 文字列の方向；横書き（**図 6-27**）

縦（値）軸ラベルを軸の上部に移動しましょう。

⑩　縦（値）軸ラベルをクリックして選択します。

⑪　枠線にマウスポインターを合わせ、✥の形で上へドラッグします（**図 6-28**）。

図 6-28

【設問 4】　プロットエリアのサイズを調整しなさい。

グラフ要素の書式設定の別法

- グラフ要素を**右クリック**し、ショートカットメニューから［○○○の書式設定］をクリック
- グラフ要素をダブルクリック

選択が困難な要素を除いてはこれらの方法が効率的といえますので活用しましょう。

例題 1-4 グラフの編集3 【使用ファイル：Excel 06.xlsx、使用シート：例題1】

例題1-3で編集した「集合縦棒」グラフを「積み上げ縦棒」グラフに変更しましょう。

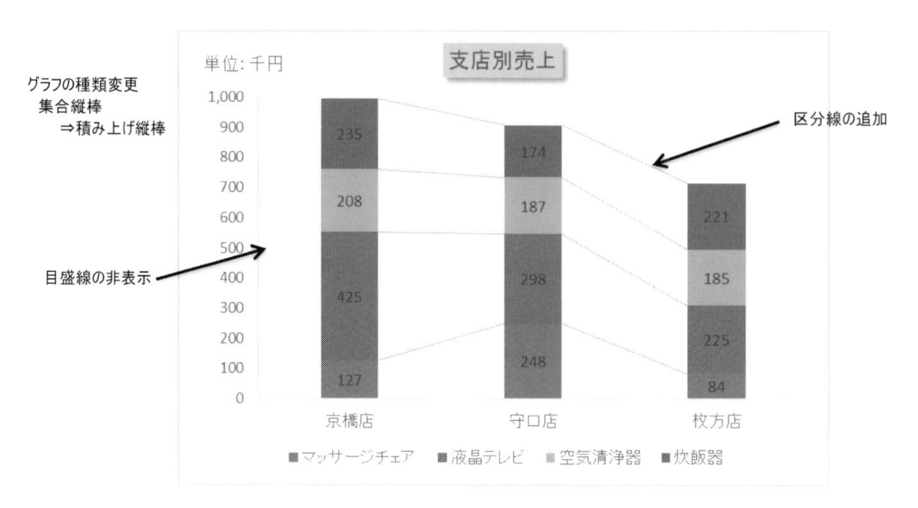

図6-29 例題1-4 完成見本

6.2.7 グラフの種類変更

グラフの種類は挿入時に選択しますが、作成後も変更が可能です。「集合縦棒」グラフを「**積み上げ縦棒**」に変更しましょう。また、積み上げ形式のグラフ特有の要素である「**区分線**」を追加し、目盛線を非表示にして見やすいグラフにしましょう。

グラフの種類を「積み上げ縦棒」に変更しましょう。

① **グラフエリア**をクリックして選択します。

※グラフの種類を変更する場合はグラフエリアを選択します。特定の系列が選択されていると選択されている系列のみ変更される場合があります。

② ［デザイン］タブ → ［種類］グループ → ［グラフの種類の変更］をクリックします。

③ ［グラフの種類の変更］ダイアログボックス内、［縦棒］ → ［積み上げ縦棒］を選択し、［OK］ボタンをクリックします（**図6-30**）。

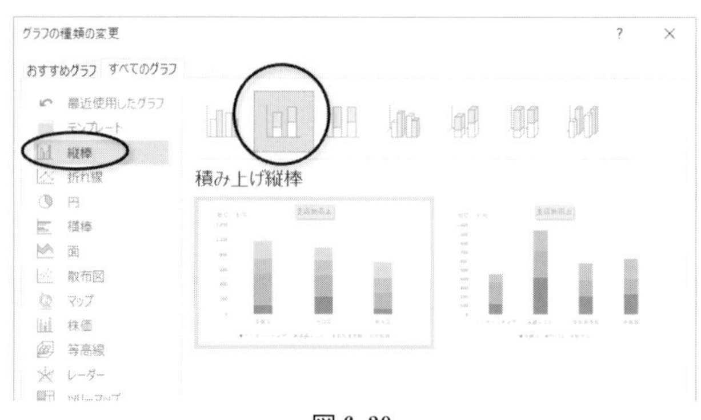

図6-30

区分線を表示しましょう。

④　グラフをクリックして選択します。

⑤　［デザイン］タブ →［グラフのレイアウト］グループ →［グラフ要素を追加］→［線］→［区分線］をクリックします（図 6-31）。

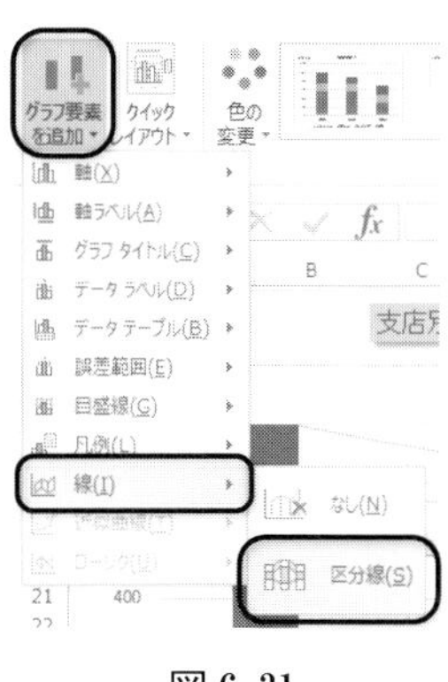

図 6-31

目盛線を非表示にしましょう。

⑥　グラフをクリックして選択します。

⑦　［デザイン］タブ →［グラフのレイアウト］グループ →［グラフ要素を追加］→［目盛線］→［第 1 主横軸］をクリックします。

【設問 5】　完成見本を参考に、データラベルを追加しなさい。

※全系列にデータラベルを追加する場合はグラフエリアを選択して追加します。特定の系列が選択されていると選択されている系列のみに追加されます。

【設問 6】　完成見本を参考に、縦（値）軸の最大値を「1000000」に設定しなさい。

【設問 7】　完成見本を参考に縦（値）軸の枠線に任意の色を設定しなさい。

6.3　円グラフ

円グラフは割合を表現するのに適したグラフで、広く利用されています。縦棒や折れ線グラフ等とは異なる特徴を持ったグラフです。

＜円グラフの特徴＞

- 軸を持たない
- 系列は 1 系列のみ

例題 2-1　円グラフの作成と編集　　【使用ファイル：Excel 06.xlsx、使用シート：例題 2】

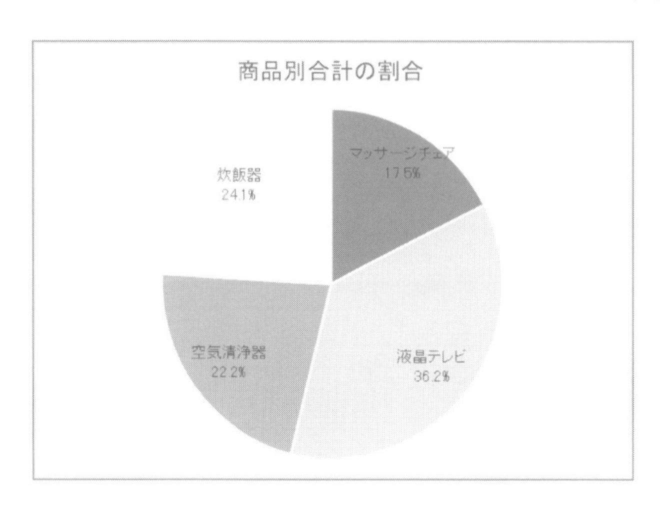

図 6-32　例題 2-1　完成見本

6.3.1　円グラフの挿入

円グラフは、1 系列のみを表現するグラフです。つまり、**範囲選択するのは項目名＋1 列（1 行）のみ**となります。それ以上の数値データを選択範囲に含めてもグラフには 1 系列分しか表示されませんので注意しましょう。

グラフ化するセル範囲 A 3 : A 7 と E 3 : E 7 を選択しましょう。

① セル範囲 A 3 : A 7 をドラッグし、Ctrl キーを押しながら E 3 : E 7 をドラッグします。
　※円グラフで表現できるのは、項目名＋1 列のみであることに注意しましょう。
　※複数のセル範囲を選択するには、Ctrl キーを使用します。

One Point

グラフ化の範囲選択 2

隣接しない複数範囲を選択する場合は、**図 6-33** のように繋げて長方形になるよう選択します。

	京橋店	守口店	枚方店	合計	平均
マッサージチェア	127	248	84	459	153
液晶テレビ	425	298	225	948	316
空気清浄器	208	187	185	580	193
炊飯器	235	174	221	630	210
合計	995	907	715	2,617	872
平均	249	227	179	654	

図 6-33

2-D 円グラフを挿入しましょう。

② ［挿入］タブ →［グラフ］グループ →［円またはドーナツグラフの挿入］→［円］をクリックします。

【設問 8】　グラフの表示範囲が A11 : F24 となるよう移動とサイズ変更をしなさい。

【設問 9】　完成見本を参考に、グラフタイトルの文字列を変更しなさい。

【設問 10】　凡例を非表示にしなさい。

One Point

グラフ要素の削除

グラフ要素を選択 → Delet キー

6.3.2 円グラフのデータラベル

データラベルの挿入はすでに学習しましたが、円グラフでは値だけでなくパーセンテージも表示可能です。

［分類名］と［パーセンテージ］を表示したデータラベルを挿入しましょう。

① グラフエリアをクリックして選択します。

② ［デザイン］タブ → ［グラフのレイアウト］グループ → ［グラフ要素を追加］ → ［データラベル］ → ［その他のデータラベルオプション］をクリックします（**図 6-34**）。

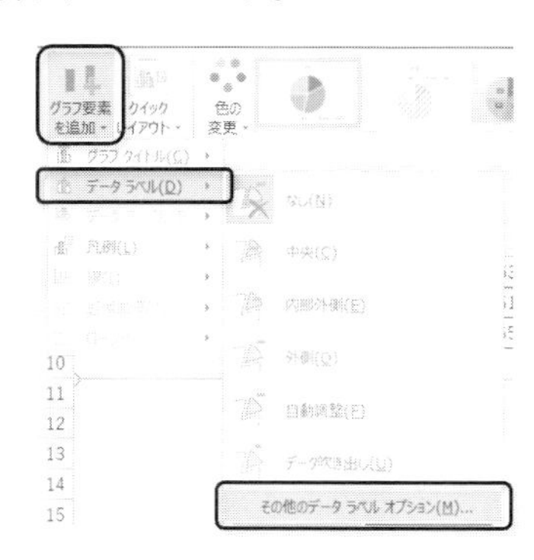

図 6-34

③ ［データラベルの書式設定］ウィンドウが表示されます（**図 6-35**）。

以下のとおり設定します。

［ラベルオプション］ → ［ラベルの内容］

［分類名］チェック**オン**

［値］チェック**オフ**

［パーセンテージ］チェック**オン**

［ラベルの位置］；内部外側

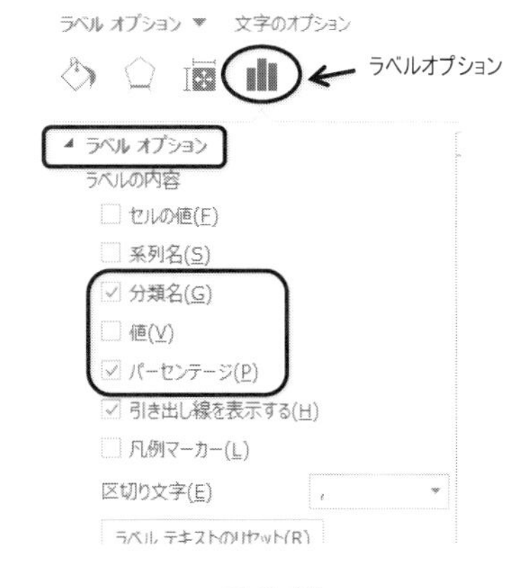

※右クリックや［選択対象の書式設定］ボタンで表示するウィンドウと同じものです。

図 6-35

さらに、パーセンテージの表示形式を小数第 1 位までの表示に変更しましょう。

④　**図6-36** のように、以下のとおり設定します。
［表示形式］→［カテゴリ］欄；パーセンテージ
［小数点以下の桁数］欄；1

図6-36

【設問11】　グラフエリアのフォントを［MS P ゴシック］に変更しなさい。
※データラベル内の分類名が2行になった場合は、フォントの種類やサイズで調整する等、見やすくなるよう工夫しましょう。

例題2-2　データ要素の編集　　【使用ファイル：Excel 06.xlsx、使用シート：例題2】

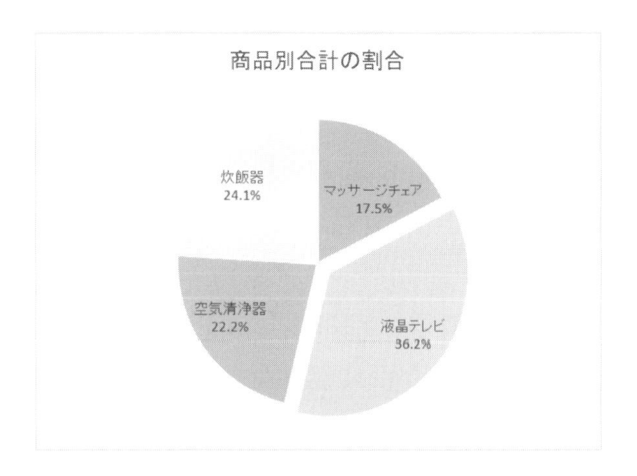

図6-37　例題2-2　完成見本

6.3.3　データ系列とデータ要素

データ系列はグラフ要素の1つですが、データ系列を構成する数値1つ分の扇形や棒を「**データ要素**」といいます。データ要素は個別に書式設定が可能です。

6.3.4　データ要素の書式設定

データ系列は一括で選択され同一の書式が設定されます。特定のデータ要素の書式設定を変更する場合は、対象のデータ要素を選択します。**図6-38** のようにデータ系列が選択された状態でさらに対象のデータ要素をクリックすると選択できます。

データ要素「液晶テレビ」の書式設定を変更しましょう。

①　データ系列「合計」の円をクリックし、さらにデータ要素「液晶テレビ」の扇形をクリックします。

※データ要素「液晶テレビ」のみが選択されます。

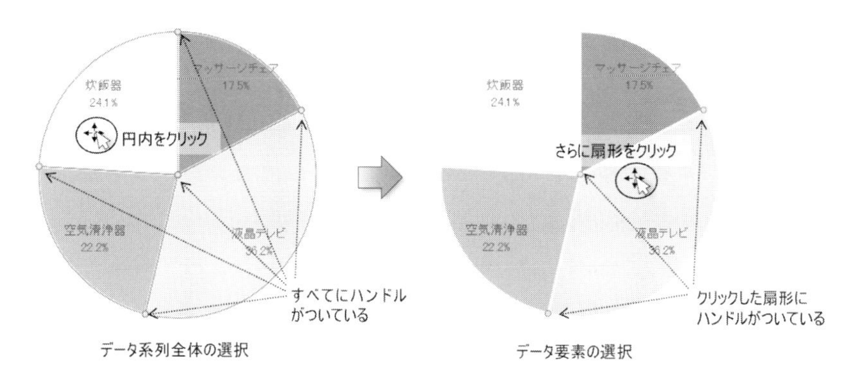

図 6-38 データ系列とデータ要素の選択

② ［書式］タブ →［現在の選択範囲］グループ →［グラフ要素］に「系列 "合計"要素"液晶テレビ"」と表示されていることを確認し、［選択対象の書式設定］ボタンをクリックします。

③ ［データ要素の書式設定］ウィンドウが表示されます。

［系列のオプション］→［要素の切り出し］; 10%（図 6-39）

図 6-39

6.4 レーダーチャート

レーダーチャートは、複数の指標を使用してバランスや傾向を表現する場合に適したグラフです。例えば、テストの得点やアンケート結果などで利用されます。図 6-40 のように、グラフの形状が正多角形に近ければバランスが良い、逆であれば項目によってばらつきがあったり、ある分野に偏った傾向があるということがわかります。

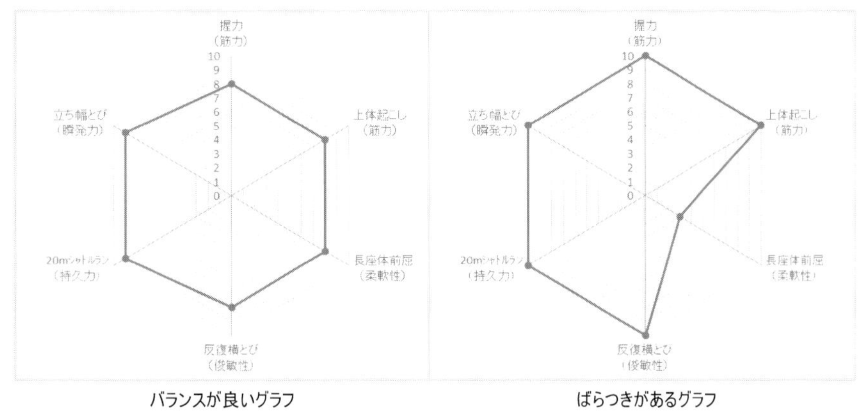

図 6-40

6.4.1　適切なデータの準備

体力テストやアンケート結果などは、項目によって単位が異なることがあります。単位が異なっていると単純比較できないため、バランスや傾向がグラフに表れません。単位が異なるデータを使用する場合は、**表6-1**のような得点表を用いて、点数化するなどの処理を行いましょう。

また、類似項目がある場合は隣り合わせに配置すると、分野ごとの傾向を見ることができます。

表6-1　点数化に使用する得点表の例

得点	握力	上体起こし	長座体前屈	反復横とび	急歩	20mシャトルラン	立ち幅とび
10	62kg以上	33回以上	61cm以上	60点以上	8'47"以下	95回以上	260cm以上
9	58～61	30～32	56～60	57～59	8'48"～9'41"	81～94	248～259
8	54～57	27～29	51～55	53～56	9'42"～10'33"	67～80	236～247
7	50～53	24～26	47～50	49～52	10'34"～11'23"	54～66	223～235
6	47～49	21～23	43～46	45～48	11'24"～12'11"	43～53	210～222
5	44～46	18～20	38～42	41～44	12'12"～12'56"	32～42	195～209
4	41～43	15～17	33～37	36～40	12'57"～13'40"	24～31	180～194
3	37～40	12～14	27～32	31～35	13'41"～14'29"	18～23	162～179
2	32～36	9～11	21～26	24～30	14'30"～15'27"	12～17	143～161
1	31kg以下	8回以下	20cm以下	23点以下	15'28"以上	11回以下	142cm以下

（出典：文部科学省「新体力テスト実施要領」項目別得点表 より抜粋）

6.4.2　レーダーチャートの挿入

例題3　レーダーチャートの作成と編集

【使用ファイル：Excel 06.xlsx、使用シート：例題3】

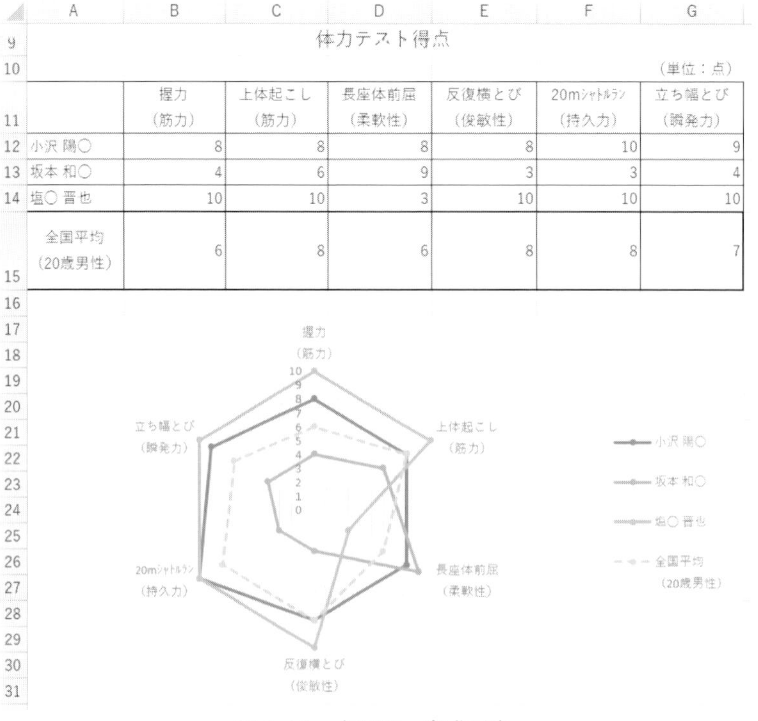

図6-41　例題3　完成見本

マーカー付きレーダーチャートを挿入しましょう。

① セル範囲 A 11：G 15 を選択します。

② ［挿入］タブ → ［グラフ］グループ → ［ウォーターフォール図、じょうごグラフ、株価チャート、等高線グラフ、レーダーチャートの挿入］ → ［マーカー付きレーダー］をクリックします（図 6-42）。

図 6-42

【設問 12】 完成見本を参考に、グラフの移動とサイズ変更をしなさい。

【設問 13】 グラフタイトルを非表示にしなさい。

【設問 14】 ［凡例の位置］を「右」に設定しなさい。

【設問 15】 全国平均の系列を任意の点線に変更しなさい。

ヒント：系列「全国平均（20 歳男性）」を選択し、書式設定ウィンドウから設定します（図 6-43）。

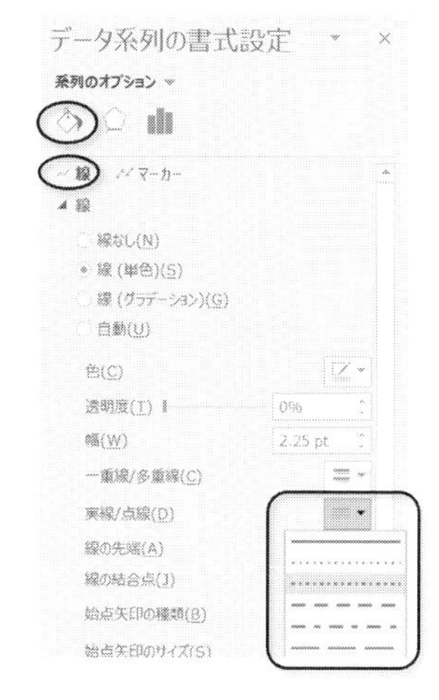

図 6-43

6.5　演習課題

演習 1　【使用ファイル：Excel 06.xlsx、使用シート：演習 1】

表のデータをもとに、完成見本のようなグラフを作成しなさい。グラフは A 14 : E 28 に配置すること。

グラフの種類：3-D 集合縦棒

グラフタイトル：任意の塗りつぶし、影
　　フォントサイズ 12 pt

縦（値）軸ラベル：軸の上付近に配置
　　文字列の方向　横書き

縦（値）軸：主単位 200

ヒント：「従業員数」のグラフです。「採用予定人数」はグラフ化されていないことに注意しましょう。

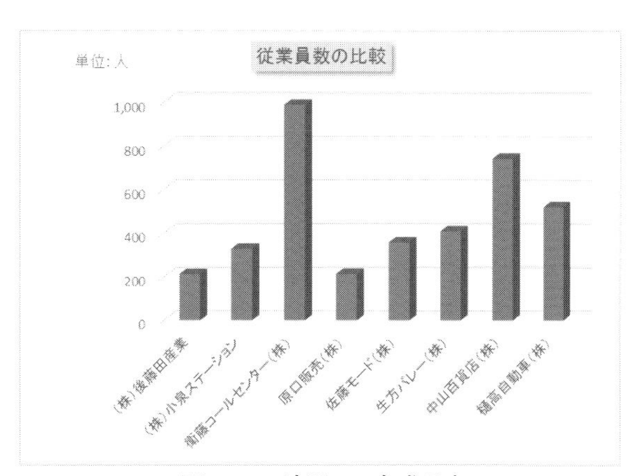

図 6-44　演習 1　完成見本

演習 2　　【使用ファイル：Excel 06.xlsx、使用シート：演習 2】

表のデータをもとに、完成見本のようなグラフを作成しなさい。グラフは A 14:G 28 に配置すること。

ヒント：軸の表示単位を「百万」にし、表示単位ラベルを表示します。

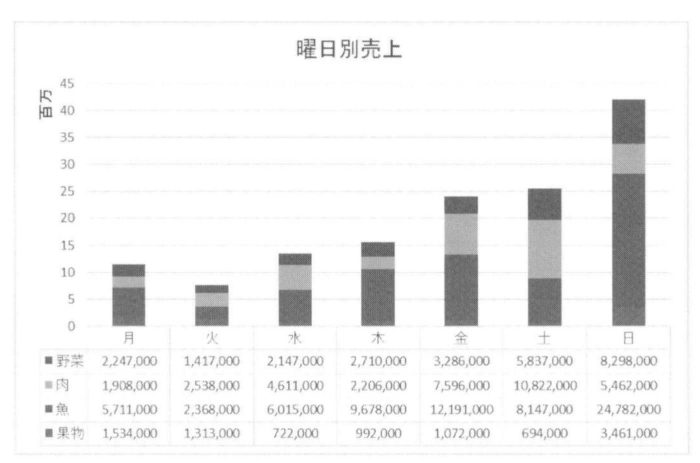

	月	火	水	木	金	土	日
■野菜	2,247,000	1,417,000	2,147,000	2,710,000	3,286,000	5,837,000	8,298,000
■肉	1,908,000	2,538,000	4,611,000	2,206,000	7,596,000	10,822,000	5,462,000
■魚	5,711,000	2,368,000	6,015,000	9,678,000	12,191,000	8,147,000	24,782,000
■果物	1,534,000	1,313,000	722,000	992,000	1,072,000	694,000	3,461,000

図 6-45　演習 2　完成見本

演習 3　　【使用ファイル：Excel 06.xlsx、使用シート：演習 3】

表のデータをもとに、完成見本のようなグラフを作成しなさい。グラフは A 14:G 27 に配置すること。

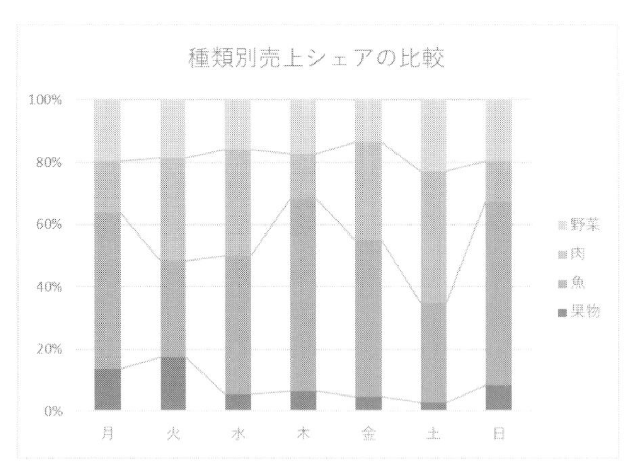

図 6-46　演習 3　完成見本

演習 4　　　　【使用ファイル：Excel 06.xlsx、使用シート：演習 4】

表のデータをもとに、完成見本のようなグラフを作成しなさい。グラフは A 15:G 32 に配置すること。

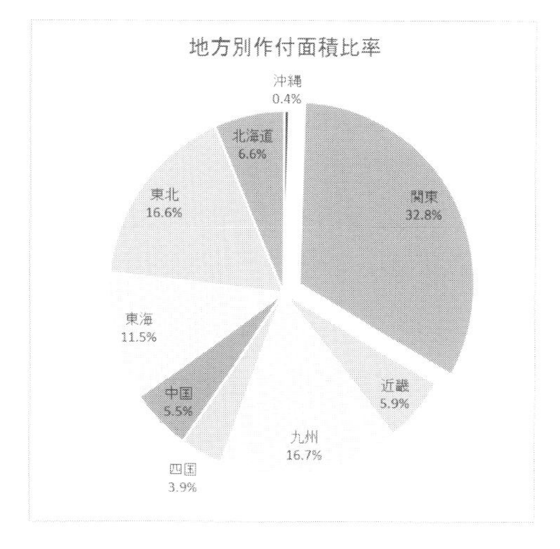

図 6-47　演習 4　完成見本

演習 5　　　　【使用ファイル：Excel 06.xlsx、使用シート：演習 5】

表のデータをもとに、完成見本のようなグラフを作成しなさい。グラフは A 15:G 27 に配置すること。

ヒント：［グラフの基線位置］を変更するとデータ系列の円を回転させることができます。

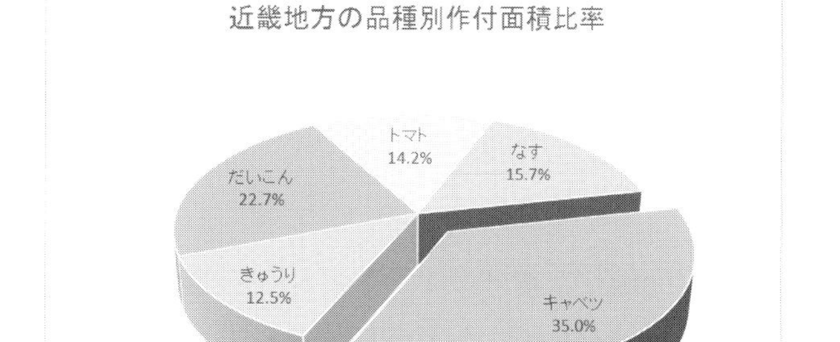

図 6-48　演習 5　完成見本

演習 6　　　　【使用ファイル：Excel 06.xlsx、使用シート：演習 6】

表のデータをもとに、完成見本のようなグラフを作成しなさい。グラフは左端のグラフを A 9：C 21 に配置し、同じ大きさで横に並べて配置すること。

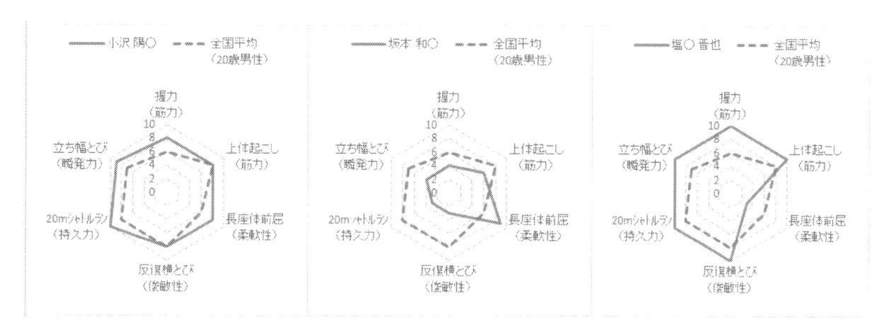

図 6-49　演習 6　完成見本

演習7 【使用ファイル：Excel 06.xlsx、使用シート：演習7】

表のデータをもとに、完成見本のようなグラフを作成しなさい。グラフはA13：G28に配置すること。

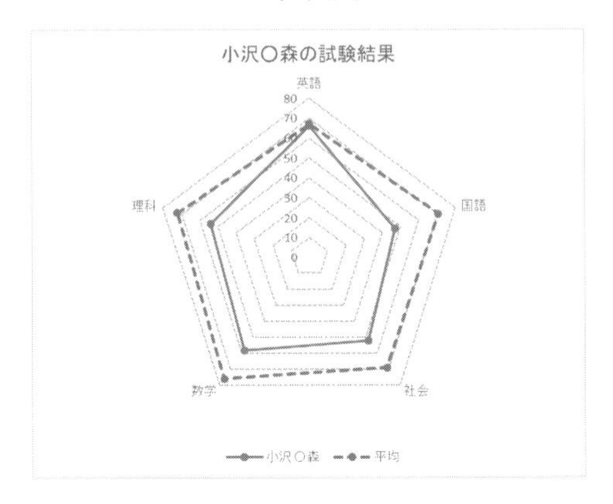

図6-50 演習7 完成見本

＜例題設問解答＞

【設問1】 すべて［デザイン］タブ →［グラフのレイアウト］グループ →［グラフ要素を追加］ボタンです。

データラベル

設定：［データラベル］→［外側］ 削除：［データラベル］→［なし］

データテーブル

設定：［データテーブル］→［凡例マーカーあり］ 削除：［データテーブル］→［なし］

【設問2】〜【設問3】 省略

【設問4】 プロットエリアを選択 → サイズ変更ハンドルをドラッグ

【設問5】 ［デザイン］タブ →［グラフのレイアウト］グループ →［データラベル］→［中央］

【設問6】 縦（値）軸をダブルクリック →［軸の書式設定］ウィンドウ内［軸のオプション］→［最大値］; 1000000

【設問7】 ［軸の書式設定］ウィンドウ内［塗りつぶしと線］→［線］→［線（単色）］オプションボタンオン →［輪郭の色］ボタンから任意の色を選択

【設問8】〜【設問11】 省略

【設問12】〜【設問13】 省略

【設問14】 ［凡例の書式設定］ウィンドウ内［凡例のオプション］→［凡例の位置］で［右］を選択

【設問15】 省略

第 7 章 データベース機能 I

データベース機能とは、大量のデータを効率的に管理・分析する機能です。ここでは、データベースとは何かを知り、基本となる並べ替えと抽出（フィルター）を学びましょう。

＜主なデータベース機能＞

- **並べ替え**……………「名前の五十音順」「合計の多い順」など、表の順番を並べ替える機能
- **抽出（フィルター）**…「都道府県が大阪」「血液型が A 型」など、**条件に合ったデータのみを表示**する機能
- **分析**…………………表から必要な項目を抜粋し、**クロス集計**や抽出を行うことで様々な角度から分析する機能（小計の追加・ピボットテーブル）

7.1 データベース機能を使用する前に

7.1.1 データベースとは

データベースとは簡単にいうと「データを蓄積したもの」です。例えば「住所録」は典型的なデータベースです。氏名・住所・電話番号・メールアドレス・生年月日などの必要項目について 1 名分のデータを 1 件とし、この蓄積がデータベースとなります。携帯電話などに搭載されているアドレス帳もデータベースといえます。

通常は、データ管理上 1 件のデータを一意のものと識別するための「コード番号」「ID」などの項目を設け、その順番を標準の順序とします。

7.1.2 Excel で扱うデータベース

Excel でデータベース機能を使用するには、表が一定のルールで構成されている必要があります。**図 7-1** のように必要項目を列見出しとして配置し、1 件分のデータを 1 行に入力していきます。列方向の項目単位のデータを「**フィールド**」といい、行方向の 1 件分のデータを「**レコード**」といいます。

社員名簿

社員コード	氏名	フリガナ	郵便番号	都道府県	住所
101	林 ○雄	ハヤシ マルオ	6570031	兵庫県	神戸市灘区大和町
102	原○ 拓	ハラマル タク	6028305	京都府	京都市上京区花車町
103	安住 嘉○	アズミ ヨシマル	5940023	大阪府	和泉市伯太町
104	町○ 勉	マチマル ツトム	6048011	京都府	京都市中京区若松町
105	伴○ 一枝	ハンマル カズエ	6168005	京都府	京都市右京区龍安寺垢
106	岡本 ○三	オカモト マルゾウ	5940061	大阪府	和泉市弥生町

フィールド名（列見出し）

フィールド

レコード

図 7-1 Excel データベースで扱う表の構成

＜表構成の注意点＞

- フィールド名はレコードと区別する書式を設定する（塗りつぶし、中央揃えなど）
- 表に隣接した行と列は空白にする（表範囲を正確に認識させるため）

One Point

ウィンドウ枠の固定

レコードの件数が増えると、スクロールした際にフィールド名が確認できなくなります。このような場合「ウィンドウ枠の固定」を使用すると、フィールド名までの行を固定してスクロールさせることができます。**図7-2**のようにスクロールする先頭行を選択し、［表示］タブ → ［ウィンドウ］グループ → ［ウィンドウ枠の固定］ → ［ウィンドウ枠の固定］をクリックします。

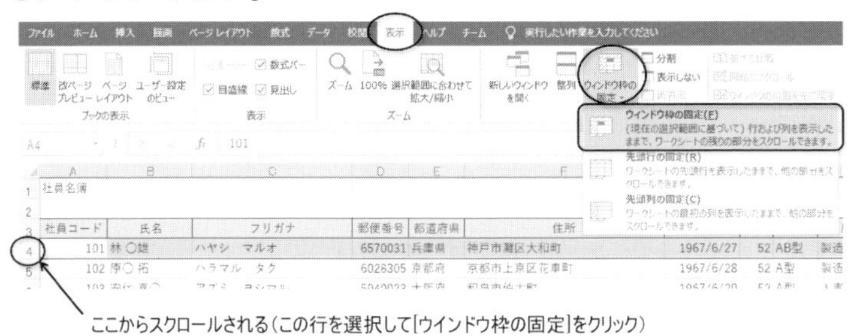

図7-2

コーヒーブレイク

フラッシュフィル

フラッシュフィルとは、周囲のデータから規則性を認識し、瞬時に大量のデータを入力する機能です。データベースのフィールドを加工する場合に便利です。

以下は、都道府県と住所を合成する場合の例です。

① 先頭のセルに、「都道府県」「住所」を入力します（**図7-3**）。

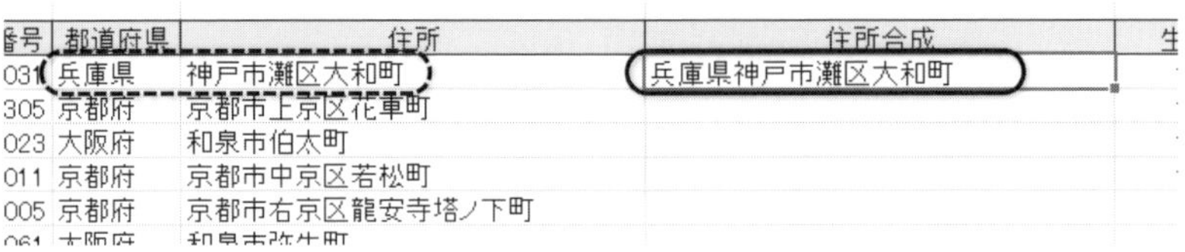

番号	都道府県	住所	住所合成	生
031	兵庫県	神戸市灘区大和町	兵庫県神戸市灘区大和町	
305	京都府	京都市上京区花車町		
023	大阪府	和泉市伯太町		
011	京都府	京都市中京区若松町		
005	京都府	京都市右京区龍安寺塔ノ下町		

図7-3

② 2つ目のセルに途中までデータを入力します。**図7-4**のように入力候補が表示されます。

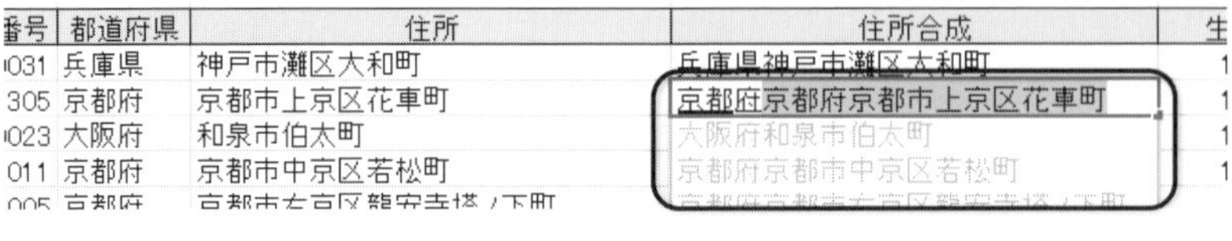

番号	都道府県	住所	住所合成	生
031	兵庫県	神戸市灘区大和町	兵庫県神戸市灘区大和町	1
305	京都府	京都市上京区花車町	京都府京都府京都市上京区花車町	1
023	大阪府	和泉市伯太町	大阪府和泉市伯太町	1
011	京都府	京都市中京区若松町	京都府京都市中京区若松町	1

図7-4

③　Enter キーを押して文字を確定し、さらに Enter キーを押します。

図 7-5 のように、フィールドのすべてのセルにデータが入力されます。

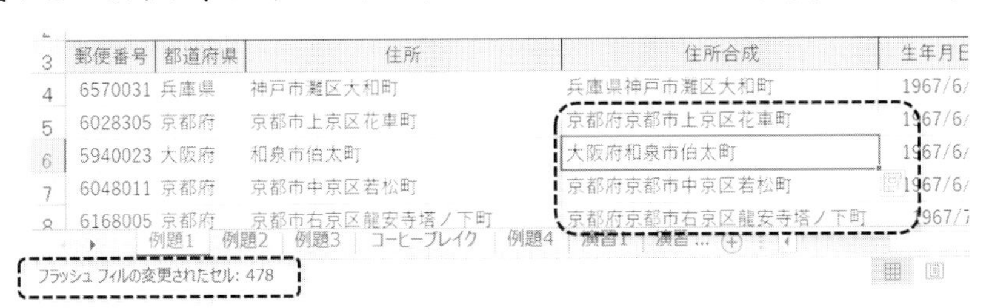

図 7-5

※**図 7-6** のように、[フラッシュフィルオプション] をクリックすると、フラッシュフィルを元に戻すことや変更されたセルの選択などが可能です。

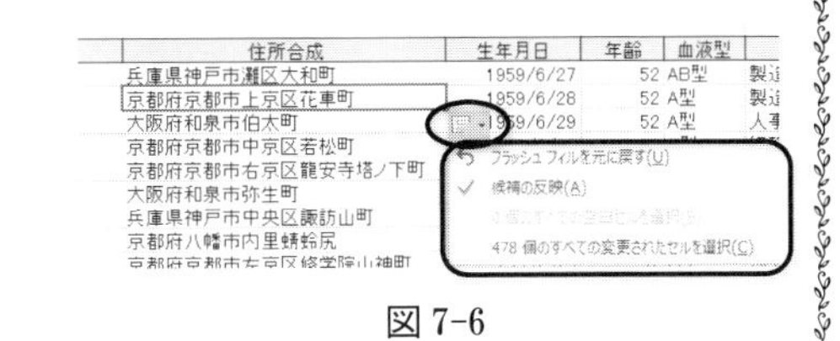

図 7-6

※フラッシュフィルは自動で認識される機能ですが、認識しない場合は［ホーム］タブ →［編集］グループ →［フィル］→［フラッシュフィル］をクリックします。

7.2　並べ替え

並べ替えの基準を「**キー**」といいます。例えば「社員コード順」に並べ替える場合は「社員コード」フィールドがキーとなり、「氏名の五十音順」に並べ替える場合は「氏名」フィールドがキーとなります。

また、**表 7-1** のように、並べ替えの順序には「**昇順**」と「**降順**」の 2 種類があります。

表 7-1　並べ替えの順序

データの種類	昇順	降順
数値	小 → 大	大 → 小
日付	古 → 新	新 → 古
英字	A → Z	Z → A
かな（カナ）	あ → ん	ん → あ

7.2.1　単一キーでの並べ替え

並べ替えの基準が 1 つだけの場合は、基準にしたいフィールドのデータをアクティブセルにし、［データ］タブ →［並べ替えとフィルター］グループ →［昇順］ボタン A↓Z または［降順］ボタン Z↓A をクリックするだけで簡単に並べ替えができます。

例題1　単一キーの並べ替え　　【使用ファイル：Excel 07.xlsx、使用シート：例題1】

表のデータを、「氏名」フィールドの五十音順に並べ替えなさい。

社員名簿　　「氏名」フィールド　　2019/10/12現在

社員コード	氏名	フリガナ	郵便番号	都道府県	住所	生年月日	年齢	血液型	所属	入社年月日
423	青木 ○子	アオキ　マルコ	6696342	兵庫県	豊岡市竹野町二連原	1988/12/23	30	O型	経理部	2010/4/1
206	青木 美○	アオキ　ミマル	6158007	京都府	京都市西京区桂上野今井町	1978/3/21	41	A型	製造部	2000/4/1
317	青○ 佳彦	アオマル　ヨシヒコ	6780082	兵庫県	相生市若狭野町出	1986/2/28	33	AB型	営業部	2008/4/1
489	赤城 一○	アカギ　イチマル	6696546	兵庫県	美方郡香美町香住区七日市	1990/5/13	29	A型	海外事業部	2012/4/1
144	赤城 ○一	アカギ　マルイチ	6510058	兵庫県	神戸市中央区葺合町	1968/7/26	51	O型	人事部	1990/4/1

図7-7　例題1　完成見本

「氏名」フィールドをキーに指定しましょう。

① 「氏名」フィールドのセルを1つアクティブセルにします。

五十音順（昇順）に並べ替えましょう。

② ［データ］タブ → ［並べ替えとフィルター］グループ → ［昇順］ボタンをクリックします。

※表全体で並べ替えが行われることを確認しましょう。

One Point

元の順番に戻すには？

例題1の社員名簿では「社員コード」フィールドが標準の順番です。したがって「社員コード」の昇順に並べ替えるといつでも元の順番に並べ替えることが可能です。

【設問1】　次のa～cの順に並べ替えた場合、最も上に配置されるレコードの社員コードを解答欄に記入しなさい。　※なお、各設問の解答は章末にあります。

a. 生年月日の昇順　　解答欄：＿＿＿＿＿

b. 氏名の降順　　解答欄：＿＿＿＿＿

c. 郵便番号の昇順　　解答欄：＿＿＿＿＿

コーヒーブレイク

ふりがな機能

Excelでは、漢字を変換する際に入力された読み情報をもとにふりがなが生成され、セルに格納されています。並べ替え機能では、**ふりがな情報をもとに並べ替えが行われるため、イメージ通りの順番にならない場合は**ふりがな情報を修正する必要があります。

➢ ふりがなの表示

① ふりがなを表示したいセルを選択します。

② ［ホーム］タブ → ［フォント］グループ → ［ふりがなの表示/非表示］ボタンをクリックします（図7-8）。

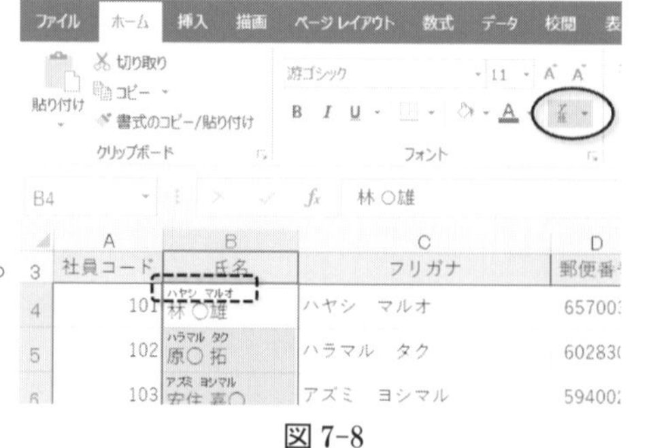

図7-8

➢　ふりがなの編集

① ふりがなを編集したいセルをダブルクリックします。

② ふりがな上をクリックしてカーソルを移動し、修正します（図 7-9）。

③ Enter キーを 2 回押してデータを確定します。

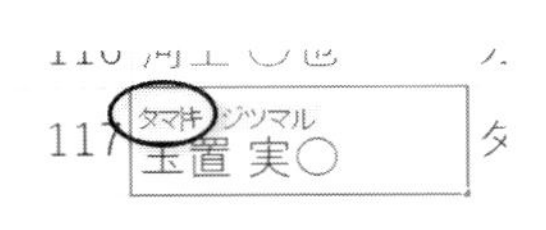

図 7-9

※他のアプリケーションからコピーしたデータなどは、ふりがなが生成されません。

PHONETIC 関数

PHONETIC（参照）

➢　セルに格納されたふりがな情報を別のセルに取り出す

参照：取り出したいふりがな情報が格納されているセルを指定

例題 1 の社員名簿では「フリガナ」フィールドでこの関数を使用しています。

7.2.2 複数キーでの並べ替え

同じデータが多数あるとき、さらにその中で並べ替えをしたいことがあります。このように並べ替えの基準が 2 つ以上ある場合は、［並べ替え］ダイアログボックスを表示してキーを指定します。

例題 2　複数キーの並べ替え　　　【使用ファイル：Excel 07.xlsx、使用シート：例題 2】

表のデータを、「本社所在地コード」の昇順に並べ替え、同じコードのデータは「従業員数」の多い順に並べ替えなさい。

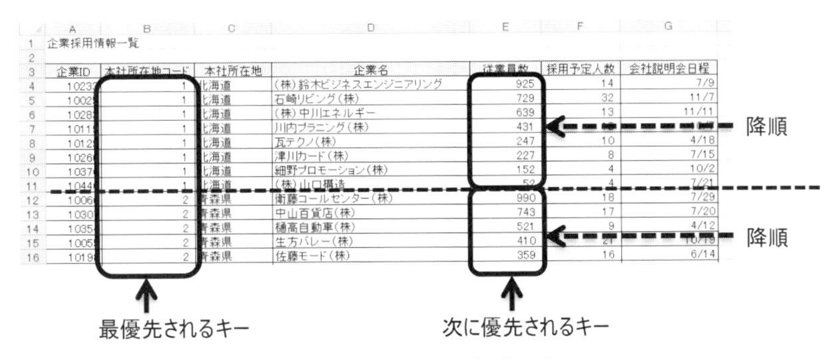
企業採用情報一覧

企業ID	本社所在地コード	本社所在地	企業名	従業員数	採用予定人数	会社説明会日程
1023	1	北海道	(株)鈴木ビジネスエンジニアリング	925	14	7/9
1002	1	北海道	石崎リビング(株)	729	32	11/7
1028	1	北海道	(株)中川エネルギー	639	13	11/11
1011	1	北海道	川内プラニング(株)	431	[illegible]	[illegible]
1012	1	北海道	瓦テクノ(株)	247	10	4/18
1026	1	北海道	津川カード(株)	227	8	7/15
1037	1	北海道	細野プロモーション(株)	152	4	10/2
1044	1	北海道	(株)山口構造	52	4	7/21
1006	2	青森県	衛藤コールセンター(株)	990	18	7/29
1030	2	青森県	中山百貨店(株)	743	17	7/20
1035	2	青森県	樋高自動車(株)	521	9	4/12
1005	2	青森県	生方バレー(株)	410	21	10/19
1019	2	青森県	佐藤モード(株)	359	16	6/14

図 7-10　例題 2　完成見本

並べ替え対象のデータベースを指定しましょう。

① 表内のセルを 1 つアクティブセルにします。

並べ替えを指定しましょう。

② ［データ］タブ → ［並べ替えとフィルター］グループ → ［並べ替え］ボタンをクリックします。

③ ［並べ替え］ダイアログボックスが表示されます。以下のように選択します（図 7-11）。

［最優先されるキー］

［列］欄；本社所在地コード　　［並べ替えのキー］欄；値　　［順序］欄；小さい順

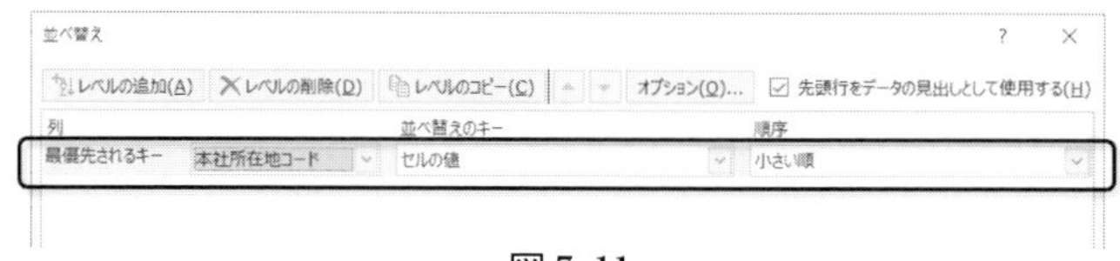

図 7-11

④ ［レベルの追加］ボタンをクリックします（図 7-12）。

⑤ ［次に優先されるキー］が表示されます。以下のように選択し、［OK］ボタンをクリックします（図 7-12）。

［次に優先されるキー］

［列］欄；従業員数　　［並べ替えのキー］欄；値　　［順序］欄；大きい順

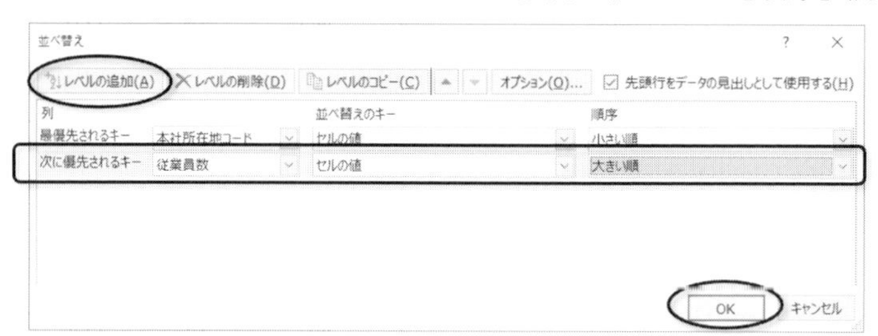

図 7-12

【設問 2】　本社所在地コードの昇順に並べ替え、同じ都道府県の中で会社説明会が早く開催される順に並べ替えなさい。結果から、宮城県で最も早く会社説明会が開催される企業名を答えなさい。

ヒント：本社所在地コードは都道府県ごとに付けられています。

解答欄：＿＿＿＿＿＿＿＿＿＿

【設問 3】　東京都の採用予定人数が多い企業の中で、最も早く開催される会社説明会に行きたい。どこの企業の説明会に行けばよいか。　解答欄：＿＿＿＿＿＿＿＿＿＿

7.3　抽出（フィルター）

条件に合ったレコードだけを表示する機能を「**フィルター**」といいます。ここでは、手軽に使用できる「オートフィルター」による抽出方法を学びましょう。

7.3.1　オートフィルターの適用

オートフィルターを使用するには、表内をアクティブセルにして［データ］タブ → ［並べ替えとフィルター］グループ → ［フィルター］ボタンをクリックします。オートフィルターが適用されると**図 7-13** のようにフィールド名に▼のボタンが表示されます。

売上N(	売上日	曜	商品コー	種	商品名	産地	単	仕入	数	売上金	店舗	担当者
1	2011/9/1	木	BT-3	野菜	トマト	愛知	148	71	1	148	寝屋川支店	泉 健○
2	2011/9/1	木	IS-1	魚	サーモン	チリ	77	30	2	154	寝屋川支店	泉 健○

図 7-13　オートフィルターが適用された表

オートフィルターを適用するデータベースを指定しましょう。ここでは、次の例題のために例題 3 シートの表に適用しましょう。

① 表内のセルを 1 つアクティブセルにします。

② ［データ］タブ → ［並べ替えとフィルター］グループ → ［フィルター］ボタンをクリックします。

7.3.2　文字列フィールドでの抽出

フィールドに入力されたデータの種類によって指定できる条件が異なります。文字列フィールドでは、「**テキストフィルター**」を使用して「〜に等しい」「〜を含む」「〜で始まる」などの条件が指定できます。

例題 3-1　完全一致　　【使用ファイル：Excel 07.xlsx、使用シート：例題 3】

「商品名」が「うなぎ」であるレコードを抽出しなさい。

3	売上N	売上日	曜	商品コー	種	商品名	産地	単	仕入
6	3	2011/9/1	木	IU-1	魚	うなぎ		998	350
64	61	2011/9/4	日	IU-1	魚	うなぎ		998	350
76	73	2011/9/4	日	IU-1	魚	うなぎ	鹿児島	998	350
81	78	2011/9/5	月	IU-1	魚	うなぎ	鹿児島	998	350
167	164	2011/9/16	金	IU-1	魚	うなぎ	鹿児島	998	350

商品名:
"うなぎ" に等しい

例題3　コーヒーブレイク　例題4　演習1　演習2　演習3　演習 ...

300 レコード中 8 個が見つかりました

図 7-14　例題 3-1　完成見本

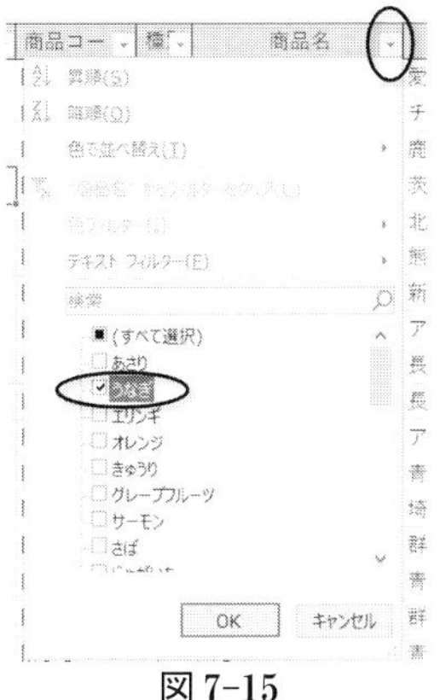

図 7-15

条件を指定しましょう。

① 「商品名」フィールドの▼をクリックします。

② ［すべて選択］チェックボックスをオフにし、［うなぎ］チェックボックスをオンにします（**図 7-15**）。

③ ［OK］ボタンをクリックします。

抽出結果の確認

フィルターで抽出すると、該当しないレコードは一時的に非表示になります。また、条件を指定したフィールドのボタンが に変更され、ポイントすると条件がポップヒントで表示されるほか、ステータスバーで該当するレコードの件数を確認できます（**図 7-16**）。

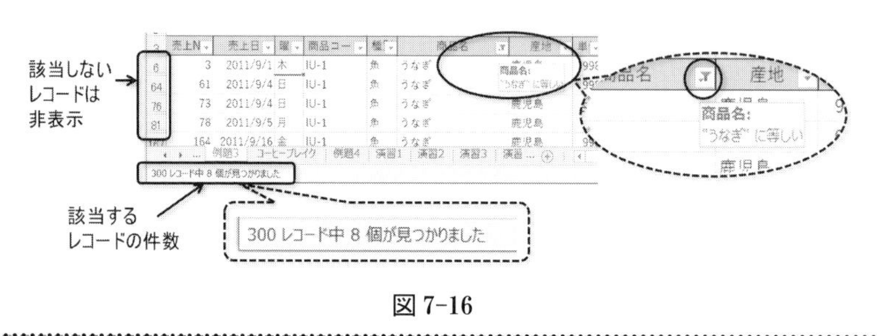

図 7-16

例題 3-2　テキストフィルター　　　【使用ファイル：Excel 07.xlsx、使用シート：例題 3】

「商品名」に「薄切り」を含むレコードを抽出しなさい。

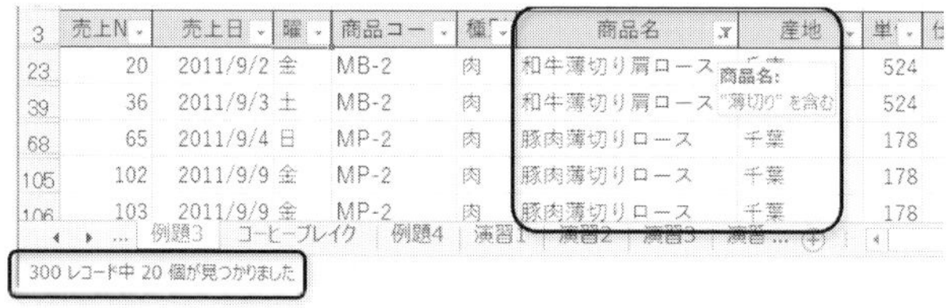

3	売上N	売上日	曜	商品コー	種	商品名	産地	単
23	20	2011/9/2	金	MB-2	肉	和牛薄切り肩ロース		524
39	36	2011/9/3	土	MB-2	肉	和牛薄切り肩ロース		524
68	65	2011/9/4	日	MP-2	肉	豚肉薄切りロース	千葉	178
105	102	2011/9/9	金	MP-2	肉	豚肉薄切りロース	千葉	178
106	103	2011/9/9	金	MP-2	肉	豚肉薄切りロース	千葉	178

商品名: "薄切り" を含む

300 レコード中 20 個が見つかりました

図 7-17　例題 3-2　完成見本

条件を指定しましょう。

① 「商品名」フィールドの▼（）をクリックします。

② ［テキストフィルター］→［指定の値を含む］をクリックします（**図 7-18**）。

③ ［オートフィルターオプション］ダイアログボックスが表示されます。

［商品名］欄に「薄切り」と入力し、［OK］ボタンをクリックします（**図 7-19**）。

※結果を確認しておきましょう（20 件）。

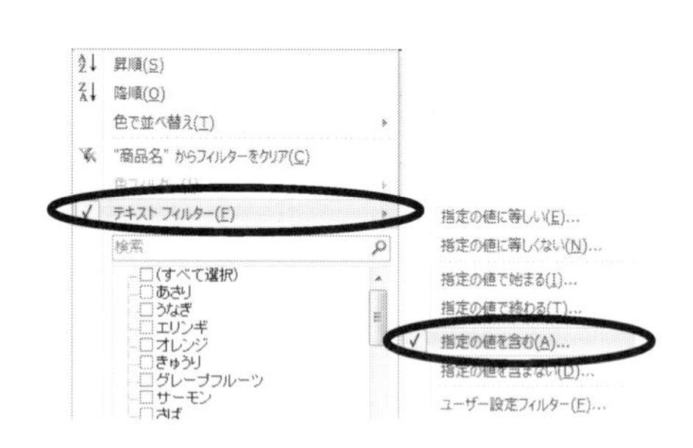

図 7-18

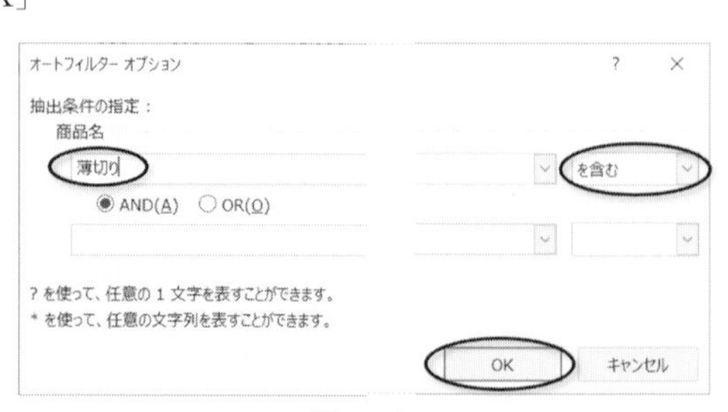

図 7-19

One Point

検索ボックス

図 7-20 のように、検索ボックスに「薄切り」と入力しても同じ結果が得られます。

また、検索ボックスやダイアログボックスでは「＊」「？」などのワイルドカードを使用できます。

＊…任意の数の文字列　　例「豚肉＊」豚肉で始まる

？…任意の 1 文字　　例「豚肉??」豚肉＋2 文字

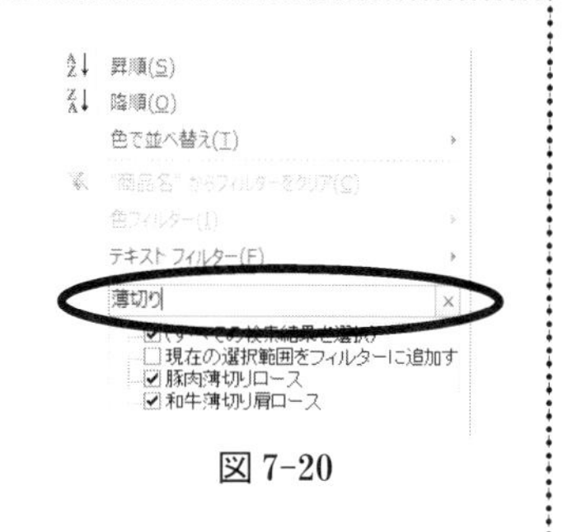

図 7-20

One Point

条件の解除

条件を解除する場合は以下のいずれかをクリックします。

➢　フィールド名の ボタン →［"○○" からフィルターをクリア］（図 7-21）

➢　［データ］タブ →［並べ替えとフィルター］グループ →［クリア］（図 7-22）

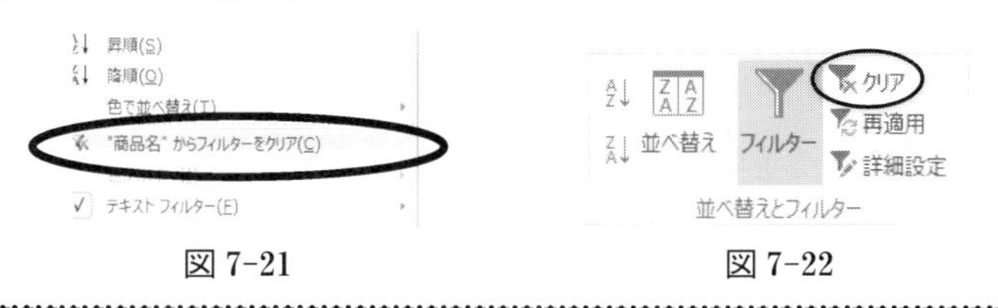

図 7-21　　図 7-22

※次の例題に進む前に、条件をすべてクリアしておきましょう。

7.3.3　数値フィールドでの抽出

数値フィールドでは、「**数値フィルター**」を使用して「〜以上」「平均より上」「上位○○件」などの条件が指定できます。

例題 3-3　数値フィルター　　【使用ファイル：Excel 07.xlsx、使用シート：例題 3】

「売上金額」が「2000 以上」であるレコードを抽出しなさい。

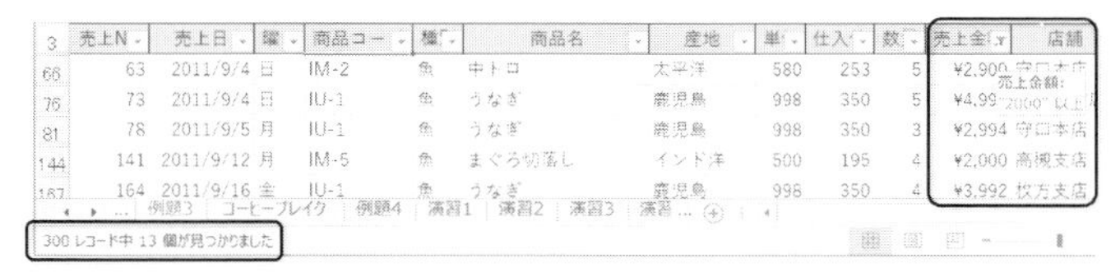

図 7-23　例題 3-3　完成見本

条件を指定しましょう。

①　「売上金額」フィールドの▼をクリックします。

②　［数値フィルター］→［指定の値以上］をクリックします（図 7-24）。

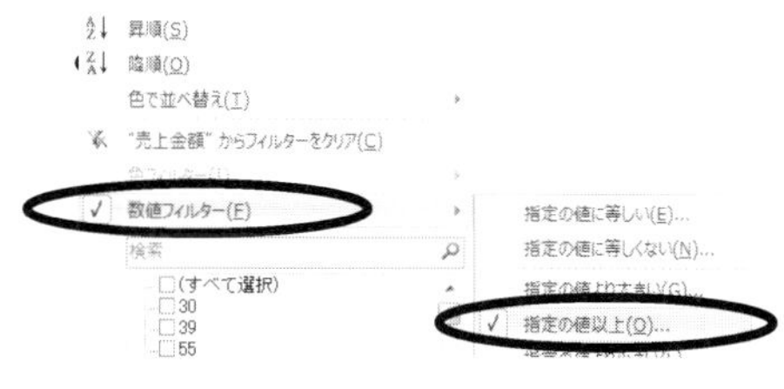

図 7-24

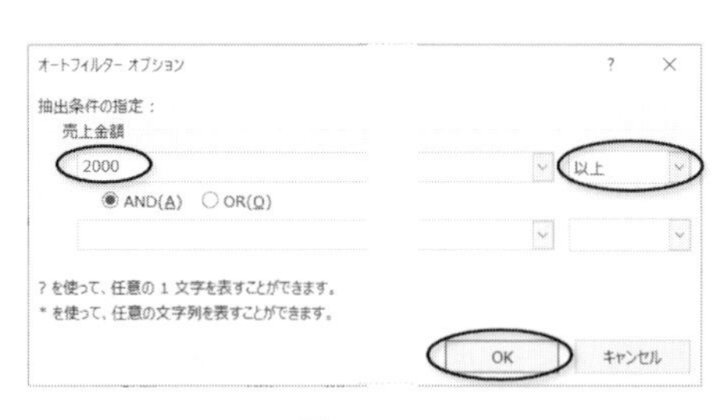

図 7-25

③ ［オートフィルターオプション］ダイアログボックスが表示されます。
［売上金額］欄に「2000」と入力し、［OK］ボタンをクリックします（図 7-25）。
※結果を確認しておきましょう（13件）。

【設問4】 例題3-3の抽出結果で、「2000」は抽出されているか答えなさい。

解答欄： 抽出されて　いる　いない

【設問5】「売上金額」が「2000より大きい」という条件で検索し、該当するレコードの件数と「2000」は抽出されているか答えなさい。

解答欄： 件数　　　　抽出されて　いる　いない

One Point

「以上」と「より大きい」の違い

「以上」「以下」の条件では、条件となる値を含んで抽出します。「より大きい」「より小さい」の条件では含みません。また、「未満」という表現は「より小さい」の意です。

※次の例題に進む前に、条件をすべてクリアしておきましょう。

例題 3-4 トップテンオートフィルター【使用ファイル：Excel 07.xlsx、使用シート：例題3】

「売上金額」の「上位3件」のレコードを抽出しなさい。

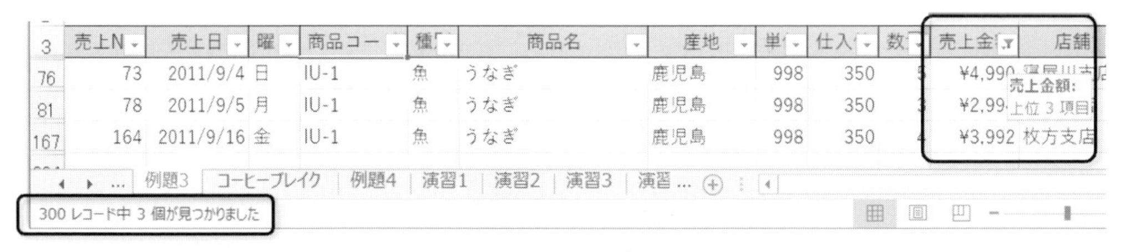

図 7-26　例題 3-4　完成見本

条件を指定しましょう。

① 「売上金額」フィールドの▼をクリックします。
② ［数値フィルター］→［トップテン］をクリックします（図 7-27）。
③ ［トップテンオートフィルター］ダイアログボックスが表示されます。
左から「上位」「3」「項目」と選択し、［OK］ボタンをクリックします（図 7-28）。

図 7-27

図 7-28

※結果を確認しておきましょう（3 件）。

One Point

「上位」と「下位」

「上位」は降順で付けた順位、「下位」は昇順で付けた順位で抽出されます。

例えばマラソンの記録やゴルフのスコアなど、数値が少ない方を上位と考える場合でも条件としては「下位」を選択しますので注意しましょう。

【設問 6】「売上 NO」が 10 番台のデータを抽出しなさい。

ヒント：別のフィールドで条件が指定されている場合、条件をクリアしてから新しい条件を指定します。

【設問 7】「売上金額」が平均を超えるデータを抽出し、件数を答えなさい。

解答欄：件数　　　　　件

※次の例題に進む前に、条件をすべてクリアしておきましょう。

7.3.4　日付フィールドでの抽出

日付フィールドでは、「**日付フィルター**」を使用して「今日」「○○年」「○○日～○○日の間」などの条件が指定できます。

例題 3-5　日付フィルター　　　　　　【使用ファイル：Excel 07.xlsx、使用シート：例題 3】

「売上日」が「2011/9/4～2011/9/10」であるレコードを抽出しなさい。

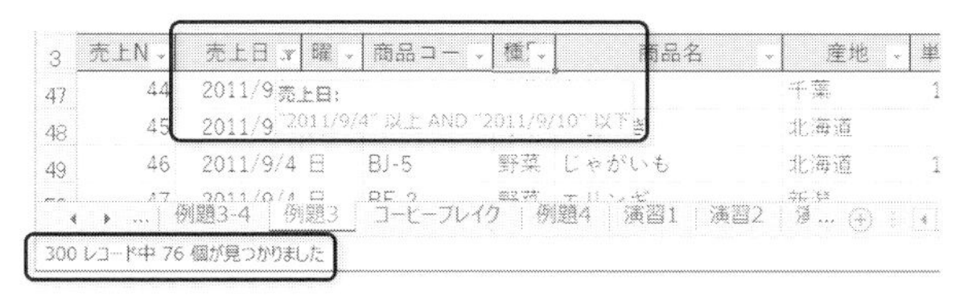

図 7-29　例題 3-5　完成見本

条件を指定しましょう。

① 「売上日」フィールドの▼をクリックします。

② ［日付フィルター］→［指定の範囲内］をクリックします（**図 7-30**）。

③ ［オートフィルターオプション］ダイアログボックスが表示されます。

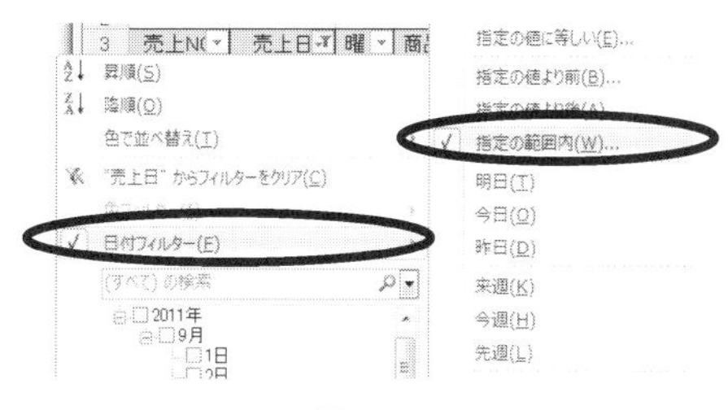

図 7-30

「2011/9/4 以降」and「2011/9/10 以前」と指定し、[OK] ボタンをクリックします（**図 7-31**）。

※結果を確認しておきましょう（76 件）。

図 7-31

One Point

[オートフィルターオプション] ダイアログボックスで日付を入力する際、**図 7-32** のように [日付の選択] ボタンをクリックすると、カレンダーから選択することができます。

図 7-32

コーヒーブレイク

テーブル機能　　【使用ファイル：Excel 07.xlsx、使用シート：コーヒーブレイク】

テーブル機能を使用して、オートフィルターと同様の抽出機能を使用することも可能です。また、表全体の書式を変更したり、集計行を追加したりすることができます（**図 7-33**）。

➢　設定方法

①　データベース内のセルをアクティブセルにします。

②　[挿入] タブ → [テーブル] グループ → [テーブル] をクリックします。

③　[テーブルの作成] ダイアログボックスが表示されます。自動認識された範囲を確認し [OK] ボタンをクリックします。

➢　集計行の追加

①　テーブル内のセルをアクティブセルにします。

②　[テーブルツール] が表示されます。[デザイン] タブ → [テーブルスタイルのオプション] グループ → [集計行] チェックボックスをクリックします。

③　集計行が表示されます。集計するフィールドのセルをクリックします。

④　表示された▼ボタンをクリックし、集計の種類を選択します。

➤　書式変更

①　テーブル内のセルをアクティブセルにします。

②　［デザイン］タブ →［テーブルスタイル］グループから任意のスタイルを選択します。

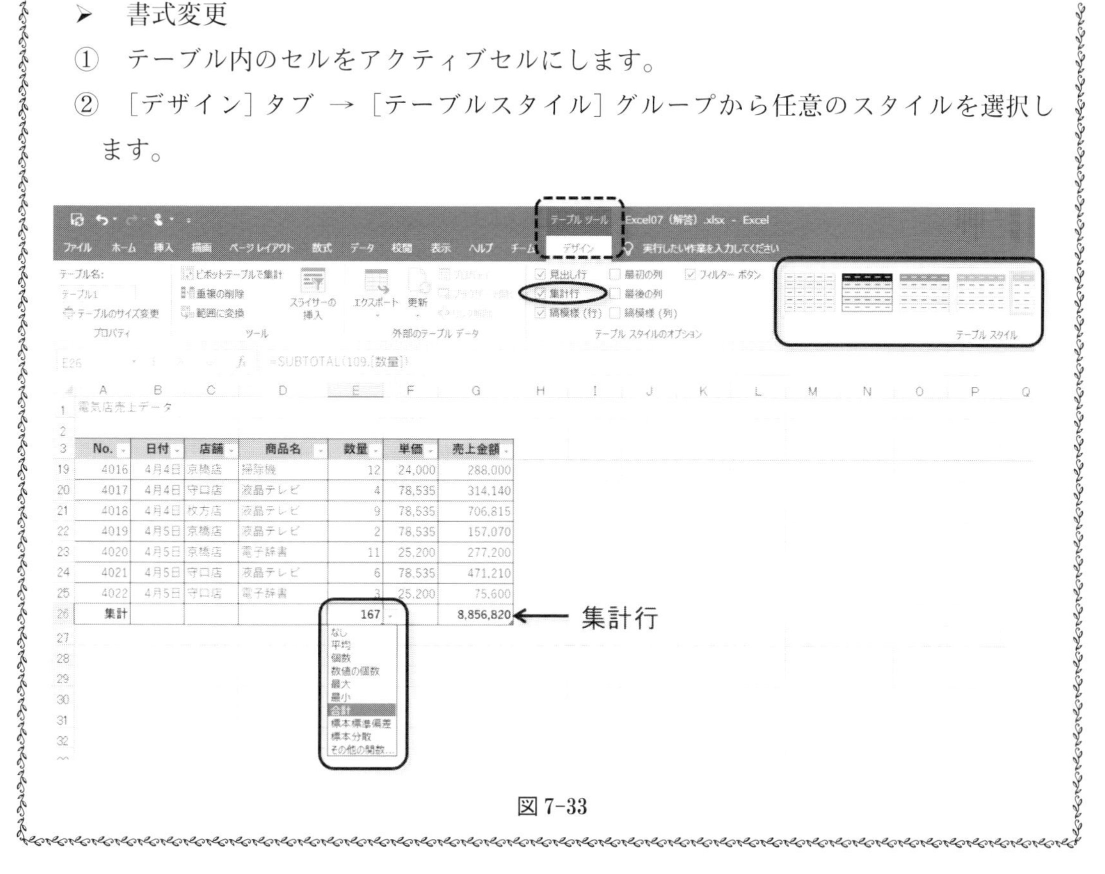

図 7-33

7.4　印刷の設定

データベースの表など大きな表を印刷する際に便利な設定について学びましょう。

7.4.1　印刷プレビュー

ワークシートを印刷する場合は、印刷プレビューで現在の印刷状態を確認してから印刷します。印刷プレビュー画面の左領域では簡単なページ設定も行えます。

例題 4-1　印刷プレビューと縮小印刷【使用ファイル：Excel 07.xlsx、使用シート：例題 4】

例題 4 シートの表の印刷状態を「印刷プレビュー」で確認し、A 4 用紙縦置きで表の横幅が 1 枚に収まるように設定しなさい。

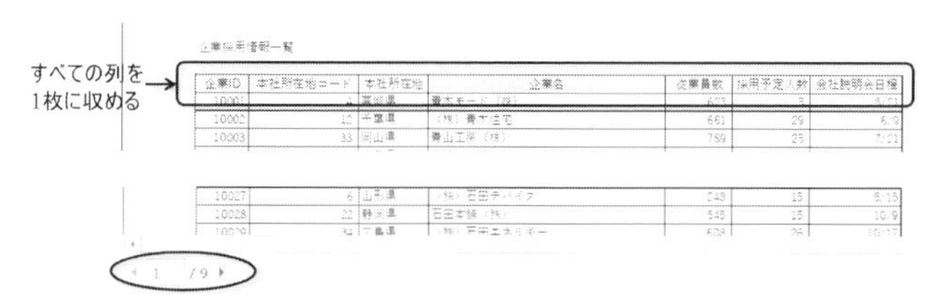

図 7-34　例題 4-1　完成見本

印刷プレビューを表示しましょう。

① ［ファイル］タブ → ［印刷］をクリックします。
　※左側の［設定］で、「縦方向」「Ａ４」に設定されていることを確認しましょう。
　※ページ数が 24 ページになっていることを確認しましょう（**図 7-35**）。

すべての列を１ページに印刷する設定に変更しましょう。
② ［設定］→［拡大縮小なし］→［すべての列を１ページに印刷］をクリックします（**図 7-35**）。
※ページ数が９ページに変化することを確認しましょう。

図 7-35　印刷プレビュー

※左上の矢印 をクリックして元の画面に戻しておきましょう。

7.4.2　印刷タイトル

表が複数ページに印刷される場合、２ページ目以降にフィールド名が表示されないと不便です。印刷タイトルを設定すると、全ページに共通の行や列を印刷することができます。

例題 4-2　印刷タイトルの設定　　　【使用ファイル：Excel 07.xlsx、使用シート：例題４】
例題４シートの表の３行目がすべてのページに印刷されるように設定しなさい。

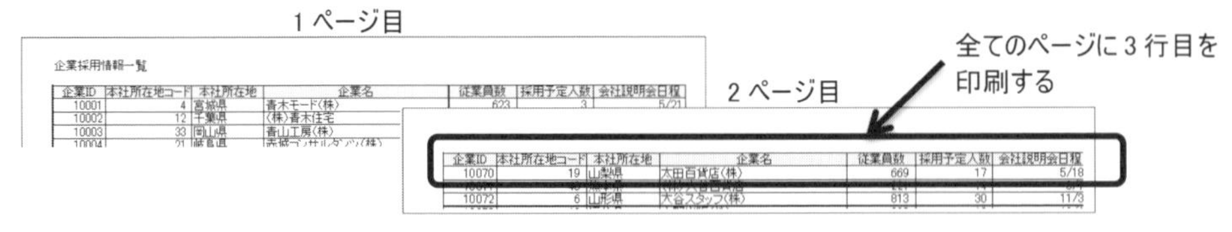

図 7-36　例題 4-2　完成見本

3 行目を印刷タイトルに指定しましょう。

① ［ページレイアウト］タブ → ［ページ設定］グループ → ［印刷タイトル］ボタンをクリックします。

② ［ページ設定］ダイアログボックスが表示されます（**図 7-37**）。

［シート］タブ → ［タイトル行］欄をクリックします。

③ ワークシートの 3 行目をクリックし、「$3:$3」と入力します（**図 7-37**）。

図 7-37

印刷プレビューで確認しましょう。

④ ［ページ設定］ダイアログボックスの［印刷プレビュー］ボタンをクリックします（**図 7-37**）。

※ページを切り替えて確認しましょう。

7.4.3　ページレイアウトビュー

ページレイアウトビューでは、印刷イメージに近い状態で数式作成や並べ替えなどの編集ができるほか、ヘッダー/フッターが簡単に設定できます。

例題 4-3　ページレイアウトビューとフッターの設定

【使用ファイル：Excel 07.xlsx、使用シート：例題 4】

例題 4 シートをページレイアウトビューに切り替え、フッター中央に「1/9, 2/9, 3/9…」の形式でページ番号を設定しなさい。

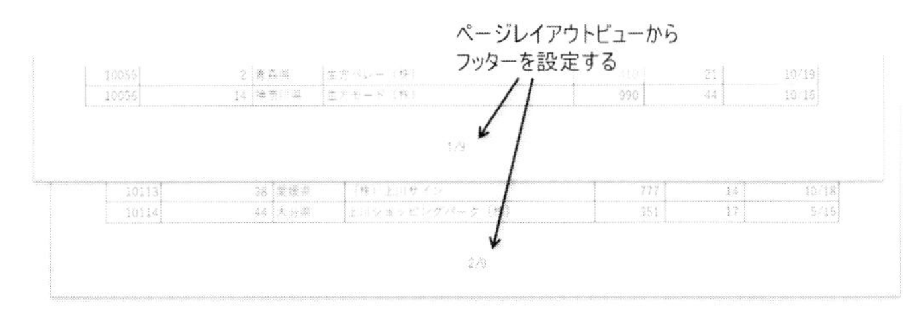

図 7-38　例題 4-3　完成見本

ページレイアウトビューに切り替えましょう。

① 左上の矢印をクリックします。

② 画面右下［ページレイアウト］ボタン（**図 7-39**）をクリックします。

図 7-39　［ページレイアウト］ボタン

フッターを設定しましょう（**図 7-40**）。

③ ページ下部のフッター領域中央のボックスをクリックします。

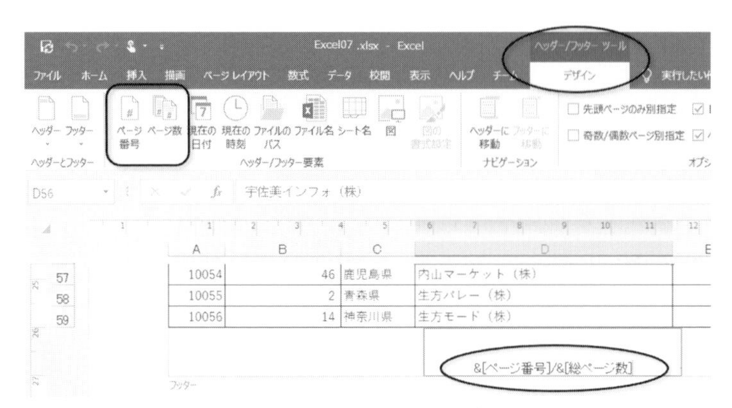

図7-40　フッターの設定

④　カーソルが表示されます。
　［デザイン］タブ →［ヘッダー/フッター要素］グループ →［ページ番号］をクリックします。
⑤　キーボードから「/」を入力します。
⑥　［デザイン］タブ →［ヘッダー/フッター要素］グループ →［ページ数］をクリックします。
⑦　ボックス外をクリックして確定します。
　※画面右下［標準］ボタン（**図7-41**）をクリックし、標準ビューに切り替えておきましょう。

図7-41　［標準］ボタン

7.5　演習課題

演習1　　【使用ファイル：Excel 07.xlsx、使用シート：演習1】

【設問1】　店舗の昇順に並べ替え、同じ店舗の中では商品名の昇順、さらに同じ商品の中では日付の新しい順で並べ替えなさい。1番上にくるレコードNo.を答えなさい。

解答欄：＿＿＿＿＿

【設問2】　商品名の昇順に並べ替え、同じ商品の中では数量の多い順、さらに同じ数量の中ではNo.の昇順で並べ替えなさい。1番上にくるレコードNo.を答えなさい。

解答欄：＿＿＿＿＿

演習2　　【使用ファイル：Excel 07.xlsx、使用シート：演習2】

　オートフィルターを使用して、以下の設問の条件に該当するレコードの件数を答えなさい。

【設問1】　兵庫県に住むAB型の社員

　ヒント：条件を解除せずに他のフィールドで条件を指定すると、1つ目の抽出結果の中か

ら絞り込んで抽出されます。　解答欄：＿＿＿件

【設問 2】　守口市に住む社員　解答欄：＿＿＿件

【設問 3】　営業部で京都市北区に住む社員　解答欄：＿＿＿件

演習 3　【使用ファイル：Excel 07.xlsx、使用シート：演習 3】

オートフィルターを使用して、以下の設問の条件に該当するレコードの件数を答えなさい。

【設問 1】　東京か大阪で、従業員数 500 人以上の企業　解答欄：＿＿＿件

【設問 2】　11 月に会社説明会を開催する従業員数 700 人以上の企業　解答欄：＿＿＿件

【設問 3】　採用予定人数のトップ 10　解答欄：＿＿＿件

ヒント：同じ数値があると、抽出されるレコード数は増減することがあります。

演習 4　【使用ファイル：Excel 07.xlsx、使用シート：演習 4】

表には「本社所在地」フィールドの値が「大阪府」と「京都府」のセルにそれぞれ異なる塗りつぶしが設定されています。

【設問 1】　［色フィルター］を使用して、各色の設定されたセルを抽出しなさい。

ヒント：本社所在地の▼をクリックし、［色フィルター］から各色を選択します。

【設問 2】　［色で並べ替え］を使用して、「大阪府」が最上部「京都府」がその次に配置されるように並べ替えなさい。

ヒント：［並べ替え］ダイアログボックスを表示し、**図 7-42** のように設定します。最優先されるキーに「大阪府」の色を指定します。

図 7-42

＜例題設問解答＞

【設問1】 a. 101　b. 542　c. 118

【設問2】 川崎電子(株)

【設問3】 細野商業開発(株)

［最優先されるキー］本社所在地コードまたは本社所在地の小さい順

［次に優先されるキー］採用予定人数の大きい順

［次に優先されるキー］会社説明会日程の古い順　と設定して並べ替えます。

【設問4】 解答欄：　抽出されて　いる　いない

【設問5】 解答欄：　件数　9件　　抽出されて　いる　いない

【設問6】

① ［データ］タブ →［並べ替えとフィルター］グループ →［クリア］をクリックします。

② 「売上NO」フィールドの▼ボタン →［数値フィルター］→［指定の範囲内］をクリックします。

③ ［オートフィルターオプション］ダイアログボックスで「10以上」and「19以下」、もしくは「10以上」and「20より小さい」を選択します。

【設問7】 解答欄：　件数　71件

「売上金額」フィールドの▼ボタン →［数値フィルター］→［平均より上］をクリックします。

第 8 章　判断処理 I

コンピューターは時に知的な機械に見えます。その理由はデータを判断し、それに応じた処理を行うからでしょう。ここでは Excel による判断処理について学びましょう。

8.1　二分岐処理

まず、実際にコンピューターが判断して処理している様子を観察しましょう。

例題 1　IF 関数の動作確認　　　　【使用ファイル：Excel 08.xlsx、使用シート：例題 1】

図 8-1 の表では、試験の得点に応じて合否が表示されています。もちろん、合否の欄はワープロのように "合格"、"不合格" という文字を入力したものではなく、コンピューターが判断し表示しています。

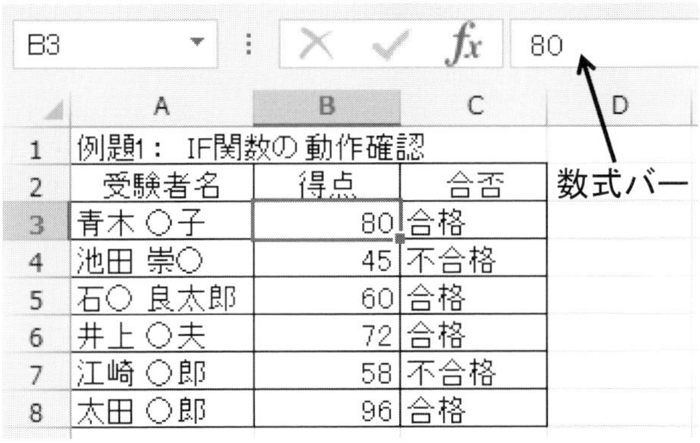

B3　｜　fx　80　← 数式バー

	A	B	C
1	例題1： IF関数の動作確認		
2	受験者名	得点	合否
3	青木 〇子	80	合格
4	池田 崇〇	45	不合格
5	石〇 良太郎	60	合格
6	井上 〇夫	72	合格
7	江崎 〇郎	58	不合格
8	太田 〇郎	96	合格

図 8-1　IF 関数の動作確認

【設問 1】　セル B 3 を任意の値に変えて、その際の合否欄の表示を観察しなさい。この操作を複数回繰り返し、得点が何点以上なら "合格" と表示するのか推測し、解答欄に記入しなさい。

解答欄：________点以上なら合格　　　　※なお、例題の各設問の解答は章末にあります。

【設問 2】　カーソルをセル C 3 に置き、数式バーに表示された式を解答欄に記入しなさい。

解答欄：＝IF(________________________________)

設問 2 より、IF 関数を使い判断処理がなされていることがわかります。IF 関数の書式は次のとおりです。

IF（論理式，真の場合，偽の場合）
論理式：状態を判断する条件
真の場合：条件が成立することを「真」といい、その際の処理を指定
偽の場合：条件が成立しないことを「偽」といい、その際の処理を指定

IF関数の意味をやさしく表現すれば、「もし△△なら、○○をして、そうでなければ××をする（もし論理式が真ならば、真の場合の処理を行い、そうでなければ偽の場合の処理を行う）」ともいえるでしょう。このように2つの場合に応じて処理することを**二分岐処理**といいます。なお、第14章では3つ以上の場合に応じた**多分岐処理**も学びます。

使用例：IF(A1=1, "会員", "非会員")
意味：もしセルA1が1と等しいなら"会員"を、そうでなければ"非会員"を表示する。

【設問3】 設問2のIF関数の意味を推測し、解答欄に記入しなさい。
解答欄：もしセルB3が＿＿＿＿なら"合格"を、そうでなければ＿＿＿＿を表示する。

それでは実際にIF関数を使って処理してみましょう。

例題2　IF関数の入力　　【使用ファイル：Excel 08.xlsx、使用シート：例題2】

表（図8-2）には資格コードが記録されています。資格コードの値1は"有"を表し、値0は"無"を表すものとします。IF関数を使って、完成見本のとおり表を作成しなさい。

	A	B	C
1	例題2：　IF関数の入力		
2	氏名	資格コード	資格
3	青木 ○子	0	無
4	池田 崇○	1	有
5	石○ 良太郎	1	有
6	井上 ○夫	1	有
7	江崎 ○江	0	無
8	太田 ○郎	1	有
9			

図8-2　例題2　完成見本

それでは次の手順に従い、IF関数を入力してみましょう。

① 日本語入力をOFFにします。
② セルC3を選択します。
③ 数式バーにある［関数の挿入］ボタン（f_x）（**図8-3**）

貼り付け
B I U
フォント
クリップボード
C3
A
B
C
D
1 演習2: IF関数の入力
関数の挿入

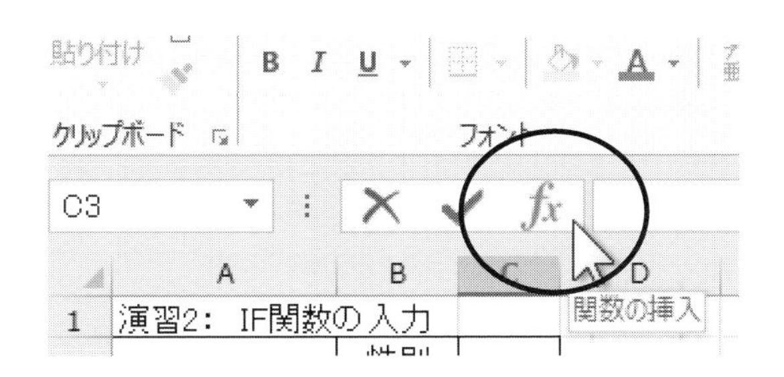

図 8-3

④　[関数の挿入] ダイアログボックス → [関数の分類] 欄；すべて表示 → [関数名] 欄；Iキー(IF 関数の先頭文字) → リストから「IF」選択 → [OK] ボタン (**図 8-4**)

関数の挿入
関数の検索(S):
何がしたいかを簡単に入力して、[検索開始] をクリックしてください。
検索開始(G)
関数の分類(C): すべて表示
関数名(N):
HEX2OCT
HLOOKUP
HOUR
HYPERLINK
HYPGEOM.DIST
HYPGEOMDIST
IF
I キーを押してジャンプ
IF(論理式,値が真の場合,値が偽の場合)
論理式の結果 (真または偽) に応じて、指定された値を返します
この関数のヘルプ
OK
キャンセル

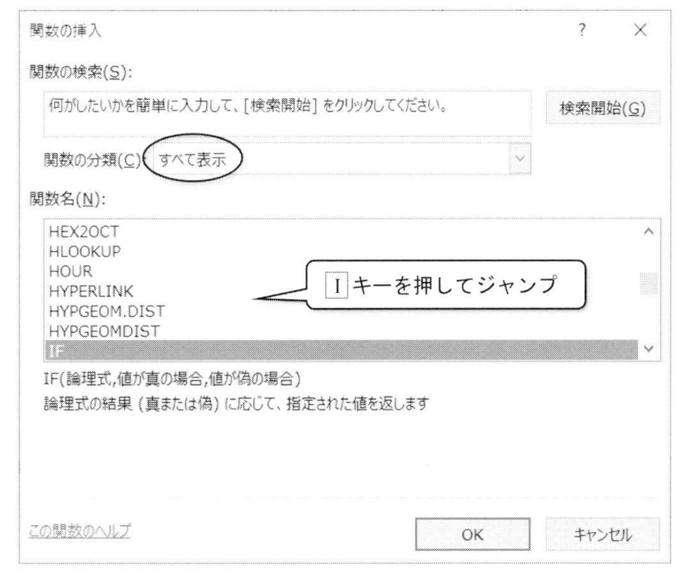

図 8-4

⑤　[関数の引数] ダイアログボックス → [論理式] 欄；B 3=1 → [真の場合] 欄；有→ [偽の場合] 欄；無 → [OK] ボタン (**図 8-5**)

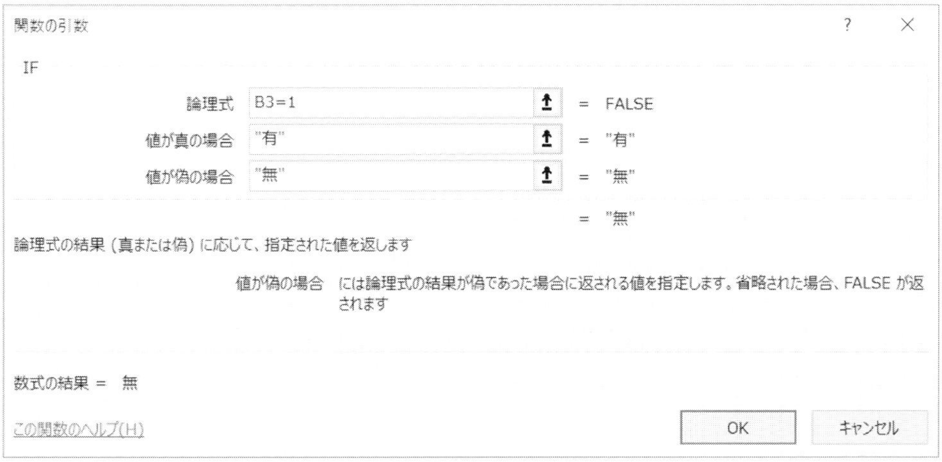

関数の引数
IF
論理式 B3=1 = FALSE
値が真の場合 "有" = "有"
値が偽の場合 "無" = "無"
= "無"
論理式の結果 (真または偽) に応じて、指定された値を返します
値が偽の場合 には論理式の結果が偽であった場合に返される値を指定します。省略された場合、FALSE が返されます
数式の結果 = 無
この関数のヘルプ(H)
OK
キャンセル

図 8-5

One Point

文字定数はその両端に ”（二重引用符）をつける必要があります。ただし、［関数の引数］ダイアログボックスには、文字を入力すると自動的にその両端に ” を付加する支援機能があるため、” を省略して文字を入力することができます。

⑥　すると、セルＣ３には「＝IF(Ｂ３＝1, ”有”, ”無”)」が入力され、IF 関数の判断結果として「無」が表示されます。

※もちろん、数式バーに関数をキーボードで直接入力しても可です。以下同様。

⑦　Ｃ３をＣ８までオートフィルし、完成です（**図 8-2**）。

それでは、IF 関数で記述される条件について、次の節で詳しく学びましょう。

8.2　条件の書き方

よく使用される比較条件を下表に示します。記号＝、＞ 等は比較する機能を持ち、**比較演算子**と呼ばれます。

表 8-1　比較演算子

意味	比較演算子	使用例
等しい	＝	＝IF(A1＝100, ・・・)
等しくない	＜＞	＝IF(A1＜＞100, ・・・)
より大きい	＞	＝IF(A1＞100, ・・・)
以上	＞＝	＝IF(A1＞＝100, ・・・)
より小さい（未満）	＜	＝IF(A1＜100, ・・・)
以下	＜＝	＝IF(A1＜＝100, ・・・)

次の比較例のように、比較演算子の前後にセルや定数等を記述します。

【様々な比較例】

（1）　＝IF(Ａ１＝0, ・・・)　　セルと数値定数との比較
（2）　＝IF(Ａ１＝ ”F”, ・・・)　　セルと文字定数との比較
（3）　＝IF(Ａ１＞Ｂ１, ・・・)　　セルとセルとの比較
（4）　＝IF(Ａ１＜Ｂ１＋100, ・・・)　　セルと式との比較
（5）　＝IF(Ａ１＋Ｂ１＞＝Ｃ１＋Ｄ１, ・・)　　式と式との比較
（6）　＝IF(Ａ１＞＝SUM(Ｂ１:Ｂ５), ・・)　　セルと関数との比較

それでは上記の表にある比較演算子を使って、様々な条件を書いてみましょう。

例題 3　条件の書き方　【使用ファイル：Excel 08.xlsx、使用シート：例題 3】

【設問 1】　表には発車時刻が記録されています。もし発車時刻が 12 以下なら "午前" を、そうでなければ "午後" を表示しなさい。

	A	B	C	D	E	F
1	例題3：条件の書き方					
2	設問番号	設問				
3	1	もし発車時刻が12以下なら"午前"を、そうでなければ"午後"を表示しなさい。		発車時刻		解答欄
4			バスA便	9		午前
5			バスB便	15		午後
6	2	もし旅行先が"日本"と等しいなら"国内"を、そうでなければ"海外"を表示しなさい。		旅行先		解答欄
7			プランA	日本		国内
8			プランB	アメリカ		海外
9	3	もし価格が平均より大きいなら"高い"を、そうでなければ"安い"を表示しなさい。		価格	平均	解答欄
10			商品A	¥2,580	¥2,450	高い
11			商品B	¥5,900	¥6,280	安い
12						

図 8-6　例題 3　完成見本

それでは、次の操作に従い、設問 1 を解答していきましょう。

① 日本語入力を OFF にします。

② セル F 4 を選択します。

③ 数式バーにある［関数の挿入］ボタン（*fx*）→［関数の挿入］ダイアログボックス →［関数の分類］欄；すべて表示 →［関数名］欄；I キー→リストから「IF」選択→［OK］ボタン

④ ［関数の引数］ダイアログボックス →［論理式］欄；D 4<＝12 →［真の場合］欄；午前 →［偽の場合］欄；午後 →［OK］ボタン

⑤ すると、セル F 4 には「＝IF(D 4<＝12, "午前", "午後")」が入力され、IF 関数の判断結果として「午前」が表示されます。

⑥ F 4 を F 5 までオートフィルします。

同様に設問 2〜3 を解いてみましょう。

【設問 2】　**ヒント**：IF(D 7　？　"日本",・・・)

【設問 3】　**ヒント**：IF(D 10　？　E 10,・・・)

8.3　様々な判断処理

条件が理解できたら、次に処理部分を自在に書けるようにしましょう。

例題 4　様々な判断処理　【使用ファイル：Excel 08.xlsx、使用シート：例題 3】

ここでは判断後、文字を表示するだけでなく計算を行う等、様々な処理を学びます。

	A	B	C	D	E	F
1	例題4：様々な判断処理					
2	設問番号	設問				
3	1	もし速度が100より大きいなら"違反"を、そうでなければ何も表示しない。		速度		解答欄
4			Aさん	112		違反
5			Bさん	86		
6	2	もしXがYより大きいならXを、そうでなければYを表示しなさい。		X	Y	解答欄
7			パターンA	5	3	5
8			パターンB	3	5	5
9	3	もしサービス券が有なら、購入額を10%引きした金額を、そうでなければ購入額をそのまま表示しなさい。		購入額	サービス券	解答欄
10			Aさん	¥20,000	有	¥18,000
11			Bさん	¥10,000	無	¥10,000
12						

図8-7　例題4　完成見本

【設問1】　もし速度が100より大きいなら"違反"を表示し、そうでなければ何も表示しません。

この問題は偽の場合に「何も表示しない」という点が特徴です。何も表示させないときは、IF関数のダイアログボックスの［偽の場合］欄に""（二重引用符2個）を入力します（**図8-8**）。なお、"" は文字列長さ0の**空文字列**（からもじれつ）を表します。なお、［偽の場合］欄に何も入れないと、実行時に偽のとき"FALSE"と表示されます。

IF

論理式	D4>100
値が真の場合	"違反"
値が偽の場合	""

図8-8

【設問2】　もしXがYより大きいならXの値を、そうでなければYの値を表示しなさい。

この問題では、定数ではなくセルの値を表示します。処理の意味を考えてみましょう。X＝5、Y＝3のとき、XがYより大きいので、Xすなわち5を表示します。次にX＝3、Y＝5のときは、XがYより大きくないので、Yすなわち5が表示されます。よって、この処理はXとYのいずれか大きい方の値を表示することがわかります。

IF関数のダイアログボックスの［真の場合］欄には定数ではなくセルD7を、［偽の場合］欄にはセルE7を入力します（**図8-9**）。

IF

論理式	D7>E7
値が真の場合	D7
値が偽の場合	E7

図8-9

【設問3】　もしサービス券が"有"なら、購入額を10%引きした金額を、そうでなければ購入額をそのまま表示しなさい。

この問題では処理部分に計算式が現れます。購入額を10%引きするとは、購入額（セルD10）×0.9ということです。よって、［真の場合］欄にはD10＊0.9を、［偽の場合］欄にはD10を入力します（**図8-10**）。なお、ここでは簡素化のため計算結果の小数点以下の切り捨て処理は行いません。

図8-10

以上の説明をもとに、解答欄に当てはまる適切な式を入れ、完成見本（**図8-7**）のとおり表を作成しなさい。

8.4　演習課題

演習1　【使用ファイル：Excel 08.xlsx、使用シート：演習1】

表（**図8-11**）には各企業の従業員数が記録されています。企業規模は、従業員数が300人以上なら"A"、そうでないなら"B"とします。表中黄色のセル内に当てはまる適切な式を入れ、完成見本のとおり表を作成しなさい。

※塗りつぶしにより着色されたセルは本書の図では灰色に表示されますが、本文中では使用するExcelシート上の色のとおりに、例えば「黄色のセル」などと表記します。以下同様。

	A	B	C	D
1	演習1			
2	企業名	従業員数	企業規模	
3	岡島ラボ（株）	835	A	
4	斉藤フードサービス（株）	186	B	
5	（株）佐々木マーケット	21	B	
6	（株）松崎企画	642	A	
7	（株）松本ソリューション	1001	A	
8	井上サイン（株）	227	B	
9	（株）梶山堂	341	A	
10	（株）上川サイン	777	A	
11	（株）木村電力	461	A	
12	古賀ゴルフ（株）	505	A	
13				

図8-11　演習1　完成見本

演習2　【使用ファイル：Excel 08.xlsx、使用シート：演習2】

表（**図8-12**）には各受講者の資格コード、英語得点、及び数学得点が記録されています。資格コードの1は"有"を、0は"無"を意味します。ここでいう得意科目とは英語と数学のうち得点が高い科目（同点の場合は「数学」とする）をいい、その得点を得意科目得点といいます。得意科目得点が80点以上なら合否は"合格"とし、そうでなければ何も表示しません。表中黄色のセル内に当てはまる適切な式を入れ、完成見本のとおり表を作成しなさい。

	A	B	C	D	E	F	G	H
1	演習2							
2	受講者名	資格コード	英語得点	数学得点	資格	得意科目	得意科目得点	合否
3	青木 ○子	0	95	55	無	英語	95	合格
4	池田 崇○	1	62	77	有	数学	77	
5	石○ 良太郎	1	56	90	有	数学	90	合格
6	井上 ○夫	1	79	74	有	英語	79	
7	江崎 ○江	0	63	81	無	数学	81	合格
8	太田 ○郎	1	84	68	有	英語	84	合格
9								

図 8-12　演習 2　完成見本

演習 3　【使用ファイル：Excel 08.xlsx、使用シート：演習 3】

表（**図 8-13**）には各会員の在籍年と購入額が記録されています。その在籍年が 3 年以上なら購入額の 10%引き（小数点以下切り捨て）で請求し、そうでなければ購入額のとおり請求します。また、請求額が 3 万円以上の場合はイベントの招待券を発行します。表中黄色のセル内に当てはまる適切な式を入れ、完成見本のとおり表を作成しなさい。

ヒント：購入額の 10%引き→購入額×0.9
小数点以下切り捨て→ROUNDDOWN(計算式, 0)
＝IF(条件, ROUNDDOWN(計算式, 0), ・・・)

	A	B	C	D	E
1	演習3				
2	会員名	在籍年	購入額	請求額	招待券発行
3	青木 ○子	5	¥50,000	¥45,000	発行
4	池田 崇○	1	¥20,000	¥20,000	
5	石○ 良太郎	3	¥10,000	¥9,000	
6	井上 ○夫	1	¥30,000	¥30,000	発行
7	江崎 ○郎	3	¥20,000	¥18,000	
8	太田 ○郎	2	¥50,000	¥50,000	発行
9					

図 8-13　演習 3　完成見本

演習 4　【使用ファイル：Excel 08.xlsx、使用シート：演習 4】

条件及び処理の書き方を練習しましょう。各設問において、表中黄色のセル内に当てはまる適切な式を入れ、完成見本（**図 8-14**）のとおり表を作成しなさい。

ヒント：設問文中の X は C 列、Y は D 列のセルを参照します。
例）設問 1　「もし X が 0 と等しいなら・・・」
よくある間違い：　＝IF(X＝0, ・・・・)
正しくは　　　：　＝IF(C 3＝0, ・・・・)

	A	B	C	D	E
1	演習4				
2	設問番号	設問	X	Y	解答欄
3	1	もしXが0と等しいなら"OK"を、	0	--	OK
4		そうでなければ"NG"を表示しなさい。	12	--	NG
5	2	もしXがYと等しいなら"○"を、	7	7	○
6		そうでなければ"×"を表示しなさい。	7	5	×
7	3	もしXが100より大きいなら"遠い"を、	123	--	遠い
8		そうでなければ"近い"を表示しなさい。	89	--	近い
9	4	もしXが60以上なら"合格"と表示し、	60	--	合格
10		そうでなければ何も表示しない。	50	--	
11	5	もしXが0より小さいなら"負"を、	-3	--	負
12		そうでなければ"正"を表示しなさい。	5	--	正
13	6	もしXがY以下なら1（文字でなく数値）を、	3	5	1
14		そうでなければ2を表示しなさい。	7	6	2
15	7	もしXが"A"と等しいなら"○"を、	A	--	○
16		そうでなければ"×"を表示しなさい。	B	--	×
17	8	もしXが100より大きいなら100を、	123	--	100
18		そうでなければXの値を表示しなさい。	89	--	89
19	9	もしX-Yが0より小さいならYの値を、	3	5	5
20		そうでなければXの値を表示しなさい。	7	2	7
21	10	もしXが0より小さいなら-Xを、	-3	--	3
22		そうでなければXを表示しなさい。	5	--	5
23	11	もしX+Yが21より大きいなら0を、	11	12	0
24		そうでなければX+Yの値を表示しなさい。	8	9	17
25	12	もしXが1ならY*0.7の値を、	1	200	140
26		そうでなければY*0.9の値を表示しなさい。	0	200	180

図 8-14　演習 4　完成見本

＜例題設問解答＞

例題 1　【設問 1】　60 点以上なら合格

【設問 2】　IF(B3＞＝60, "合格", "不合格")

【設問 3】　もしセル B3 が 60 以上なら "合格" を表示し、そうでなければ "不合格" を表示する。

例題 3　【設問 1】　セル F4：　＝IF(D4＜＝12,"午前","午後")

【設問 2】　セル F7：　＝IF(D7＝"日本","国内","海外")

【設問 3】　セル F10：＝IF(D10＞E10,"高い","安い")

例題 4　【設問 1】　セル F4：　＝IF(D4＞100,"違反","")

【設問 2】　セル F7：　＝IF(D7＞E7,D7,E7)

【設問 3】　セル F10：＝IF(E10＝"有",D10＊0.9,D10)

第9章 複数シートの利用

Excel では、複数のシートを扱うことができます。シート内の処理だけでなく、別シートを参照した数式を作成したり、複数のシートを集計したりすることも可能です。ここでは、シートの基本操作と、複数シートの集計方法を学びましょう。

9.1 シートの基本操作

複数のシートを集計する準備のために、シート名の変更やシートのコピーなどの基本的な操作を理解しておきましょう。**表 9-1** は主なシートの操作です。具体的な使用例は、例題の中で学んでいきましょう。

表 9-1 シートの基本操作

操作	操作方法
1.シート名変更	シート見出しをダブルクリック → 文字列を入力 → Enter キーを押す
2.シートの移動	シート見出しをドラッグ
3.シートのコピー	Ctrl キーを押しながら、シート見出しをドラッグ
4.シートの挿入	[新しいシート]をクリック 大阪 神戸 合計 ⊕ ➡ 大阪 Sheet3 神戸
5.シートの削除	シート見出しを右クリック → [削除]
6.シート見出しの色変更	シート見出しを右クリック → [シート見出しの色] → 任意の色を選択
7.シート見出しのスクロール	クリック ◀ ▶ … Sheet1

表 9-1 の操作 1 ～ 5 は［元に戻す］ボタンで戻すことができません。

例題 1 シート名の変更とシートの移動

【使用ファイル：Excel 09.xlsx、使用シート：Sheet 1～Sheet 3】

次のとおりシート名を変更し、完成見本の順になるよう移動しなさい。

<シート名>

Sheet 1 → 大阪

Sheet 2 → 京都

Sheet 3 → 神戸

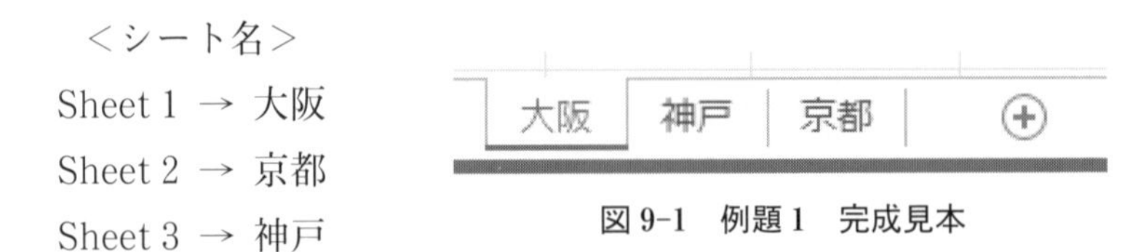

図 9-1 例題 1 完成見本

「Sheet 1」のシート名を「大阪」に変更しましょう。

① 「Sheet 1」のシート見出しをダブルクリックします。

② **図 9-2** のように、カーソルが表示され文字列が選択状態になります。新たなシート名「大阪」と入力します。

図 9-2　シート名の変更

③ Enter キーを押して確定します。
※カーソルが非表示になっていることを確認しましょう。

【設問 1】 同様に「Sheet 2」のシート名を「京都」に変更しなさい。

【設問 2】 同様に「Sheet 3」のシート名を「神戸」に変更しなさい。

※なお、各設問の解答は章末にあります。

シート「神戸」をシート「大阪」の右に移動しましょう。

④ シート「神戸」のシート見出しを左方向にドラッグします。

⑤ **図 9-3** のように、シート「大阪」と「京都」の間に▼が表示されたことを確認して、ドロップします。

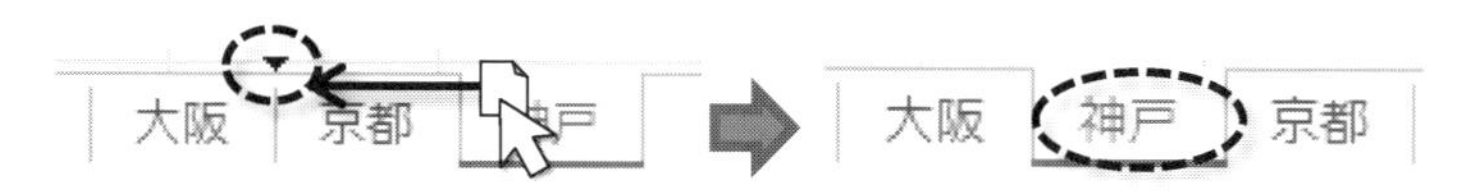

図 9-3　シートの移動

9.2　ワークシートのグループ化

複数のシートを選択することを「**グループ化**」といいます。ワークシートをグループ化してデータ入力や書式設定を行うと、対象のシートを同時に編集することができます。同じフォーマットの表を編集する場合などに使用します。

例題 2　ワークシートのグループ化と編集

【使用ファイル：Excel 09. xlsx、使用シート：大阪・神戸・京都】

シート「大阪」「神戸」「京都」の売上表を、完成見本に従って編集しなさい。

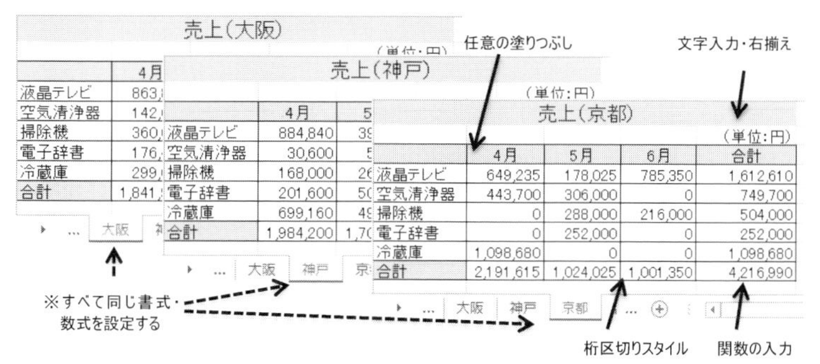

	4月	5月	6月	合計
液晶テレビ	649,235	178,025	785,350	1,612,610
空気清浄器	443,700	306,000	0	749,700
掃除機	0	288,000	216,000	504,000
電子辞書	0	252,000	0	252,000
冷蔵庫	1,098,680	0	0	1,098,680
合計	2,191,615	1,024,025	1,001,350	4,216,990

図 9-4　例題 1　完成見本

9.2.1　ワークシートのグループ化

ワークシートのグループ化には、**表 9-2** のとおり連続したシートを選択する方法と複数の離れたシートを選択する方法があります。

表 9-2　ワークシートのグループ化

連続範囲	先頭のシート見出しをクリックし、Shift キーを押しながら最終のシート見出しをクリック 大阪　神戸　京都　合計 → 大阪　神戸　京都　合計 間にあるシートすべてがグループ化される
複数範囲（離れた範囲）	1箇所目のシート見出しをクリックし、Ctrl キーを押しながら2箇所目以降のシート見出しをクリック 大阪　神戸　京都　合計 → 大阪　神戸　京都　合計 クリックしたシートのみがグループ化される

例題2では、「大阪」「神戸」「京都」と連続したシートをグループ化して操作を行います。

シート「大阪」「神戸」「京都」をグループ化しましょう。

① シート「大阪」のシート見出しをクリックします。

② Shift キーを押しながら、シート「京都」のシート見出しをクリックします。

※**図 9-5** のように、タイトルバーに「[グループ]」と表示され、シート見出しにラインが表示されます。

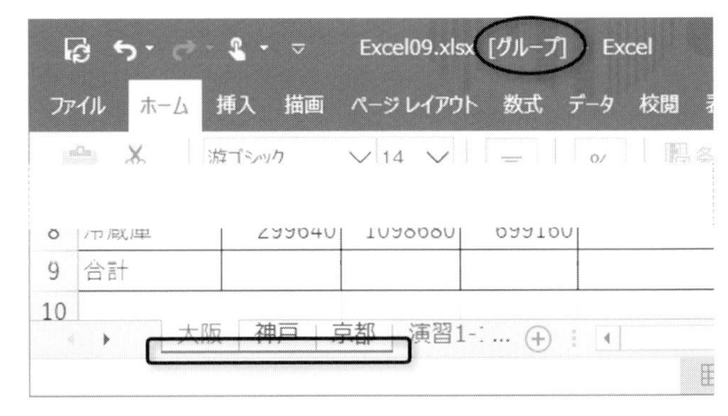

図 9-5　ワークシートグループ化の確認

9.2.2　ワークシートの編集

グループ化した状態でワークシートを編集すると、対象のシートすべてに反映されます。ここでは、書式設定と SUM 関数の入力を行いましょう。

見出しセルに任意の塗りつぶしを設定しましょう。

③ セル範囲 A3：E3 をドラッグし、Ctrl キーを押しながら A1 と A9 をクリックします。

④ ［ホーム］タブ → ［フォント］グループ → ［塗りつぶしの色］ボタンから任意の色をクリックします。

数値に桁区切りスタイルを設定しましょう。

⑤ セル範囲 B4：E9 を選択します。

⑥　［ホーム］タブ → ［数値］グループ → ［桁区切りスタイル］ボタンをクリックします。

「合計」欄に SUM 関数を入力しましょう。
⑦　セル範囲 B4：E9 を選択します。
⑧　［ホーム］タブ → ［編集］グループ → ［オート SUM］ボタンをクリックします。

One Point

図 9-6 のように、数値が入力されたセルと数式を入力したい空白セルを範囲選択後［オート SUM］ボタンから関数を選択すると、関数を素早く入力することができます。

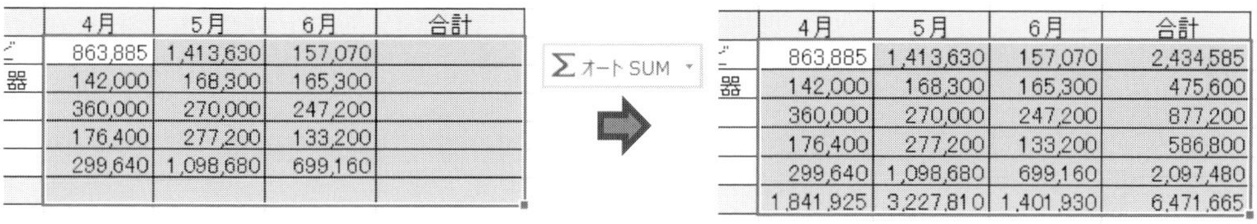

	4月	5月	6月	合計
ご	863,885	1,413,630	157,070	
器	142,000	168,300	165,300	
	360,000	270,000	247,200	
	176,400	277,200	133,200	
	299,640	1,098,680	699,160	

Σ オート SUM

	4月	5月	6月	合計
ご	863,885	1,413,630	157,070	2,434,585
器	142,000	168,300	165,300	475,600
	360,000	270,000	247,200	877,200
	176,400	277,200	133,200	586,800
	299,640	1,098,680	699,160	2,097,480
	1,841,925	3,227,810	1,401,930	6,471,665

図 9-6　［オート SUM］ボタンによる一括入力

【設問 3】　シート「大阪」「神戸」「京都」のセル E 2 に、「(単位：円)」と入力し右揃えにしなさい。

9.2.3　シートのグループ解除

グループでの操作が終了したら、必ずグループ化の解除を行います。解除せずに操作を続けると重大なミスに繋がりますので、忘れないように注意しましょう。

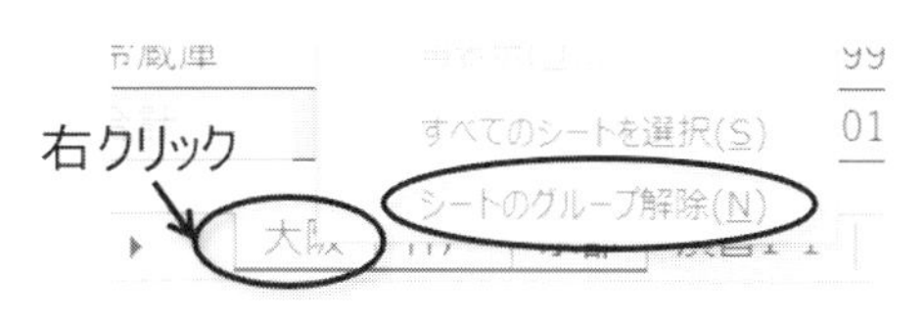

図 9-7　ワークシートグループ化の解除

ワークシートのグループ化を解除します。
⑨　選択されたシート見出しを右クリック → ［シートのグループ解除］をクリックします（**図 9-7**）。
※タイトルバーに表示されていた「［グループ］」の文字がないことを確認しましょう。
※「神戸」「京都」のシートに切り替えて、同様の編集ができていることを確認しましょう。

シートのグループ解除（別法）

グループ化されたシート以外のシートに切り替えると、グループが解除されます。

9.3　シート間の計算式

別シートにあるセルも、同じシートのセルと同様に計算式に使用することができます。他のシートのセルを参照することを「**3-D 参照**」といいます。3-D 参照は以下の記述形式に従って記述します。

> **3-D 参照の記述形式**
> **シート名！セル参照**　　【使用例】 Sheet 1 ！ A 1

ここでは、例題1で編集した3つのシートのセルを参照した表を作成しましょう。

例題3　3-D 参照を利用したレポート作成

【使用ファイル：Excel 09. xlsx、使用シート：まとめ（新規）】

新規シートを追加し、完成見本のような表とグラフを作成しなさい。表は、シート「大阪」「神戸」「京都」の売上合計セル E9 を参照した数式を入力すること。シート名は「まとめ」とし、先頭に配置しなさい。

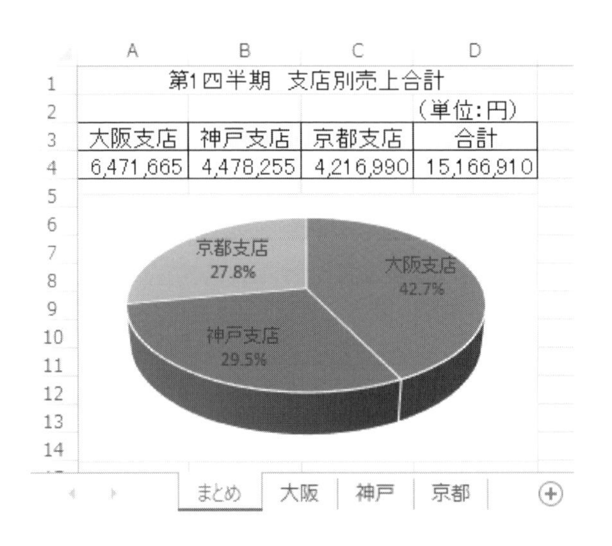

図 9-8　例題 2　完成見本

新しいシートを挿入しましょう。

① シート「大阪」を選択して［新しいシート］ボタンをクリックします（**図 9-9**）。

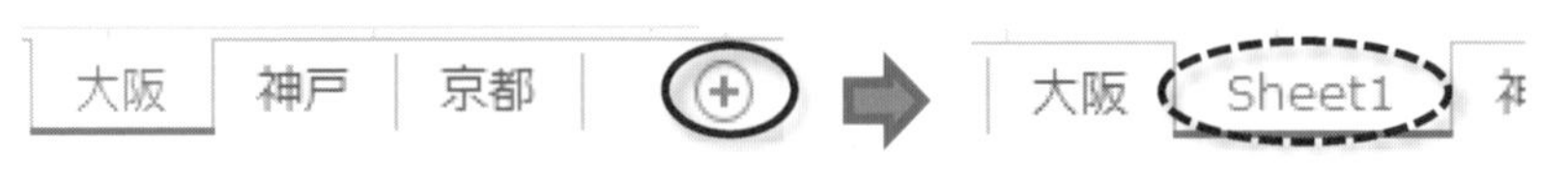

図 9-9　シートの挿入

シート名を「まとめ」に変更しましょう。

② 挿入されたシート見出しをダブルクリックします。

③ 「まとめ」と入力し、Enterキーを押します。

シート「まとめ」を先頭に移動しましょう。

④ 「まとめ」のシート見出しを左方向にドラッグし、「大阪」の左に▼が表示されている状態でドロップします。

表のフォーマット（図 9-10）を作成しましょう。

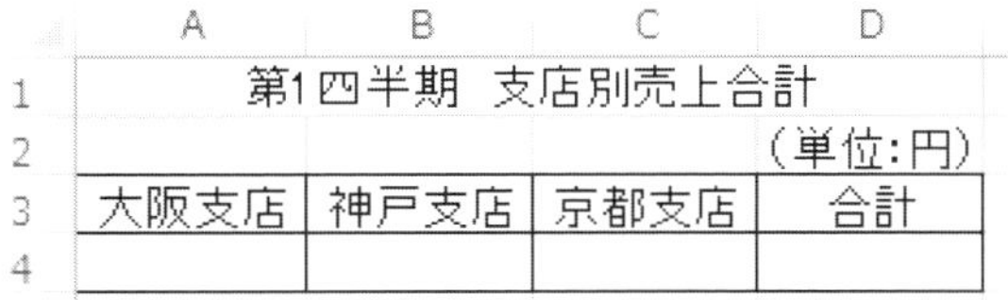

	A	B	C	D
1	第1四半期　支店別売上合計			
2				（単位:円）
3	大阪支店	神戸支店	京都支店	合計
4				

図 9-10

⑤ Ａ１・Ｄ２・Ａ３：Ｄ３に文字を入力します。

⑥ Ａ１：Ｄ１を選択し、［ホーム］タブ →［配置］グループ →［セルを結合して中央揃え］ボタンをクリックします。

⑦ Ａ３：Ｄ３を選択し［ホーム］タブ →［配置］グループ →［中央揃え］ボタンをクリックします。

⑧ Ｄ２を選択し、［ホーム］タブ →［配置］グループ →［右揃え］ボタンをクリックします。

⑨ Ａ３：Ｄ４を選択し、［ホーム］タブ →［フォント］グループ →［下罫線］ボタンの▼をクリックし、［格子］を選択します。

⑩ Ａ３：Ｄ３とＡ１を選択し、［ホーム］タブ →［フォント］グループ →［塗りつぶしの色］の▼をクリックし、任意の色を選択します。

セルＡ４に、シート「大阪」のＥ９を参照した数式を入力しましょう。

⑪ セルＡ４を選択します。

⑫ キーボードから「＝」を入力します。

⑬ シート「大阪」のシート見出しをクリックします。シート「大阪」に切り替わり、数式バーに「＝大阪！」と表示されます（図 9-11）。

⑭ Ｅ９をクリックします。
　数式バーに「＝大阪！Ｅ９」と表示されます（図 9-12）。

図 9-11

図 9-12

⑮ Enterキーを押します。
　数式が確定し、シート「まとめ」が表示されます。

【設問 4】 同様に、シート「まとめ」のセルＢ４に、シート「神戸」のセルＥ９を参照する数式を入力しなさい。

【設問 5】 同様に、シート「まとめ」のセル C 4 に、シート「京都」のセル E 9 を参照する数式を入力しなさい。

【設問 6】 シート「まとめ」のセル D 4 に、SUM 関数を使用して合計を表示しなさい。

【設問 7】 完成図のような 3-D 円グラフを作成しなさい。

外部参照

他ブックのセルを参照することを「外部参照」といいます。記述形式は以下のとおりです。

'パス¥[ブック名.xlsx]シート名'!セル参照	【使用例】'C:¥[Book1.xlsx]Sheet1'!A1

※参照先ブックを開いている場合パスは必要ありません。

※半角英数字のみの場合「'」は必要ありません。参照先ブックを閉じている場合はパスに「¥」があるため「'」が必要となります。

リンク貼り付け

コピー&貼り付けを利用して、セルを参照する数式を入力することができます。リンク先のセルをコピーし、貼り付けの際に以下のコマンドを使用します。

［ホーム］タブ → ［クリップボード］グループ → ［貼り付け］ボタン（下部） → ［リンク貼り付け］

9.4 シート間の集計（3-D 集計）

図 9-13 のように、複数のシートの同じ位置に作成された表の集計は「**3-D 集計**」と呼ばれています。同じ位置のセルを集計する場合は、ワークシート名を使用して範囲を指定することができます。3-D 集計は以下の記述形式に従って記述します。

3-D 集計の数式

=SUM(左端シート名：右端シート名！セル参照) 【使用例】=SUM(大阪：京都！B 4)

シート「大阪」から「京都」のセル B 4 を合計する

(「大阪」「神戸」「京都」のセル B 4 を合計する)

大阪	神戸	京都	合計

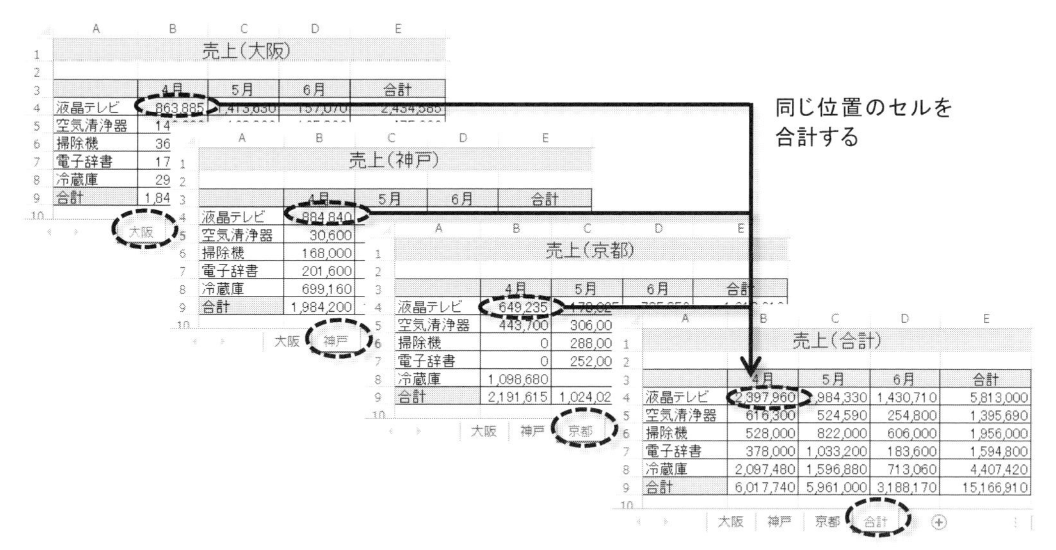

図 9-13　3-D 集計のイメージ

3-D 集計の数式入力手順は、通常の SUM 関数と変わりません。［オート SUM］ボタンを使用した SUM 関数の入力手順（①数式を入力するセルを選択　②［オート SUM］ボタンをクリック　③合計範囲を選択　④ Enter キー）をイメージしながら操作をすると理解しやすいでしょう。

例題 4　3-D 集計　　　　　　　【使用ファイル：Excel 09. xlsx、使用シート：合計（新規）】

シート「大阪」「神戸」「京都」の売上をシート「合計」に 3-D 集計しなさい。シート「合計」は、シート「大阪」をコピーして作成し、シート「京都」の右側に配置すること。

売上(合計)

(単位:円)

	4月	5月	6月	合計
液晶テレビ	2,397,960	1,984,330	1,430,710	5,813,000
空気清浄器	616,300	524,590	254,800	1,395,690
掃除機	528,000	822,000	606,000	1,956,000
電子辞書	378,000	1,033,200	183,600	1,594,800
冷蔵庫	2,097,480	1,596,880	713,060	4,407,420
合計	6,017,740	5,961,000	3,188,170	15,166,910

図 9-14　例題 3　完成見本

シート「大阪」をコピーしましょう。

① Ctrl キーを押しながら「大阪」のシート見出しを右方向へドラッグします。

② **図 9-15** のように、シート「京都」の右に▼が表示されたことを確認して、ドロップします。

図 9-15　ワークシートのコピー

シート名を「合計」に変更しましょう。

③　「大阪(2)」のシート見出しをダブルクリックします。

④　「合計」と入力し、Enter キーを押します。

集計用にシート「合計」を編集しましょう(**図9-16**)。

⑤　セルA1をダブルクリックします。

⑥　「売上(大阪)」を「売上(合計)」に修正し、Enter キーを押します。

⑦　セル範囲B4：D8を選択し、Delete キーを押します。

	A	B	C	D	E
1	売上(合計)				
2					(単位:円)
3		4月	5月	6月	合計
4	液晶テレビ				0
5	空気清浄器				0
6	掃除機				0
7	電子辞書				0
8	冷蔵庫				0
9	合計	0	0	0	0

まとめ　大阪　神戸　京都　合計

図9-16

シート「合計」セルB4に、シート「大阪」「神戸」「京都」のセルB4を合計するSUM関数を入力しましょう。

⑧　セルB4を選択します。

⑨　[ホーム]タブ → [編集]グループ → [オートSUM]ボタンをクリックします。
セル内にSUM関数が入力され、引数の( )内にカーソルが点滅します(**図9-17**)。

⑩　「大阪」のシート見出しをクリックします。

⑪　シート「大阪」に切り替わります。
セルB4をクリックします(**図9-18**)。

※数式バーで入力された式を確認しながら操作しましょう。

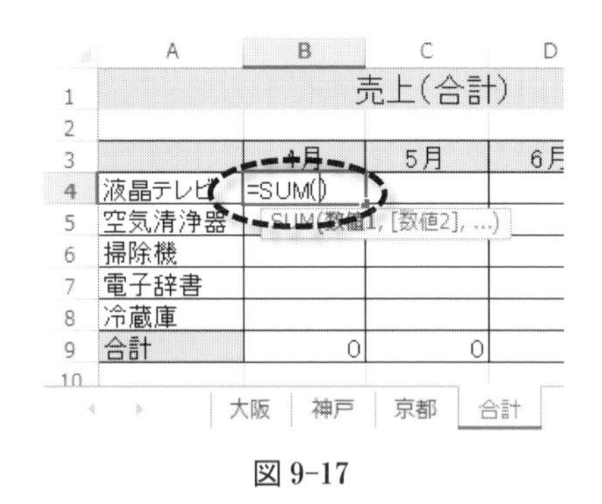

図9-17

図9-18

⑫　Shift キーを押しながら「京都」のシート見出しをクリックします(**図9-19**)。

⑬　Enter キーを押して確定します。
数式が確定し、シート「合計」が表示されます(**図9-20**)。

SUM　=SUM('大阪:京都'!B4)

	A	B	C	D	E
1	売上(大阪)				
2					
3		4月	5月	6月	合計
4	液晶テレビ	863,885	1,413,630	157,070	2,434
5	空気清浄器	SUM(数値1, [数値2], ...)		165,300	475
6	掃除機	360,000	270,000	247,200	877
7	電子辞書	176,400	277,200	133,200	586
8	冷蔵庫	299,640	1,098,680	699,160	2,097
9	合計	1,841,925	3,227,810	1,401,930	6,471

大阪　神戸　京都　合計

図 9-19

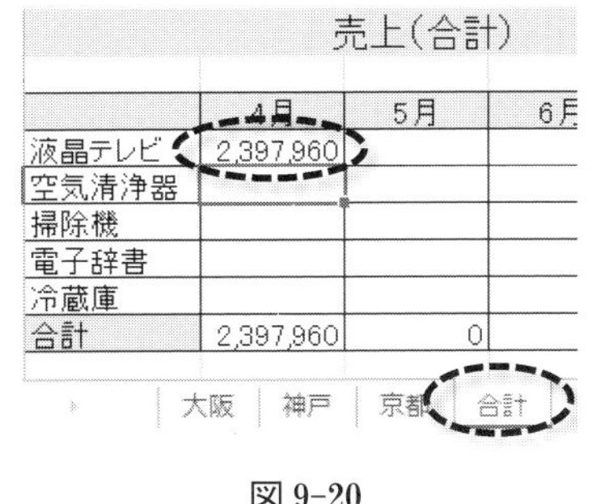
売上(合計)

	4月	5月	6月
液晶テレビ	2,397,960		
空気清浄器			
掃除機			
電子辞書			
冷蔵庫			
合計	2,397,960	0	

大阪　神戸　京都　合計

図 9-20

オートフィル機能を使用して数式をコピーしましょう。

⑭　シート「合計」セルＢ４を選択します。

⑮　フィルハンドルにマウスポインタを合わせ、＋ になったらＢ８までドラッグします。

⑯　Ｂ４：Ｂ８が選択された状態でフィルハンドルにマウスポインタを合わせ、Ｄ列までドラッグします。

コーヒーブレイク

表のフォーマットが異なる場合は「統合」を使用します。「統合」を使用すると、項目の数や順序が異なる表でも、自動的に同じ項目を集計した表が作成されます。

①　統合後の表の挿入位置をアクティブセルにします。

②　［データ］タブ → ［データツール］グループ → ［統合］をクリックします。

図 9-21

③　［統合の設定］ダイアログボックス（**図 9-21**）が表示されます。［統合元範囲］欄にカーソルを表示させ、統合したい表全体を選択します。

④　［統合元範囲］欄の表範囲を確認し、［追加］ボタンをクリックします。

⑤　③④を繰り返し、統合元をすべて追加します。

⑥　［統合の基準］内［上端行］と［左端列］チェックボックスをオンにし、［OK］ボタンをクリックします。

9.5　演習課題

演習 1　【使用ファイル：Excel 09. xlsx、使用シート：演習 1-1・演習 1-2】

次の設問に従って、完成見本のような集計表を作成しなさい。

【設問 1】　シート「演習 1-1」「演習 1-2」をグループ化し、表中黄色のセル内に数式を作成しなさい。

※塗りつぶしにより着色されたセルは、本書の図では灰色に表示されますが、本文中では使用する Excel シート上の色のとおりに、例えば「黄色のセル」などと表記します。以下同様。

【設問 2】　シート「演習 1-1」「演習 1-2」をグループ化したまま、完成見本のとおりに書式設定しなさい。設定後、グループを解除すること。

【設問 3】「演習 1-1」「演習 1-2」を条件に従って 3-D 集計しなさい。集計するシートは、シート「演習 1-2」をコピーして作成しなさい。

条件 1：シート名「演習 1」

条件 2 ：シート見出しを任意の色に変更

ヒント：表 9-1 の「6. 見出しの色変更」参照

条件 3：セル A1 の文字列「就職内定者数　総計」

条件 4：セル範囲 B4：B9 の人数を削除し、集計値を算出する

A大学就職内定者数

	人数	構成比
県	5	1.2%
府	93	22.2%
府	184	44.0%
県	121	28.9%
県	12	2.9%
山県	3	0.7%
計	418	100.0%

… 演習1-1 演習1-2

B大学就職内定者数

	人数	構成比
滋賀県	13	3.1%
京都府	201	47.9%
大阪府	162	38.6%
兵庫県	36	8.6%
奈良県	7	1.7%
和歌山県	1	0.2%
合計	420	100.0%

… 演習1-1 演習1-2

	A	B	C
1	就職内定者数　総計		
2			
3		人数	構成比
4	滋賀県	18	2.1%
5	京都府	294	35.1%
6	大阪府	346	41.3%
7	兵庫県	157	18.7%
8	奈良県	19	2.3%
9	和歌山県	4	0.5%
10	合計	838	100.0%

演習1-1 演習1-2 演習1

図 9-22　演習 1　完成見本

演習 2　【使用ファイル：Excel 09. xlsx、使用シート：演習 2-1】

次の設問に従って、完成見本のような表を作成しなさい。

【設問 1】　表中黄色のセル内に関数を使用して数式を作成しなさい。

順位：「合計」の高い順に順位をつける

繁忙日：「順位」が 3 位以内の場合「●」を表示する

【設問 2】　新しいシートを挿入し、完成見本のような表を作成しなさい。シート名は「演習 2」として見出しに任意の色を設定しなさい。B 列の合計は 3-D 参照を使用した数式とすること。

ヒント：表の単位が百万円となっているため、数式は以下のとおりになります。

シート「演習 2-1」の合計÷1,000,000

	A	B	C	D	E	F	G	H
1	曜日別売上集計							
2						(単位:円)		
3		果物	魚	肉	野菜	合計	順位	繁忙日
4	月	1,534,000	5,711,000	1,908,000	2,247,000	11,400,000	6	
5	火	1,313,000	2,368,000	2,538,000	1,417,000	7,636,000	7	
6	水	722,000	6,015,000	4,611,000	2,147,000	13,495,000	5	
7	木	992,000	9,678,000	2,206,000	2,710,000	15,586,000	4	
8	金	1,072,000	12,191,000	7,596,000	3,286,000	24,145,000	3	●
9	土	694,000	8,147,000	10,822,000	5,837,000	25,500,000	2	●
10	日	3,461,000	24,782,000	5,462,000	8,298,000	42,003,000	1	●
11	合計	9,788,000	68,892,000	35,143,000	25,942,000	139,765,000		
12	平均	1,398,286	9,841,714	5,020,429	3,706,000	19,966,429		

演習2-1　演習2

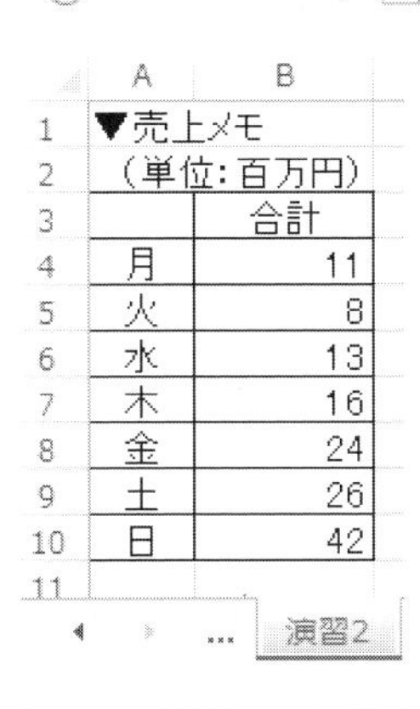

	A	B
1	▼売上メモ	
2	(単位:百万円)	
3		合計
4	月	11
5	火	8
6	水	13
7	木	16
8	金	24
9	土	26
10	日	42

演習2

図 9-23　演習 2　完成見本

＜例題設問解答＞

【設問 1】～【設問 2】　省略

【設問 3】　詳細省略

※シート「大阪」「神戸」「京都」をグループ化したままで操作すること

【設問 4】

① シート「まとめ」の B 4 をクリック　② 「＝」を入力　③ シート「神戸」をクリック

④ シート「神戸」の E 9 をクリック　⑤ Enter キーを押す

【設問 5】　省略

【設問 6】　＝ SUM(A4：C4)

① シート「まとめ」の D4 をクリック

② [ホーム]タブ → [編集]グループ → [オート SUM]ボタン　③ Enter キーを押す

【設問 7】

① シート「まとめ」のセル範囲 A 3：C 4 を選択

② [挿入] タブ → [グラフ] グループ → [3-D 円]　以下省略 (第 6 章参照)

第 10 章 基礎編総合演習

演習 1 【使用ファイル：Excel 10.xlsx、使用シート：演習 1】

オートフィル機能を使用して、完成見本のような表を作成しなさい。

	A	B	C	D	E	F	G	H	I	J	K
1	卒業年早見表										
2											
3	2020年度	生年月日						卒業年			
4	年齢	4/2～12/31			1/1～4/1			中学校		高校	
5		西暦	和暦	干支	西暦	和暦	干支	西暦	和暦	西暦	和暦
6	23	1996	平成08	子	1997	平成09	丑	2012	平成24	2015	平成27
7	22	1997	平成09	丑	1998	平成10	寅	2013	平成25	2016	平成28
8	21	1998	平成10	寅	1999	平成11	卯	2014	平成26	2017	平成29
9	20	1999	平成11	卯	2000	平成12	辰	2015	平成27	2018	平成30
10	19	2000	平成12	辰	2001	平成13	巳	2016	平成28	2019	平成31
11	18	2001	平成13	巳	2002	平成14	午	2017	平成29	2020	令和02
12	17	2002	平成14	午	2003	平成15	未	2018	平成30		
13	16	2003	平成15	未	2004	平成16	申	2019	平成31		
14	15	2004	平成16	申	2005	平成17	酉	2020	令和02		
15	14	2005	平成17	酉	2006	平成18	戌				

図 10-1　演習 1　完成見本

演習 2 【使用ファイル：Excel 10.xlsx、使用シート：演習 2】

完成見本のような表を作成しなさい。セル範囲 A 7：G 7 には、6 行目に記載されている数式を入力しなさい。なお、「A」はセル B 3、「B」はセル B 4 を参照すること。

	A	B	C	D	E	F	G
1	数式の練習						
2							
3	Aの値	3					
4	Bの値	2					
5							
6	A+B	A-B	A×B	A÷B	AのB乗	A+B×B	(A+B)×B
7	5	1	6	1.5	9	7	10

図 10-2　演習 2　完成見本

演習 3 【使用ファイル：Excel 10.xlsx、使用シート：演習 3】

完成見本のような表を作成しなさい。セルＥ9・セル範囲Ｆ4：Ｊ9には、適切な数式を入力すること。

	A	B	C	D	E	F	G	H	I	J
1	7月度　売上表									
2										
3	商品コード	商品名	単価	原価	数量	売上金額	売上原価	粗利益	原価率	粗利益率
4	101	シュークリーム	250	100	353	88,250	35,300	52,950	40.0%	60.0%
5	102	いちごショート	350	200	512	179,200	102,400	76,800	57.1%	42.9%
6	103	モンブラン	450	250	426	191,700	106,500	85,200	55.6%	44.4%
7	104	ロールケーキ	260	100	255	66,300	25,500	40,800	38.5%	61.5%
8	105	シブースト	400	200	168	67,200	33,600	33,600	50.0%	50.0%
9	合　計				1714	592,650	303,300	289,350	51.2%	48.8%

図 10-3　演習 3　完成見本

演習 4 【使用ファイル：Excel 10.xlsx、使用シート：演習 4】

完成見本のような表を作成しなさい。セル範囲Ｂ10：Ｅ11・Ｆ4：Ｇ11には、適切な数式を入力すること。

	A	B	C	D	E	F	G
1	ステーショナリー部門　売上集計						
2							（単位：円）
3		クリップ	ノート類	手帳	筆記用具	合計	平均
4	京都店	34,620	25,080	53,600	29,935	143,235	35,809
5	神戸店	12,120	12,120	44,800	18,987	88,027	22,007
6	大阪店	78,020	51,420	52,100	77,780	259,320	64,830
7	奈良店	31,320	23,080	22,300	6,735	83,435	20,859
8	名古屋店	25,680	15,930	42,700	21,403	105,713	26,428
9	和歌山店	4,610	2,200	1,200	25,870	33,880	8,470
10	合計	186,370	129,830	216,700	180,710	713,610	178,403
11	平均	31,062	21,638	36,117	30,118	118,935	29,734

図 10-4　演習 4　完成見本

演習 5 【使用ファイル：Excel 10.xlsx、使用シート：演習 5】

完成見本のような表を作成しなさい。表中黄色のセルには数式を入力すること。

※塗りつぶしにより着色されたセルは、本書の図では灰色に表示されますが、本文中では使用するExcelシート上の色のとおりに、例えば「黄色のセル」などと表記します。以下同様。

商品数：Ａ列「商品名」のデータ数

販売価格：「単価×（1－値引率）」の計算結果を小数第2位未満四捨五入で算出

	A	B	C	D	E	F
1	▼輸入品売上表				商品数	3
2						
3	商品名	単価	値引率	販売価格	数量	売上金額
4	万能たわし	$10.36	16%	$8.70	48,578	$422,628.60
5	セラミックナイフ	$21.52	12%	$18.94	56,845	$1,076,644.30
6	Dシャープナー	$15.21	9%	$13.84	15,402	$213,163.68
7	合計				120,825	$1,712,436.58

図 10-5　演習 5　完成見本

演習6　【使用ファイル：Excel 10.xlsx、使用シート：演習6】

完成見本のような表を作成しなさい。表中黄色のセルには数式を入力すること。

消費税：「売上金額×消費税率」の計算結果を整数未満切り捨てで算出

　　　　消費税率はセルG2を参照した数式とすること

	A	B	C	D	E	F	G
1				売上メモ			
2						消費税率	8%
3							
4	売上日	商品名	単価	数量	売上金額	消費税	支払合計
5	2015/4/3	ケーキ	320	25	¥8,000	¥640	¥8,640
6	2015/4/4	ジュース	100	10	¥1,000	¥80	¥1,080
7	2015/4/5	ジュース	100	7	¥700	¥56	¥756
8	合計			42	¥9,700	¥776	¥10,476

図10-6　演習6　完成見本

演習7　【使用ファイル：Excel 10.xlsx、使用シート：演習7】

完成見本のような表を作成しなさい。表中黄色のセルには数式を入力すること。

通勤時間の負担順：通勤時間の長い順に順位を表示する

最長時間（分）：通勤時間のうち最大値を表示する

最短時間（分）：通勤時間のうち最小値を表示する

	A	B	C	D	E	F	G
1	▼通勤時間管理表						
2							
3	社員ID	氏名	通勤時間（分）	通勤時間の負担順		最長時間（分）	最短時間（分）
4	1001	横田　〇子	60	6		140	40
5	1002	河〇　和也	140	1			
6	1003	半井　一〇	60	6			
7	1004	鈴川　〇男	60	6			
8	1005	木村　和〇	40	14			
9	1006	林　〇男	70	5			
10	1007	町村　〇津美	60	6			
11	1008	立花　美〇	120	2			
12	1009	原〇　拓	50	11			
13	1010	西〇　ゆり	40	14			
14	1011	中野　嘉〇	60	6			
15	1012	玉置　〇菜	50	11			
16	1013	安住　恵〇	120	2			
17	1014	岡本　〇志	100	4			
18	1015	大谷　英〇	50	11			

図10-7　演習7　完成見本

演習 8　　　　　　　　　　【使用ファイル：Excel 10.xlsx、使用シート：演習 8】

完成見本のような表とグラフを作成しなさい。表中黄色のセルには数式を入力すること。

	A	B	C	D	E	F	G	H
1	野菜の作付面積（西日本）							
2							単位：ha	
3		キャベツ	きゅうり	だいこん	トマト	なす	合計	地方構成比
4	沖縄	251	60	59	47	20	437	1.3%
5	近畿	2,064	735	1,336	837	925	5,897	18.1%
6	九州	4,791	1,958	6,668	2,168	1,224	16,809	51.5%
7	四国	796	686	1,210	445	799	3,936	12.1%
8	中国	1,400	704	2,022	680	758	5,564	17.0%
9	合計	9,302	4,143	11,295	4,177	3,726	32,643	100.0%
10	品目構成比	28.5%	12.7%	34.6%	12.8%	11.4%	100.0%	

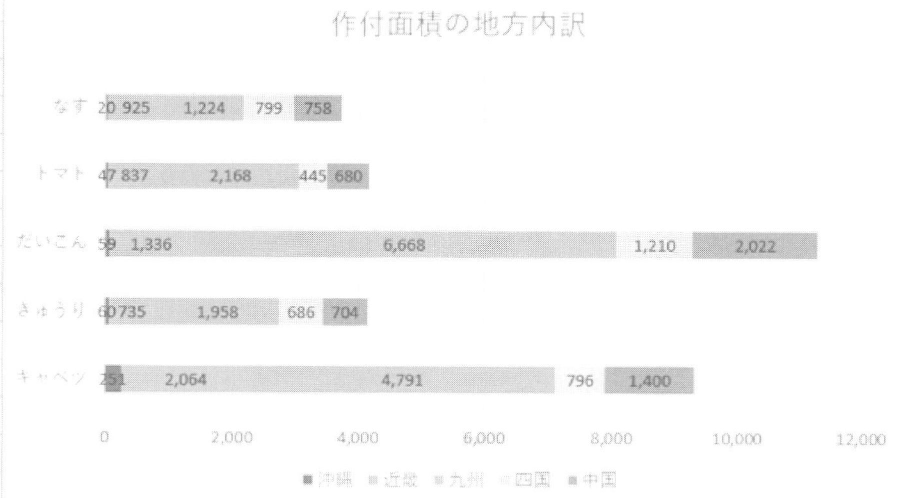

11 12 13 14 15 16 17 18 19 20 21 22 23 24 25 26 27 28 29 30 31 32 33 34 35 36 37

作付面積の地方内訳

なす 20 925 1,224 799 758
トマト 47 837 2,168 445 680
だいこん 59 1,336 6,668 1,210 2,022
きゅうり 60 735 1,958 686 704
キャベツ 251 2,064 4,791 796 1,400
0 2,000 4,000 6,000 8,000 10,000 12,000
■沖縄 ■近畿 ■九州 ■四国 ■中国

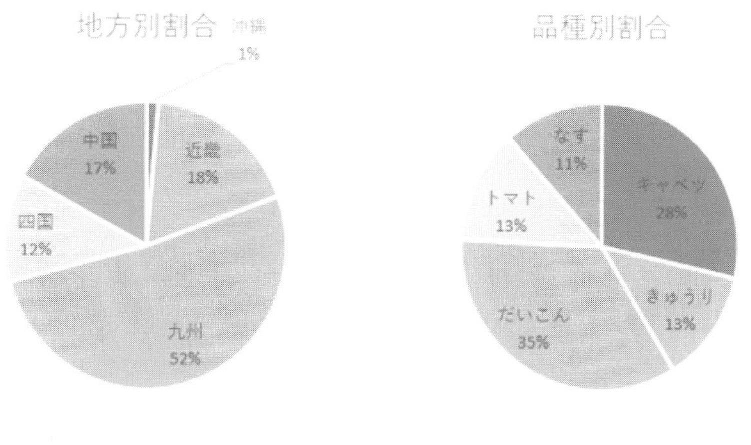

地方別割合
沖縄 1%
近畿 18%
九州 52%
四国 12%
中国 17%

品種別割合
キャベツ 28%
きゅうり 13%
だいこん 35%
トマト 13%
なす 11%

図 10-8　演習 8　完成見本

演習9　【使用ファイル：Excel 10.xlsx、使用シート：演習9】

完成見本を参考に、設問のとおり表を並べ替えなさい。

【設問1】「社員ID」の昇順

【設問2】「都道府県」の昇順にし、同じ都道府県内で通勤時間の長い順

	A	B	C	D	E	F
1	社員名簿					
2						
3	社員ID	氏名	郵便番号	都道府県	通勤時間	年齢
4	1007	町村　〇津美	5990235	大阪府	60	31
5	1009	原〇　拓	5940023	大阪府	50	36
6	1010	西〇　ゆり	5690822	大阪府	40	31
7	1006	林　〇男	6148221	京都府	70	23
8	1001	横田　〇子	6270141	京都府	60	39
9	1004	鈴川　〇男	6040904	京都府	60	24
10	1011	中野　嘉〇	6028299	京都府	60	34
11	1012	玉置　〇菜	6008346	京都府	50	29
12	1015	大谷　英〇	6158007	京都府	50	23
13	1002	河〇　和也	6696546	兵庫県	140	30
14	1008	立花　美〇	6680023	兵庫県	120	26
15	1013	安住　恵〇	6696342	兵庫県	120	36
16	1014	岡本　〇志	6780082	兵庫県	100	27
17	1003	半井　一〇	6650047	兵庫県	60	41
18	1005	木村　和〇	6510058	兵庫県	40	29

図10-9　演習9　完成見本

演習10　【使用ファイル：Excel 10.xlsx、使用シート：演習10-1・演習10-2】

演習10-1シートの表をフィルターモードに設定し、設問1～3の条件で抽出しなさい。抽出したデータをコピーし、演習10-2シートの解答欄に貼り付けなさい。設問3解答後は条件をクリアしないこと。

【設問1】商品名：A4ノート　かつ　店舗：奈良店　（4件）

【設問2】種別：ノート類　かつ　メーカー：A社かB社　かつ　売上金額：500円以上
かつ　店舗：名古屋店　（7件）

【設問3】売上日：2013/10/1以降　かつ　商品コード：BかPを含む
かつ　売上金額：平均より上　（109件）

【設問4】シート「演習10-2」を次の条件で印刷設定しなさい。

条件1：すべての列を1ページにおさめる

条件2：2行目を印刷タイトルに設定する

条件3：フッターにX／Y形式のページ番号を表示する

54	516	2013/10/18	FB-1	手帳	デスク手帳	K社	1100	500	1	1,100	名古屋店	中野　嘉和
55	520	2013/10/18	FB-1	手帳	デスク手帳	K社	1100	500	2	2,200	名古屋店	中野　嘉和
56	522	2013/10/18	MP-8	ノート類	ラベル用紙	C社	300	150	3	900	名古屋店	木村　和弘

1/3

ヘッダーの追加

	売上NO	売上日	商品コード	種別	商品名	メーカー	単価	仕入値	数量	売上金額	店舗	担当者
57	538	2013/10/20	IB-1	クリップ	ダブルクリップ	D社	400	240	4	1,600	京都店	鈴川　孝男
58	546	2013/10/21	BB-2	筆記用具	万年筆	B社	500	200	3	1,500	京都店	木村　和弘

図10-10　シート「演習10-2」【設問4】参考図

演習 11　【使用ファイル：Excel 10.xlsx、使用シート：演習 11】

完成見本のような表を作成しなさい。表中黄色のセルには関数を入力すること。

順位：合計の高い順に順位を表示する

合否：合計が 240 点以上なら「合格」それ以外は「不合格」を表示する

再試：期末試験が「未受験」の場合「※」を表示する

学生数：B 列「氏名」欄のデータ数を表示する

成績評価表

学生番号	氏名	小テスト1	小テスト2	期末試験	合計	平均	順位	合否	再試
1001	岡本　〇志	61	88	89	238	79.3	4	不合格	
1002	大谷　〇二	86	76	92	254	84.7	3	合格	
1003	立花　美〇	未受験	54	88	142	71.0	6	不合格	
1004	木村　和〇	84	80	91	255	85.0	2	合格	
1005	河上　〇也	81	74	未受験	155	77.5	5	不合格	※
1006	王置　明〇	81	100	99	280	93.3	1	合格	
1007	鈴川　〇男	47	26	66	139	46.3	7	不合格	
受験者人数		6	7	6					
学生数	7								

図 10-11　演習 11　完成見本

演習 12　【使用ファイル：Excel 10.xlsx、使用シート：演習 12-1～12-3】

次の設問に従って完成見本のような表を作成しなさい。表中黄色のセルには関数を入力すること。

【設問 1】　シート「演習 12-1」～「演習 12-3」をグループ化し、完成見本(**図 10-12**) のとおり書式設定と関数の入力をしなさい。

【設問 2】　シート「演習 12-3」をコピーし、シート名を「演習 12-集計」に変更しなさい。

【設問 3】　シート「演習 12-集計」のセル範囲 B 4：E 8 のデータを削除し、表題を「売上集計」に変更しなさい。

【設問 4】　シート「演習 12-集計」のセル範囲 B 4：E 8 に、シート「演習 12-1」～「演習 12-3」を 3-D 集計しなさい。

【設問 5】　シート「演習 12-集計」のセル範囲 H 6：I 9 に、完成見本 (**図 10-13**) のような表を作成しなさい。数値はシート「演習 12-1」～「演習 12-3」のセル F 9 を 3-D 参照すること。

売上（4月）

（単位：円）

	果物	魚	肉	野菜	合計
高槻支店	1,201	5,637	1,398	2,483	10,719
守口本店	284	13,732	4,806	7,175	25,997
寝屋川支店	561	9,502	1,692	2,444	14,199
枚方支店	1,137	539	1,138	917	3,731
門真支店	1,472	3,535	1,644	2,777	9,428
合計	4,655	32,945	10,678	15,796	64,074

図 10-12　シート「演習 12-1」　完成見本

	A	B	C	D	E	F	G	H	I
1	売上集計表								
2					（単位：円）				
3		果物	魚	肉	野菜	合計			
4	高槻支店	3,767	16,458	14,228	5,038	39,491			
5	守口本店	2,584	34,824	14,336	17,641	69,385			
6	寝屋川支店	1,990	11,904	7,689	4,807	26,390		総計内訳	
7	枚方支店	3,235	10,222	6,453	2,729	22,639		4月	64,074
8	門真支店	2,527	9,783	7,904	4,972	25,186		5月	52,753
9	合計	14,103	83,191	50,610	35,187	183,091		6月	66,264

図10-13　シート「演習12-集計」 完成見本

演習13　　【使用ファイル：Excel 10.xlsx、使用シート：演習13】

次の設問に従って完成見本のような表を作成しなさい。

【設問1】 次の条件で「残高」欄に関数を入力しなさい。

条件1：残高は、「直前の残高＋入金－出金」で算出する

条件2：表中黄色のセルすべてに数式を入力し、「日付」を入力した時点で残高が表示されるようにする

ヒント：IF関数を使用する

【設問2】 19行目に、以下のデータを追加しなさい。

日付：2020/4/10　　項目：交通・通信　　内訳：インターネット　　出金：4,612

【設問3】 次の条件で印刷されるように設定しなさい。

条件1：A4用紙を縦に使用し、用紙の左右中央に印刷する

条件2：すべてのページに1～3行目を印刷する

	A	B	C	D	E	F
1	◇◆家計簿◆◇					4月
2						
3	日付	項目	内訳	入金	出金	残高
4		**前月繰越**				**162,113**
5	2020/4/1	家財・住居	家賃		65,000	97,113
6	2020/4/1	食費	卵・乳製品		98	97,015
7	2020/4/1	医療・衛生	衛生消耗品		95	96,920
8	2020/4/1	交通・通信	携帯		7,800	89,120
9	2020/4/1	食費	嗜好品		75	89,045
10	2020/4/1	仕送り		50,000		139,045
11	2020/4/1	利息		2		139,047
12	2020/4/2	食費	嗜好品		126	138,921
13	2020/4/2	食費	外食		230	138,691
14	2020/4/2	交際	同窓会		3,000	135,691
15	2020/4/2	交通・通信	電車賃		160	135,531
16	2020/4/2	教養・娯楽	コンサート・映画代		4,500	131,031
17	2020/4/4	給与		90,000		221,031
18	2020/4/4	水道・光熱	ガス代		7,854	213,177
19	2020/4/10	交通・通信	インターネット		4,612	208,565
20						
21						

図10-14　演習13　完成見本

演習 14　　【使用ファイル：Excel 10.xlsx、使用シート：演習 14-1～14-2】

次の設問に従って完成見本のような表を作成しなさい。表中黄色のセルには数式を入力すること。

【設問 1】 次の条件でシート「演習 14-1」を作成しなさい。

条件 1：授業は全 15 回とする

条件 2：1 回の出席で 1 点とするが、欠席回数が 5 回以上の場合は 0 点とする

【設問 2】 次の条件でシート「演習 14-2」を作成しなさい。

条件 1：「学生番号」「氏名」「出席点」は、シート「演習 14-1」から適切なセルを 3-D 参照する

条件 2：9 行目には「出席点」「課題」「試験」の満点が入力されている。セル F 9 には満点の合計点を表示すること

条件 3：以下のとおり数式を入力する

100 点換算：「合計÷満点の合計× 100 」の計算結果を整数未満四捨五入で算出

最終得点：「100 点換算」の点数を表示するが、「出席点」が 0 点の場合は 0 点

順位：「最終得点」の順位

合否：「最終得点」が 60 点未満の場合「不可」を表示する

皆勤：「出席点」が 15 点の場合「◎」を表示する

	A	B	C	D	E	F	G	H	I	J	K	L	M	N	O	P	Q	R	S
1	▼出席点																		
2	学生番号	氏名	1回	2回	3回	4回	5回	6回	7回	8回	9回	10回	11回	12回	13回	14回	15回	欠席回数	出席点
3	1001	岡本　○志																0	15
4	1002	大谷　○二				欠												1	14
5	1003	立花　美○																0	15
6	1004	木村　和○								欠								1	14
7	1005	河上　○也	欠	欠				欠		欠			欠	欠				6	0

図 10-15　シート「演習 14-1」 完成見本

	A	B	C	D	E	F	G	H	I	J	K
1	▼総合成績										
2	学生番号	氏名	出席点	課題	試験	合計	100点換算	最終得点	順位	合否	皆勤
3	1001	岡本　○志	15	15.0	98	128.0	98	98	1		◎
4	1002	大谷　○二	14	14.5	49	77.5	60	60	3		
5	1003	立花　美○	15	13.8	67	95.8	74	74	2		◎
6	1004	木村　和○	14	14.0	32	60.0	46	46	4	不可	
7	1005	河上　○也	0	4.3	75	79.3	61	0	5	不可	
8											
9		満点	15	15	100	130					

図 10-16　シート「演習 14-2」 完成見本

演習 15　　【使用ファイル：Excel 10.xlsx、使用シート：演習 15】

完成見本のような表とグラフを作成しなさい。表中黄色のセルには数式を入力すること。

累計：毎月の料金を順に加算する

予算残額：セル C17 に入力された「年間予算」と「累計」との差額。セル C17 を参照した数式とすること

月度予算判定：毎月の「料金」が「年間予算÷ 12 」を上回った場合は「要節約！」、「年間予算÷12」以下の場合は「予算内」と表示する

警告：「予算残額」が「年間予算」の 15 %以下となった場合「残額チェック」を表示する

ヒント：グラフの書式は、［デザイン］タブ → ［グラフスタイル］グループから選択する

	A	B	C	D	E	F
1	2019年　携帯料金					
2						
3	月度	料金	累計	予算残額	月度 予算判定	警告
4	1月	7,889	7,889	72,111	要節約！	
5	2月	5,578	13,467	66,533	予算内	
6	3月	6,367	19,834	60,166	予算内	
7	4月	8,156	27,990	52,010	要節約！	
8	5月	12,534	40,524	39,476	要節約！	
9	6月	7,733	48,257	31,743	要節約！	
10	7月	5,522	53,779	26,221	予算内	
11	8月	6,311	60,090	19,910	予算内	
12	9月	9,100	69,190	10,810	要節約！	残高チェック
13	10月	4,564	73,754	6,246	予算内	残高チェック
14	11月	4,310	78,064	1,936	予算内	残高チェック
15	12月	4,201	82,265	-2,265	予算内	残高チェック
16						
17		年間予算	80,000			

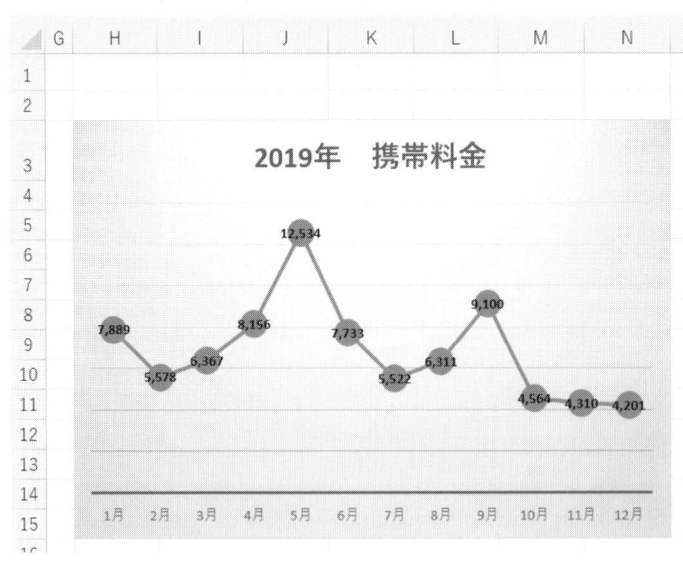

図 10–17　演習 15　完成見本

演習 16

【使用ファイル：Excel 10.xlsx、使用シート：演習 16】

以下の条件に従って完成見本のような表を作成しなさい。表中黄色のセルには数式を入力すること。

条件 1：各表左上のセルに作成した数式を表内すべての黄色セルにコピーすること

条件 2：運賃と指定席特急料金の合計に通常期・閑散期・繁忙期の料金を加算して求める（例　京都の通常期の場合、運賃 560 円・指定席特急料金 2,460 円・通常期 0 円の合計＝3,020 円）

条件 3：こども料金はおとな料金の半額、10 円未満の端数を切り捨てて算出

	A	B	C	D	E	F	G
1	新大阪からの「のぞみ」料金						
2							
3	おとな	行先	京都	名古屋	新横浜	品川	東京
4		運賃	560	3,350	8,420	8,750	8,750
5		指定席特急料金	2,460	3,210	5,700	5,700	5,700
6	通常期	0	3,020	6,560	14,120	14,450	14,450
7	閑散期	-200	2,820	6,360	13,920	14,250	14,250
8	繁忙期	200	3,220	6,760	14,320	14,650	14,650
9							
10	こども	行先	京都	名古屋	新横浜	品川	東京
11		運賃	560	3,350	8,420	8,750	8,750
12		指定席特急料金	2,460	3,210	5,700	5,700	5,700
13	通常期	0	1,510	3,280	7,060	7,220	7,220
14	閑散期	-200	1,410	3,180	6,960	7,120	7,120
15	繁忙期	200	1,610	3,380	7,160	7,320	7,320

図 10-18　演習 16　完成見本

演習 17

【使用ファイル：Excel 10.xlsx、使用シート：演習 17】

以下の設問に従って完成見本のような表とグラフを作成しなさい。表中黄色のセルには数式を入力すること。

【設問 1】 セル範囲 A 3：G 17 のデータベースをフィルターモードにし、20 歳代のデータのみを抽出しなさい。

【設問 2】 設問 1 の抽出結果をセル A 21 に貼り付け、表とグラフを完成させなさい。なお、職別 CD「1」は学生、「2」はその他とする。

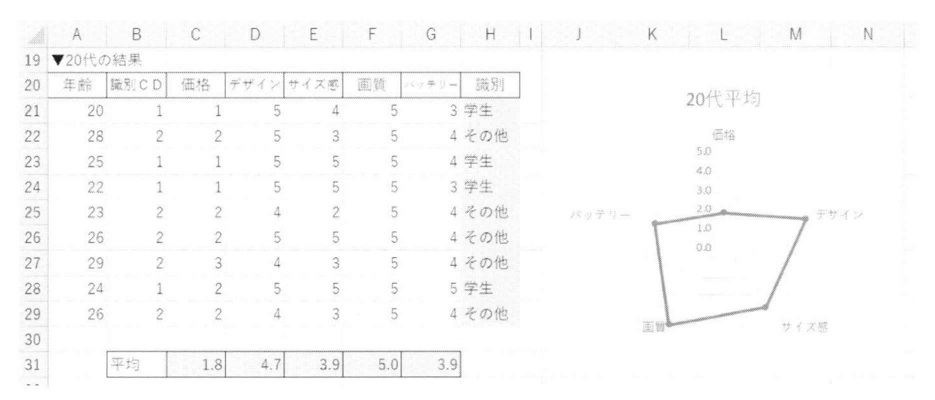

	A	B	C	D	E	F	G	H
19	▼20代の結果							
20	年齢	職別ＣＤ	価格	デザイン	サイズ感	画質	バッテリー	職別
21	20	1	1	5	4	5	3	学生
22	28	2	2	5	3	5	4	その他
23	25	1	1	5	5	5	4	学生
24	22	1	1	5	5	5	3	学生
25	23	2	2	4	2	5	4	その他
26	26	2	2	5	5	5	4	その他
27	29	2	3	4	3	5	4	その他
28	24	1	2	5	5	5	5	学生
29	26	2	2	4	3	5	4	その他
30								
31		平均	1.8	4.7	3.9	5.0	3.9	

図 10-19　演習 17　完成見本

応用編

Excel の多彩な機能を使って、より複雑な表作成や集計、多様なグラフ作成、高度な判断や検索処理等の応用技術について学びましょう。

第 11 章　日付・時刻に関する処理

社会はスケジュールに従い動いています。よって、日時のデータを扱う情報処理の事例は数多くあります。ここでは、日付と時刻のデータの扱い、日付・時刻の計算方法等について学びましょう。

11.1　日付・時刻データの入力及び表示形式

まず、日付・時刻データを入力し、その表示形式を観察してみましょう。

例題 1　日付・時刻データの入力及び書式設定

【使用ファイル：Excel 11.xlsx、使用シート：例題 1】

	A	B	C	D	E
1	例題1： 日付・時刻データの入力及び書式設定				
2	設問1	表示形式	日付データ	表示形式	時刻データ
3		西暦y/m/d	2014/3/21	h:m:s	12:34:56
4		西暦y年m月d日	2014年3月21日	h時m分s秒	12時34分56秒
5		和暦y年m月d日	平成26年3月21日	h:m	12:34
6					
7	設問2	現在の日付	現在の時刻		
8		西暦y年m月d日	h時m分s秒		

図 11-1　例題 1　完成見本

【設問 1】　セル C3 に日付データ「2014/3/21」を、セル E3 に時刻データ「12:34:56」を入力しなさい。

※なお、各設問の解答は章末にあります。

セルへ日付定数を入力するには、西暦で「年/月/日」とスラッシュで区切って入力します。また、時刻定数を入力するには、「時:分:秒」とコロンで区切って入力します。

ある特定の日の日付と時刻のデータは、「年/月/日　時:分:秒」の形式で入力します。

【設問 2】　この例題 1 シートのセル C4、C5 には、あらかじめセル C3 の値が表示されるよう設定されています。セル E4、E5 も同様です。これらのセルの日付表示形式を完成見本のとおり変更しなさい。

それでは次の手順に従い、日付表示形式を変更してみましょう。

① セルＣ4を選択します。

② ［ホーム］タブ → ［数値］グループ → ［ダイアログボックス起動ツール］ボタン（**図 11-2**）

ファイル
ホーム
挿入
ページレイアウト
数式
データ
校閲
表示
ヘルプ
実行したい作業を入力してください
貼り付け
MS Pゴシック
11
日付
条件付き書式
テーブルとして書式設定
セルのスタイル
クリップボード
スタイル
［ダイアログボックス起動ツール］ボタン

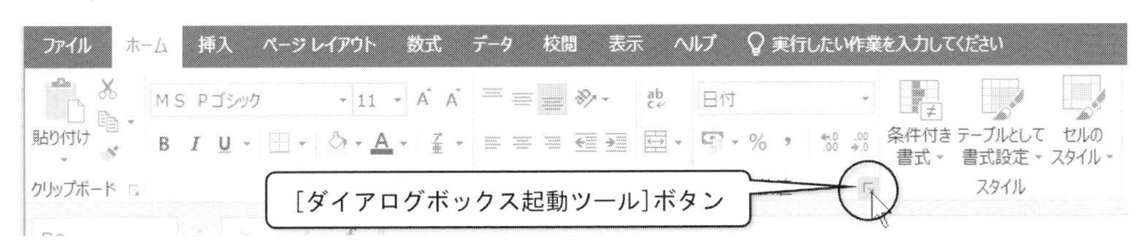

図 11-2

③ ［セルの書式設定］ダイアログボックス → ［表示形式］タブ → ［分類］欄；日付 → ［ロケール（国または地域）］欄；日本語 → ［カレンダーの種類］欄；グレゴリオ暦 → ［種類］欄；2012 年 3 月 14 日（この日付の値は例であり、形式だけを参考にします） → ［OK］ボタン（**図 11-3**）

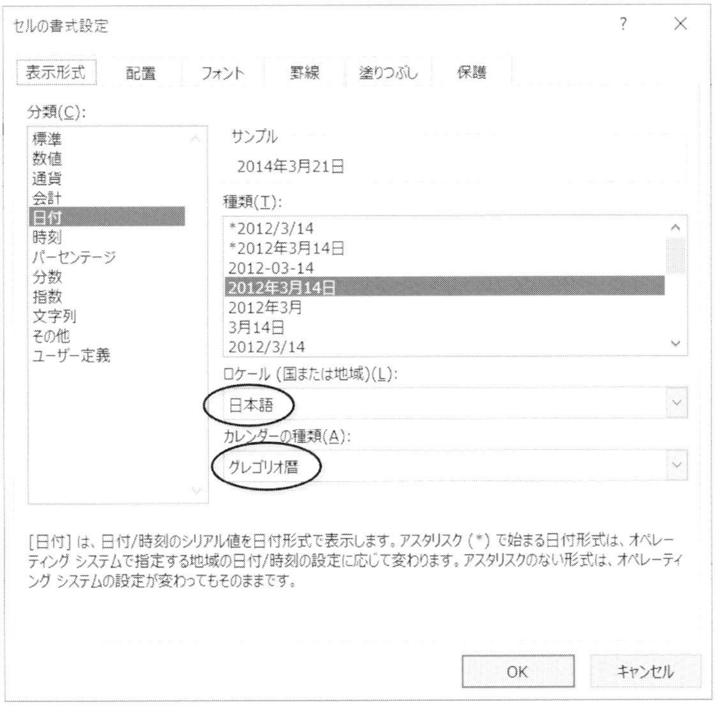

セルの書式設定
表示形式
配置
フォント
罫線
塗りつぶし
保護
分類(C):
標準
数値
通貨
会計
日付
時刻
パーセンテージ
分数
指数
文字列
その他
ユーザー定義
サンプル
2014年3月21日
種類(T):
*2012/3/14
*2012年3月14日
2012-03-14
2012年3月14日
2012年3月
3月14日
2012/3/14
ロケール (国または地域)(L):
日本語
カレンダーの種類(A):
グレゴリオ暦
[日付] は、日付/時刻のシリアル値を日付形式で表示します。アスタリスク (*) で始まる日付形式は、オペレーティング システムで指定する地域の日付/時刻の設定に応じて変わります。アスタリスクのない形式は、オペレーティング システムの設定が変わってもそのままです。
OK
キャンセル

図 11-3

同様に、セルＣ5、Ｅ4及びＥ5の書式設定を完成見本のとおり変更しましょう。

【設問 3】 セルＢ8に現在の日付を、セルＣ8に現在の時刻を入力し、完成見本（**図 11-1**）のとおり表を作成しなさい。

現在の日付と時刻を入力するには、TODAY 関数と NOW 関数を用います。

TODAY ()
- ➢　現在の日付を得る

引数：なし

NOW ()
- ➢　現在の時刻を得る

引数：なし

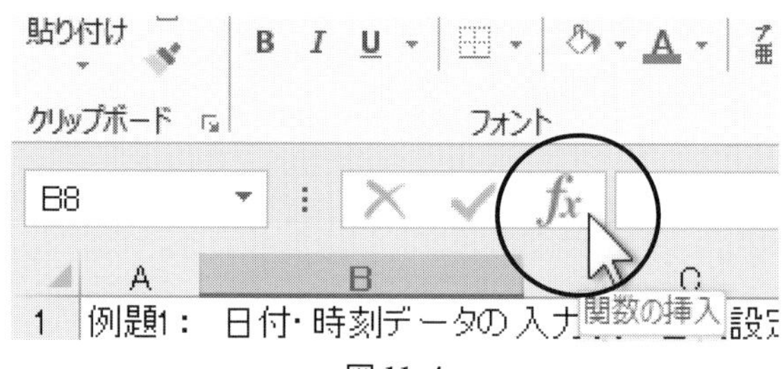

図 11-4

それでは次の手順に従い、TODAY関数を入力してみましょう。

① 日本語入力をOFFにします。

② セルB8を選択します。

③ 数式バーにある［関数の挿入］ボタン（*fx*）（**図 11-4**）

④ ［関数の挿入］ダイアログボックス → ［関数の分類］欄；すべて表示 → ［関数名］欄；[T]キー（TODAY関数の頭文字）→ ［関数名］欄のスクロールバーの▼を数回クリックし、リストから「TODAY」を選択 → ［OK］ボタン（**図 11-5**）

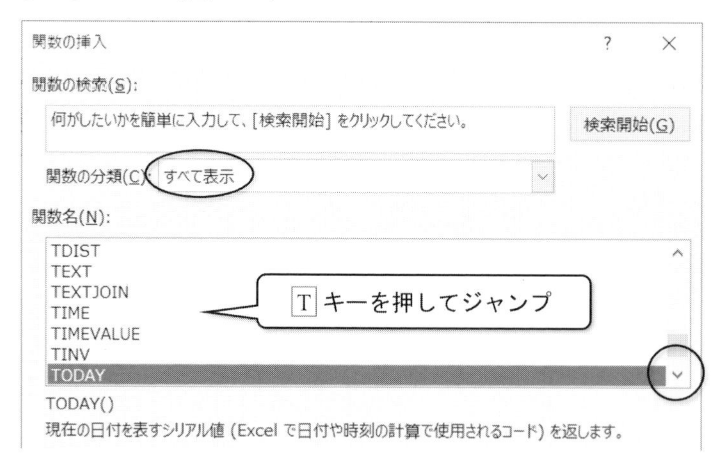

図 11-5

⑤ TODAY関数の［関数の引数］ダイアログボックス →（引数がないので何もせず）→ ［OK］ボタン

⑥ すると、セルB8には「＝TODAY ()」が入力され、現在の日付が表示されます。なお、完成見本（**図 11-1**）では現在の日付を表現できないため「西暦y年m月d日」としています。

※もちろん、数式バーに関数をキーボードで直接入力しても可です。以下同様。

同様に、セルC8にNOW関数を入力してみましょう。

One Point

TODAY あるいは NOW 関数は、関数を入力した時点の日付が固定されるわけではありません。これらの関数を使ったブックを後日改めて開くと、その開いた時点での日付あるいは時刻となります。※正確には Excel が再計算を行った時です。

なお、データ入力時点の日付（定数）を迅速に入力するには Ctrl ＋ ； キーを、時刻は Ctrl ＋ ： キーを押します。

11.2　日付・時刻の演算

次に日付・時刻データを対象とした計算をしてみましょう。

例題 2　日付の演算　　【使用ファイル：Excel 11.xlsx、使用シート：例題 2】

	A	B	C	D	E
1	例題2:　日付の演算				
2	昨日	今日	明日	明後日	7日後
3	2003年2月9日	2003年2月10日	2003年2月11日	2003年2月12日	2003年2月17日
4					

図 11-6　例題 2　完成見本

【設問 1】　セル C 3（明日）を選択し、数式バーに表示された式を解答欄に記入しなさい。

解答欄：＿＿＿＿＿＿＿＿＿＿＿＿＿＿

【設問 2】　設問 1 の結果から推察し、セル D 3（明後日）、E 3（7 日後）、A 3（昨日）に当てはまる適切な式を入力し、完成見本のとおり表を作成しなさい。

式中に時刻の値を用いる場合は、TIME 関数を使うと便利です。その書式を次に示します。

TIME（時，分，秒）

➤ 指定された時刻をシリアル値に変換する

※シリアル値とは、Excel 内部の日付・時刻のデータ表現をいう。

（p. 131「コーヒーブレイク：シリアル値」参照）

時：時を表す整数

分：分を表す整数

秒：秒を表す整数

使用例 1：＝A 1＋TIME(1, 30, 0)

意味：　セル A 1 に記録されている日付・時刻データに 1 時間 30 分を加算します。

使用例2：＝TIME(A 1, B 1, C 1)

意味：セル A 1、B 1 及び C 1 には、それぞれ時、分、秒の値が記録されているものとします。この式が入力されているセルに、A 1 時 B 1 分 C 1 秒を表示します。

TIME 関数の分の値が 59 を超えると、時と分に変換します。例えば、TIME(0, 90, 0) は TIME(1, 30, 0) と等価です。同様に秒の値も 59 を超えると、時と分と秒に変換します。なお、時の値は 23 を超えても繰り上がることはありません。

そして、日付の年、月、日についてもシリアル値に変換する DATE 関数があります。その書式を次に示します。

DATE（年, 月, 日）

➢　指定された日付をシリアル値に変換する

年：年（西暦）を表す整数

月：月を表す整数

日：日を表す整数

使用例：＝DATE(A 1, B 1, C 1)

意味：セル A 1、B 1 及び C 1 には、それぞれ年、月、日の値が記録されているものとします。この式が入力されているセルに、A 1 年 B 1 月 C 1 日を表示します。

例題3　時刻の演算　　　【使用ファイル：Excel 11.xlsx、使用シート：例題 3】

	A	B	C	D	E
1	例題3:　時刻の演算				
2	入場時刻	開演時刻	終演時刻	退場時刻	拘束時間
3	18時00分00秒	19時00分00秒	21時00分00秒	21時30分00秒	3時30分00秒
4					

図 11-7　例題 3　完成見本

【設問 1】　表（図 11-7）にはあるイベントに出演する A さんのスケジュールが記録されています。終演時刻は開演時刻の 2 時間後とします。セル C 3（終演時刻）を選択し、数式バーに表示された式を解答欄に記入しなさい。

解答欄：＿＿＿＿＿＿＿＿＿＿＿＿＿＿

【設問 2】　A さんは開演の 1 時間前に会場へ入場し、終演の 30 分後には退場するものとします。セル A 3（入場時刻）、D 3（退場時刻）に当てはまる適切な式を入力しなさい。

入場時刻は開演時刻－1時間、すなわちB3－TIME(1, 0, 0)で求めることができます。それでは次の手順に従い、入場時刻の式を入力してみましょう。

①　日本語入力をOFFにします。
②　セルA3を選択します。
③　入力するセルに、「＝B3－」と入力し、カーソルが算術演算子マイナス（－）の後にあることを確認します。
④　数式バーにある［関数の挿入］ボタン（*fx*）→［関数の挿入］ダイアログボックス →［関数の分類］欄；すべて表示 →［関数名］欄；Tキー（TIME関数の頭文字）→［関数名］欄のスクロールバーの▼を数回クリックし、リストから「TIME」を選択 →［OK］ボタン
⑤　TIME関数の［関数の引数］ダイアログボックス →［時］欄；1 →［分］欄；0 →［秒］欄；0 →［OK］ボタン
⑥　すると、セルA3には「＝B3－TIME(1, 0, 0)」が入力され、時刻の演算結果「18時00分00秒」が表示されます。

同様に、D3（退場時刻）に当てはまる適切な式を入力しましょう。

【設問3】　退場時刻（セルD3）と入場時刻（セルA3）の差から、Aさんの拘束時間を求めます。セルE3（拘束時間）に当てはまる適切な式を入力しなさい。

コーヒーブレイク

シリアル値

Excelは、日付・時刻のデータを**シリアル値**というExcel内部のデータ表現で記録しています。シリアル値は、1900年1月1日を1とし、この日からの経過日数を表す整数で日付を表します。また、24:00:00を1とし、12:00:00は0.5というように、小数で時刻を表します。例えば、「1900/1/3　12:00:00」の場合、「1900/1/3」は整数3、「12:00:00」は小数0.5となり、このデータのシリアル値は3.5となります。このようにシリアル値の整数部で日付を、その小数部で時刻を記録します。なお、シリアル値は、セルの書式設定を「日付（あるいは時刻）」から「数値」に変更することにより確認することができます。時刻を含む場合は、その書式の［小数点以下の桁数］欄の値を1以上にします。

「年/月/日」、「時:分:秒」あるいは「年/月/日　時:分:秒」という形式で、セルにデータを入力すると、Excelは日付・時刻のデータと認識し、自動的にシリアル値に変換します。ただし、1899/12/31以前の日付はシリアル値には変換されず、文字列として扱われます。そのため、日付・時刻の演算はできません。

11.3　日付・時刻に関する関数

ここでは、日付・時刻に関する主な関数を紹介しましょう。

例題4　日付・時刻に関する関数　　【使用ファイル：Excel 11.xlsx、使用シート：例題4】

	A	B	C	D	E
1	例題4:　日付･時刻に関する関数				
2	会員名簿			2014/4/1	現在
3	氏名	生年月日	生まれ月	生まれ曜日	満年齢
4	青木 ○子	1970/10/12	10	月曜日	43
5	池田 崇○	1975/12/21	12	日曜日	38
6	石○ 良太郎	1991/10/17	10	木曜日	22
7	井上 ○夫	1979/3/14	3	水曜日	35
8	江崎 ○江	1975/1/26	1	日曜日	39
9	太田 ○郎	1991/11/1	11	金曜日	22
10					

図11-8　例題4　完成見本

【設問1】 会員名簿には各会員の生年月日が記録されています。生まれ月は生年月日の月とします。生まれ月を関数により求めなさい。

日付データの月を得るには、MONTH関数を用います。

MONTH（シリアル値）

➢　日付データの月を得る

シリアル値：日付データ

それでは、会員名簿の生まれ月を求めましょう。数式バーにある［関数の挿入］ボタン（*fx*）を使って、セルC4に「＝MONTH(B4)」と入力します。これをC9までオートフィルして、生まれ月の欄は完成です。

日付や時刻の一部を得る関数を、次に紹介します。

- YEAR(シリアル値）……… 日付の年を得る
- MONTH(シリアル値）…… 日付の月　〃
- DAY(シリアル値）………… 日付の日　〃
- HOUR(シリアル値）……… 時刻の時　〃
- MINUTE(シリアル値）…… 時刻の分　〃
- SECOND(シリアル値）…… 時刻の秒　〃

【設問 2】 生まれ曜日は生年月日の曜日です。生まれ曜日を関数により求めなさい。

日付の曜日を求めるには、TEXT 関数が便利です。

TEXT（数値，表示形式）

➢　日付データの曜日を得る（曜日処理の場合）

数値：日付データ（曜日処理の場合）

表示形式：”aaaa”：「月曜日」等、”aaa”：「月」等

”dddd”：「Monday」等、”ddd”：「Mon」等

※この関数は、曜日処理以外にも様々な変換機能がある（Excel ヘルプ参照）

それでは、会員名簿の生まれ曜日を求めましょう。数式バーにある［関数の挿入］ボタン（*fx*）を使って、セル D 4 に「＝TEXT(B 4, ”aaaa”)」と入力します。これを D 9 までオートフィルして、生まれ曜日の欄は完成です。

【設問 3】 満年齢は生年月日と現在の日（セル D 2）との差から求めます。満年齢を関数により求めなさい。

単純な減算では、日付の差を年、月、日に分けて求めることは困難です。このような場合には、DATEDIF 関数が便利です。

DATEDIF（開始日，終了日，単位）

➢　経過した期間を得る

開始日：開始日の日付

終了日：終了日の日付

単位：”Y”：期間内の満年数、”M”：期間内の満月数、”D”：期間内の日数

”YM”：年数表示での端数の月数、”YD”：年数表示での端数の日数

”MD”：月数表示での端数の日数

※なお、この関数は［関数の挿入］ダイアログボックスの［関数名］欄の一覧には表示されないため、直接キーボードで入力する

それでは会員名簿の満年齢を求めましょう。セル E 4 に「＝DATEDIF(B 4, $D$2, ”Y”)」と入力し、これを E 9 までオートフィルします。これで満年齢の欄ができ、見本（**図 11-8**）どおり完成です。

11.4　演習課題

演習1　　【使用ファイル：Excel 11.xlsx、使用シート：演習1】

	A	B	C	D	E	F
1	演習1					
2	レンタル名簿			2014/10/10 現在		
3	氏名	貸出日	貸出 予定期間	返却期日	貸出 残日数	未返却 チェック
4	青木 ○子	2014/10/5	7	2014/10/12	2	
5	池田 崇○	2014/10/2	7	2014/10/9	-1	×
6	石○ 良太郎	2014/9/30	14	2014/10/14	4	
7	井上 ○夫	2014/10/3	7	2014/10/10	0	
8	江崎 ○江	2014/10/1	7	2014/10/8	-2	×
9	太田 ○郎	2014/10/6	7	2014/10/13	3	
10						

図11-9　演習1　完成見本

レンタル名簿には利用者へ貸し出した貸出日と貸出予定期間が記録されています。返却期日は貸出日に貸出予定期間（日数）を加算した値です。貸出残日数は返却期日と現在の日（セルD2）との差から求めます。未返却チェックの欄は、貸出残日数の値が負なら”×”を表示し、そうでなければ何も表示しません。表中黄色のセル内に当てはまる適切な式を入れ、完成見本のとおり表を作成しなさい。

※塗りつぶしにより着色されたセルは、本書の図では灰色に表示されますが、本文中では使用するExcelシート上の色のとおりに、例えば「黄色のセル」などと表記します。以下同様。

ヒント：現在の日（セルD2）は絶対参照で扱います。また、未返却チェックの欄にはIF関数を用います。

演習2　　【使用ファイル：Excel 11.xlsx、使用シート：演習2】

	A	B	C	D	E	F
1	演習2					
2	施設管理データ					
3	会員ID	入室時刻	退室時刻	利用時間	無料時刻	課金時間
4	1001	11:24:54	14:22:05	2:57:11	13:24:54	0:57:11
5	1002	12:30:38	13:15:18	0:44:40	14:30:38	0:00:00
6	1003	12:56:20	15:06:00	2:09:40	14:56:20	0:09:40
7	1004	13:09:12	15:00:14	1:51:02	15:09:12	0:00:00
8	1005	13:57:46	14:40:42	0:42:56	15:57:46	0:00:00
9						

図11-10　演習2　完成見本

施設管理データには、入室時刻と退室時刻が記録されています。この施設の営業時間は10時～20時であり、会員は2時間無料で施設を利用できます。利用時間は退室時刻と入室時刻との差から求めます。無料時刻とは入室時刻から2時間後のことです。課金時間は退室時刻と無料時刻との差から求めます。ただし、退室時刻が無料時刻より小さい場合は 0（0:00:00）とします。表中黄色のセル内に当てはまる適切な式を入れ、完成見本のとおり表を作成しなさい。

ヒント：課金時間の欄には、IF 関数を用い、もし退室時刻が無料時刻より大きいなら退室時刻と無料時刻の差を計算し、そうでなければ 0（0:00:00）とします。

演習 3　　【使用ファイル：Excel 11.xlsx、使用シート：演習 3】

	A	B	C	D	E	F	G
1	演習3						
2	顧客名簿		2010/4/10 現在		在籍期間		
3	顧客名	入会日	サービス月	サービス曜日	年	月	日
4	青木 ○子	2009/4/10	4	Friday	1	0	0
5	池田 崇○	2010/3/10	3	Wednesday	0	1	0
6	石○ 良太郎	2010/4/9	4	Friday	0	0	1
7	井上 ○夫	2007/1/23	1	Tuesday	3	2	18
8							

図 11-11　演習 3　完成見本

顧客名簿には入会日が記録されています。特別なサービスを行うため、サービス月とサービス曜日を設けます。サービス月は入会日の月とし、サービス曜日は入会日の曜日とします。在籍期間は入会日と現在の日（セル C 2）との差を年、月、日に分けて示します。表中黄色のセル内に当てはまる適切な式を入れ、完成見本のとおり表を作成しなさい。

ヒント：サービス月は MONTH 関数、サービス曜日は TEXT 関数、在籍期間の年、月、日は DATEDIF 関数（単位は"Y"、"YM"、"MD"）を用います。

＜例題設問解答＞

例題 1　【設問 1～2】　本文参照

　　　　【設問 3】　セル B 8：　=TODAY()　　セル C 8：　=NOW()

例題 2　【設問 1】　=B 3+1

　　　　【設問 2】　セル D 3（明後日）：　=B 3+2　　セル E 3（7 日後）：　=B 3+7

　　　　　　　　　セル A 3（昨日）：　=B 3−1

例題 3　【設問 1】　=B 3+TIME(2, 0, 0)

　　　　【設問 2】　D 3（退場時刻）：　=C 3+TIME(0, 30, 0)

　　　　【設問 3】　=D 3−A 3

第 12 章　文字列に関する処理

表操作では数値だけでなく、商品コードや住所等の文字列データも数多く扱います。ここでは、文字列の加工等について学びましょう。

12.1　文字列の結合

文字列を結合するには、**文字列演算子 &**（アンパサンド）を用います。

文字列演算子 &

文字列 1　&　文字列 2

➢　2 つの文字列を結合する

文字列：セルや定数等　　※数値が指定された場合は、文字列に変換し処理する

使用例：　＝A 1 & ”様”　※セル A 1 には「石○良太郎」が記録されているものとします。

結合結果：石○良太郎様

それでは、例題を解いて文字列演算子の使い方を習得しましょう。

例題 1　文字列の結合　　　　　【使用ファイル：Excel 12.xlsx、使用シート：例題 1】

各設問にて、データ 1、データ 2 及び文字定数を文字列演算子で適切に結合し、完成見本のとおり結合結果を求めなさい。　　　　※なお、各設問の解答は章末にあります。

	A	B	C	D	E
1	例題1：文字列の結合				
2	設問番号	結合パターン	データ1	データ2	結合結果
3	1	セル(文字列)&文字定数	石○良太郎	---	石○良太郎様
4	2	セル(数値)&文字定数	123	---	123kg
5	3	セル&セル	今日は	晴れです。	今日は晴れです。
6	4	文字定数&セル&文字定数	20	---	私は20歳です。

図 12-1　例題 1　完成見本

それでは次の手順に従い、文字列を結合する式を入力しましょう。

①　日本語入力を OFF にします。

②　セル E 3 を選択します。

③　そのセルに「＝C 3 & ”様”」と入力します。

④　すると、セル E 3 に「石○良太郎様」と表示されます。

同様に設問 2〜4 を解き、完成見本のとおり表を作成しましょう。

12.2　文字列の抽出

ここでは対象とする文字列から特定な文字列を取り出す（抽出する）処理を学びましょう。文字列を抽出する主な関数を次に示します。

LEFT（文字列，文字数）
➢　文字列の先頭（左端）から指定された数の文字を取り出す
文字列：対象となる文字列
文字数：取り出す文字の数

RIGHT（文字列，文字数）
➢　文字列の末尾（右端）から指定された数の文字を取り出す
文字列：対象となる文字列
文字数：取り出す文字の数

MID（文字列，開始位置，文字数）
➢　指定された位置から指定された数の文字を取り出す
文字列：対象となる文字列
開始位置：文字列の先頭文字の位置を 1 とし、取り出す先頭文字の位置を整数で指定
文字数：取り出す文字の数

One Point
取り出す文字の数は、半角・全角文字に関わらず、1 文字と数えます。

使用例：セル A 1 に「大阪府守口市藤田町」が記録されているものとします。

表 12-1　文字列関数の使用例

使用例	意味	抽出結果
=LEFT(A1, 3)	セル A1 の左端から 3 文字取り出す	大阪府
=RIGHT(A1, 3)	セル A1 の右端から 3 文字取り出す	藤田町
=MID(A1, 4, 3)	セル A1 の 4 文字目から 3 文字取り出す	守口市

例題 2　文字列の抽出　【使用ファイル：Excel 12.xlsx、使用シート：例題 2】

A 大学の学籍番号は、次の書式により構成されています。各学生の学籍番号から文字列を抽出し、学部学科コード、入学年及び個人識別番号を完成見本のとおり求めなさい。

表 12-2

桁位置	1～3 桁	4～5 桁	6～9 桁
意味	学部学科コード	入学年（入学した年の西暦下 2 桁）	個人識別番号

	A	B	C	D
1	例題2:　文字列の抽出			
2	学籍番号	学部学科コード	入学年	個人識別番号
3	LEL120531	LEL	12	0531
4	MSM101175	MSM	10	1175
5	BEB130022	BEB	13	0022

図12-2　例題2　完成見本

まず、学部学科コードを求めましょう。学部学科コードは学籍番号の左端から1〜3桁目を抽出することで求められます。よって、セルB3の式は「＝LEFT(A3, 3)」となります。

それでは次の手順に従い、LEFT関数を入力してみましょう。

① 日本語入力をOFFにします。

② セルB3を選択します。

③ 数式バーにある［関数の挿入］ボタン（*fx*）(**図12-3**)

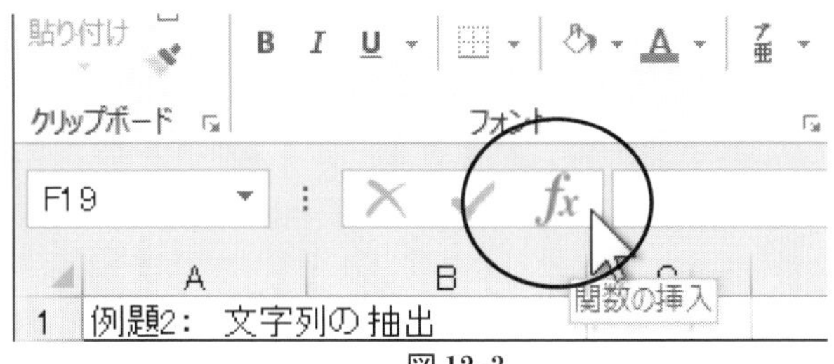

図12-3

④ ［関数の挿入］ダイアログボックス → ［関数の分類］欄；すべて表示 → ［関数名］欄；Lキー（LEFT関数の頭文字）→［関数名］欄のスクロールバーの▼を数回クリックし、リストから「LEFT」を選択 → ［OK］ボタン（**図12-4**）

図12-4

⑤ LEFT関数の［関数の引数］ダイアログボックス → ［文字列］欄；A3 → ［文字数］欄；3 → ［OK］ボタン（**図12-5**）

図 12-5

⑥　すると、セルB3には「=LEFT(A3, 3)」が入力され、文字列抽出の結果「LEL」が表示されます。

※もちろん、数式バーに関数をキーボードで直接入力しても可です。以下同様。

⑦　セルB3をB5までオートフィルし、学部学科コードの欄は完成です。

同様に、入学年、個人識別番号をMID関数及びRIGHT関数を用いて求めましょう。

コーヒーブレイク

コードの話

コードとはコンピューターが識別するために記号や数字等で作成された符号です。身近な例としては、書籍に付与されている日本図書コードがあります。

例）ISBN 978-4-89019-486-5　C 3004　¥2500 E

日本図書コードは、各桁の英数字に意味を持っており、ISBNコード（国際標準図書番号）と分類コードと定価コードから構成されています。ここでは特に分類コードに着目してみましょう。

分類コードは先頭が「C」で、その後の書式は下表のとおりです。

表 12-3　分類コード

1桁目	2桁目	3～4桁目
販売対象 （0:.一般、1:教養、2:実用、3:専門、5:婦人等）	発行形態 （0:単行本、1:文庫、7:絵本、9:コミック等）	書籍の内容 （00:総記、01:百科事典、04:情報科学等）

このようにコードの文字列を抽出すれば、いろいろな情報を得ることができます。他のコードの意味も調べてみましょう。

12.3　文字列から数値への変換

例題3　文字列から数値への変換　　【使用ファイル：Excel 12.xlsx、使用シート：例題3】

	A	B	C	D
1	例題3:　文字列から数値への変換			
2	お客様コード	登録製品番号	機能コード	チェック
3	1001	KTW-1864545	45	要修理
4	1002	KTA-2318530	30	要修理
5	1003	KTW-1220752	52	
6	1004	KTC-2519873	73	
7	1005	KTA-1216347	47	要修理
8	1006	KTW-1325975	75	

図 12-6　例題3　完成見本

【設問1】　表には登録製品番号が記録されています。登録製品番号の末尾2桁は、追加機能を示す機能コードです。登録製品番号からRIGHT関数を用いて文字列を抽出し、機能コードを求めます。セルC3に当てはまる適切な式を解答欄に記入しなさい。

解答欄：＿＿＿＿＿＿＿＿＿＿＿＿

【設問2】　機能コードが50未満の製品は、回収して修理する必要があり、チェックの欄に「要修理」と表示します。セルD3に当てはまる適切な式を解答欄に記入しなさい。

ヒント：IF関数を用います。もし機能コードが50未満なら「要修理」と表示し、そうでなければ何もしない（空文字列""）。

解答欄：＿＿＿＿＿＿＿＿＿＿＿＿

設問1及び2を解答後、章末にある設問の解答を確認しなさい。そして、セルC3及びD3に式を入力し、それぞれC8、D8までオートフィルします。チェックの欄は完成見本（**図12-6**）と同じになりましたか？「要修理」が表示されない理由を考えなさい。

RIGHT関数等の文字列関数で抽出した結果は文字データです。例えば、「12」の場合は文字"1"と文字"2"が並んでいるものであり、数値の12とは異なります。

Excelには文字列を数値に変換するVALUE関数が用意されています。その書式は次のとおりです。

VALUE(文字列)

➢　文字列を数値に変換する

文字列：数字が記録されているセル、あるいは二重引用符（"）で囲まれた数字等

【設問3】　機能コードの欄に入力した式を、VALUE関数を用いて修正しなさい。

RIGHT関数で求めた機能コードは文字ですから、「50未満」という数値に対する条件は正しく動作しません。そこで、求めた機能コードをVALUE関数で数値に変換します。すなわち、「=VALUE(RIGHT(B3, 2))」とします。

それでは次の手順に従い、VALUE関数及びRIGHT関数を入力してみましょう。

① 日本語入力をOFFにします。

② セルC3を選択し、[Delete]キーを押す（設問1で入力した式を一旦削除）

③ 数式バーにある［関数の挿入］ボタン（f_x）→［関数の挿入］ダイアログボックス →［関数の分類］欄；すべて表示 →［関数名］欄；[V]キー → リストから「VALUE」選択 →［OK］ボタン

④ VALUE関数の［関数の引数］ダイアログボックス →［文字列］欄にカーソルがあることを確認 → 数式バー左端にある［名前ボックス］の▼をクリック → リストから

「その他の関数」を選択（ただし、このリスト内に「RIGHT」があれば、それを選び手順⑥へ）（**図 12-7**）

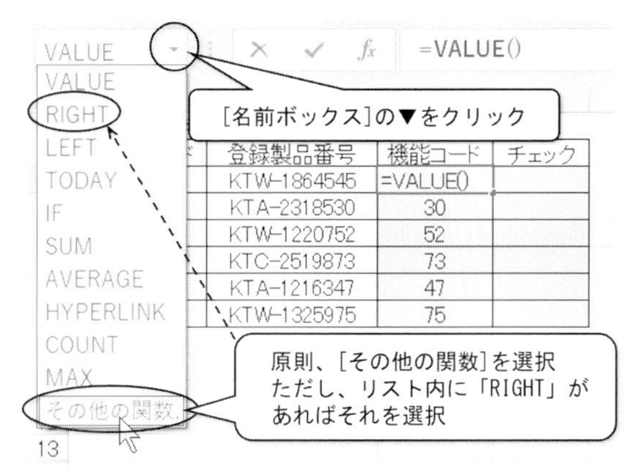

図 12-7

⑤ ［関数の挿入］ダイアログボックス → ［関数の分類］欄；すべて表示 → ［関数名］欄；Rキー → ［関数名］欄のスクロールバーの▼を数回クリックし、リストから「RIGHT」を選択 → ［OK］ボタン

⑥ RIGHT 関数の［関数の引数］ダイアログボックス → ［文字列］欄；B3 → ［文字数］欄；2 →（［OK］ボタンを押さずに）数式バーの「VALUE」の文字をクリック（**図 12-8**）

図 12-8

⑦ VALUE 関数の［関数の引数］ダイアログボックスの内容を確認 → ［OK］ボタン

⑧ すると、セル C3 には「＝VALUE(RIGHT(B3, 2))」が入力され、数値に変換された「45」が表示されます。同時にチェックの欄に「要修理」と表示されます。

⑨ セル C3 を C8 までオートフィルすると、チェックの欄のセル D4、D7 にも「要修理」と表示され、完成見本（**図 12-6**）のとおりとなります。

12.4 演習課題

演習 1　【使用ファイル：Excel 12.xlsx、使用シート：演習 1】

	A	B	C
1	演習1		
2	氏名	年齢	自己紹介文
3	青木 〇子	25	私は青木 〇子です。年齢は25歳です。
4	池田 崇〇	18	私は池田 崇〇です。年齢は18歳です。
5	石〇 良太郎	30	私は石〇 良太郎です。年齢は30歳です。
6	井上 〇夫	42	私は井上 〇夫です。年齢は42歳です。
7	江崎 〇江	35	私は江崎 〇江です。年齢は35歳です。
8	太田 〇郎	28	私は太田 〇郎です。年齢は28歳です。
9			

図 12-9　演習 1　完成見本

表には氏名と年齢が記録されています。この2つのデータと適切な文字定数を文字列演算子で結合し、自己紹介文を生成します。表中黄色のセル内に当てはまる適切な式を入れ、完成見本のとおり表を作成しなさい。

※塗りつぶしにより着色されたセルは、本書の図では灰色に表示されますが、本文中では使用する Excel シート上の色のとおりに、例えば「黄色のセル」などと表記します。以下同様。

ヒント：文字定数 ”私は” などを用います。

演習2　　【使用ファイル：Excel 12.xlsx、使用シート：演習2】

	A	B	C	D	E	F
1	演習2					
2	商品管理コード	品目記号	大小基準	原産地	糖度	お勧め
3	42130M0215	42130	M	02	15	○
4	42130S0211	42130	S	02	11	
5	42130M1914	42130	M	19	14	○
6	42130S1912	42130	S	19	12	
7	48010L4311	48010	L	43	11	
8	48010M4313	48010	M	43	13	
9	48010M3112	48010	M	31	12	
10	48010S3114	48010	S	31	14	○

図12-10　演習2　完成見本

表には商品管理コードが記録されており、その書式は次のとおりです。

表12-4

1～5桁目	6桁目	7～8桁目	9～10桁目
品目記号	大小基準 (S/M/L)	原産地（国内は都道府県コード 国外は国コード）	糖度（%）

商品管理コードから文字列を抽出し、品目記号、大小基準、原産地及び糖度を求めます。また、糖度が14以上ならお勧めの欄に「○」を表示します。表中黄色のセル内に当てはまる適切な式を入れ、完成見本のとおり表を作成しなさい。

ヒント：糖度をVALUE関数で数値に変換します。

＜例題設問解答＞

例題1　【設問1】　本文参照　　【設問2】　=C4 & ”kg”

【設問3】　=C5 & D5

【設問4】　=”私は” & C6 & ”歳です。”

例題2　入学年（セルC3）：　=MID(A3, 4, 2)　　これをC5までオートフィルします。

個人識別番号（セルD3）：　=RIGHT(A3, 4)　これをD5までオートフィルします。

例題3　【設問1】　=RIGHT(B3, 2)

【設問2】　=IF(C3＜50, ”要修理”, ””)

【設問3】　本文参照

第 13 章　グラフ機能 II

グラフ機能の基本について第6章で学習しました。ここでは、複合グラフや散布図といったさらに多彩なグラフ作成方法を学びます。学習にあたっては、基本的なグラフ機能を理解している必要がありますので、適宜第6章を参照してください。

13.1　複合グラフ

複合グラフとは、**異なる種類のグラフを1つのグラフ内で表現したもの**です。例えば「降水量を縦棒、気温を折れ線」「売上実績を縦棒、達成率を折れ線」などが挙げられます。また、異なる単位のデータを1つのグラフ内で表現するために、**第2軸**を使用することもできます。

例題1　複合グラフの作成と編集　　【使用ファイル：Excel 13.xlsx、使用シート：例題 1】

完成見本のような複合グラフを作成しなさい。「降水量」は縦棒、「平均気温」は**第2軸**を使用した折れ線とすること。

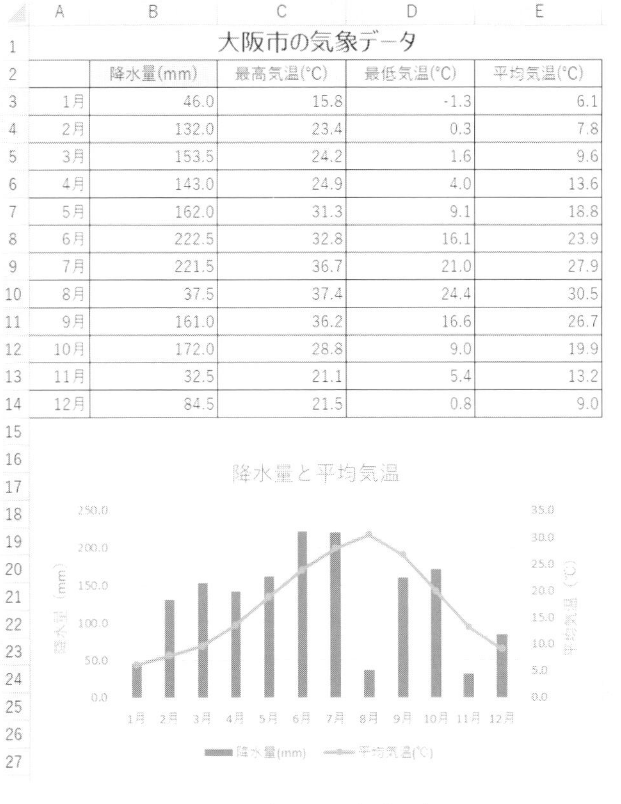

大阪市の気象データ

	降水量(mm)	最高気温(°C)	最低気温(°C)	平均気温(°C)
1月	46.0	15.8	-1.3	6.1
2月	132.0	23.4	0.3	7.8
3月	153.5	24.2	1.6	9.6
4月	143.0	24.9	4.0	13.6
5月	162.0	31.3	9.1	18.8
6月	222.5	32.8	16.1	23.9
7月	221.5	36.7	21.0	27.9
8月	37.5	37.4	24.4	30.5
9月	161.0	36.2	16.6	26.7
10月	172.0	28.8	9.0	19.9
11月	32.5	21.1	5.4	13.2
12月	84.5	21.5	0.8	9.0

図 13-1　例題 1　完成見本

グラフ化するセル範囲A2:B14とE2:E14を選択しましょう。

① セル範囲A2:B14をドラッグし、Ctrlキーを押しながらE2:E14をドラッグします。
※複数のセル範囲を選択するには、Ctrlキーを使用します。

複合グラフを挿入しましょう。

② ［挿入］タブ → ［グラフ］グループ → ［複合グラフの挿入］ボタン → ［ユーザー設定の複合グラフを作成する］をクリックします(**図13-2**)。

③ ［グラフの挿入］ダイアログボックスが表示されます。以下のとおり設定します(**図13-3**)。

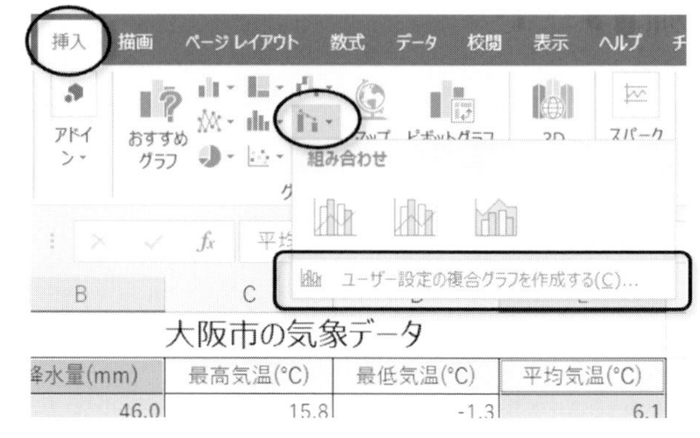

図13-2

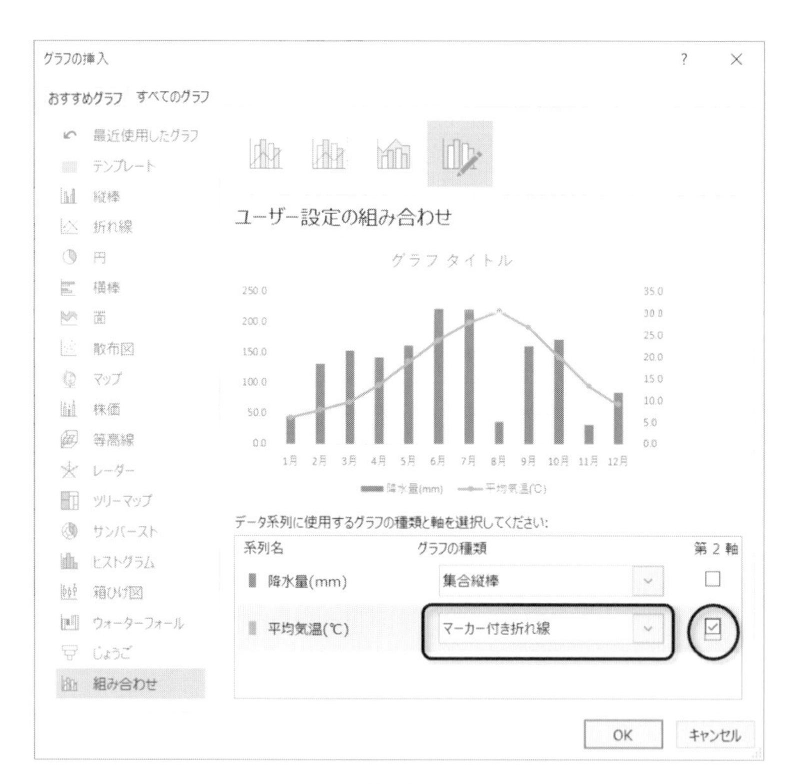

図13-3　［グラフの挿入］ダイアログボックス

系列名「平均気温（℃)」［グラフの種類］；マーカー付き折れ線
［第2軸］チェックボックス　オン

④ ［OK］ボタンをクリックします。

One Point

複合グラフの設定変更

［デザイン］タブ →［種類］グループ →［グラフの種類の変更］

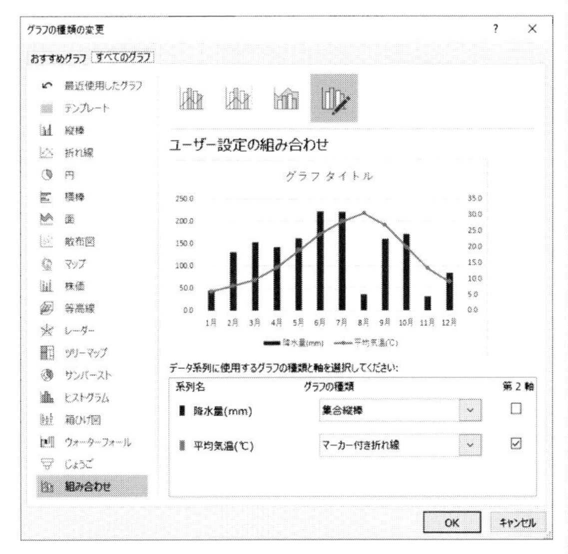

図 13-4 ［グラフの種類の変更］ダイアログボックス

軸ラベルを追加しましょう。

⑤ ［デザイン］タブ →［グラフのレイアウト］グループ →［グラフ要素を追加］→［軸ラベル］→［第 1 縦軸］をクリックします。

⑥ 追加された軸ラベルをクリックし、文字列を「降水量（mm）」に変更します。

⑦ ［デザイン］タブ →［グラフのレイアウト］グループ →［グラフ要素を追加］→［軸ラベル］→［第 2 縦軸］をクリックします。

⑧ 追加された軸ラベルをクリックし、文字列を「平均気温（℃）」に変更します。

【設問 1】 グラフタイトルの文字列を「降水量と平均気温」に変更しなさい。

【設問 2】 完成例を参考に、グラフの位置とサイズを調整しなさい。

※なお、各設問の解答は章末にあります。

13.2 散布図

散布図とは、2 つの項目の**相関関係**を表すのに適したグラフです。例えば、「気温とビール消費量」「降水量と花粉飛散量」などが挙げられます。散布図は xy グラフとも呼ばれ、**横軸（x 軸）縦軸（y 軸）ともに数値軸**であることがポイントです。横軸の値と縦軸の値の交点にデータマーカーが表示され、その分布によって 2 項目間の相関関係を表します。

例題 2 散布図の作成と編集 【使用ファイル：Excel 13.xlsx、使用シート：例題 2】

表をもとに、身長と体重の相関関係を表す散布図を作成しましょう。

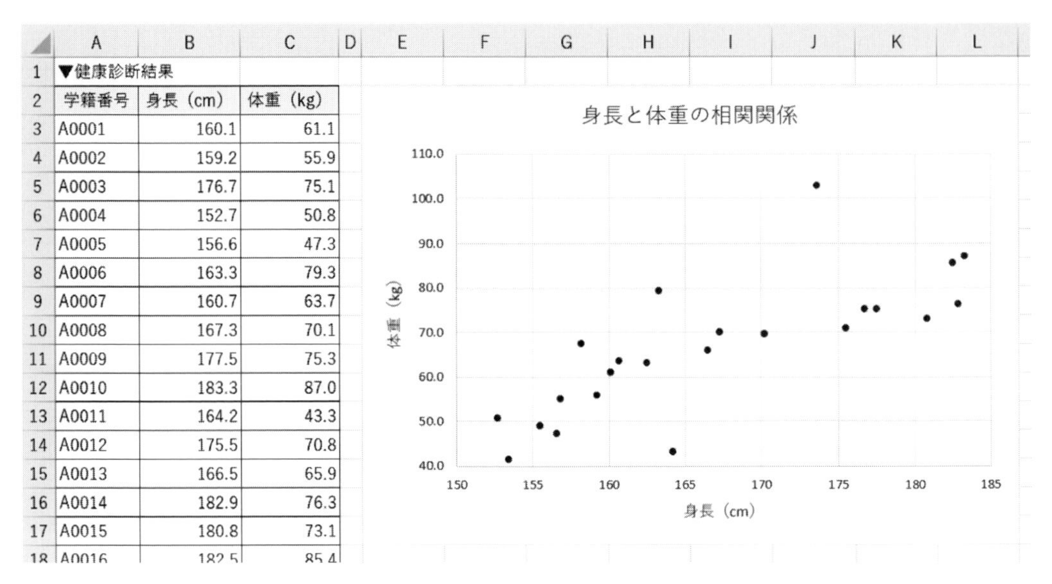

図13-5　例題2　完成見本

13. 2. 1　散布図の範囲選択

散布図は項目軸を持たないため、**横軸と縦軸の値となる数値データを選択**します。左端の列が横軸の値、2列目以降の列が縦軸の値になります。ここでグラフ化したい値は「身長」と「体重」の2列ですので、データ範囲はB2:C25となり、「身長」は横軸に「体重」は縦軸にプロットされます。

13. 2. 2　散布図の挿入

散布図を挿入しましょう。

① セル範囲B2:C25をドラッグします。

② ［挿入］タブ → ［グラフ］グループ → ［散布図（X, Y）またはバブルチャートの挿入］→［散布図］をクリックします。

※**図13-6**のように散布図が挿入されます。

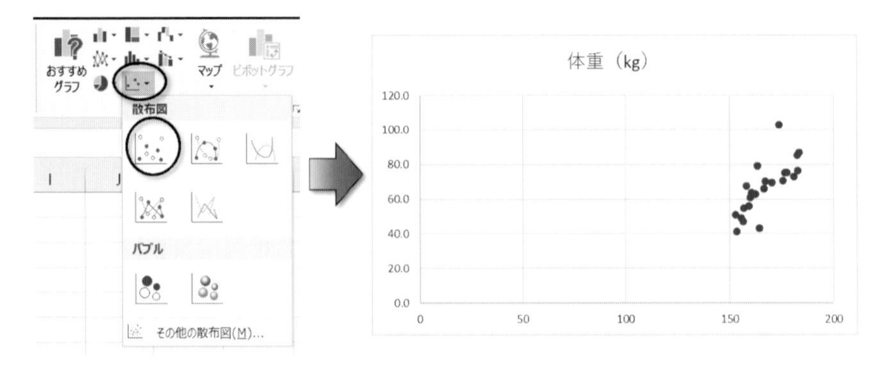

図13-6　散布図の作成

One Point

左端の列が横軸、それ以外の列が系列として認識されます。系列の追加や横軸データの設定などは[デザイン]タブ → [データ]グループ → [データの選択]で変更可能です。

【設問 3】　完成見本のとおりグラフの移動とサイズ変更をしなさい。

【設問 4】　完成見本のとおり、グラフタイトル・軸ラベルの設定を変更しなさい。

13.2.3　適切な値軸の設定

ここで、軸の設定について考えてみましょう。現在の初期設定のままでは、**図 13-7** のように、プロットされたデータマーカーが右に集中し、見やすいグラフとはいえません。

横軸の値となる「身長」のデータの最小値は 152.7 ですので、横（値）軸の［最小値］を 150 に設定します。

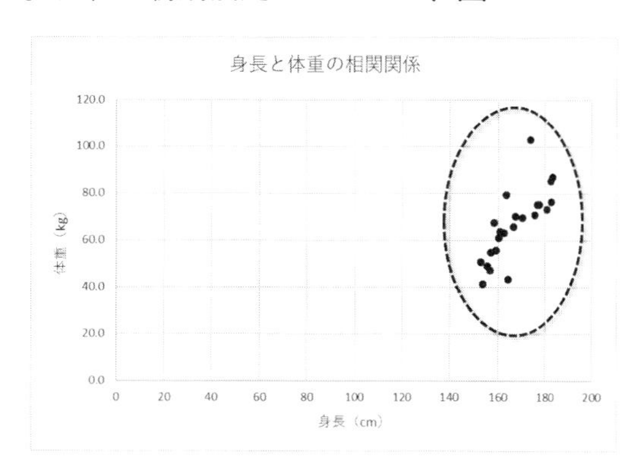

図 13-7　不適切な値軸

【設問 5】　縦軸の最小値はいくらに設定すればよいか。以下の空欄を埋めなさい。

縦軸の値となる「体重」のデータの最小値は＿＿＿＿＿なので、縦（値）軸の［最小値］は＿＿＿＿＿に設定する。

軸の最小値を変更しましょう。

① 横（値）軸をクリックして選択します。

② ［書式］タブ → ［現在の選択範囲］グループ → ［グラフの要素］に「横（値）軸」と表示されていることを確認し、［選択対象の書式設定］ボタンをクリックします。

③ ［軸の書式設定］ウィンドウで以下のとおり設定します（**図 13-8**）。

［軸のオプション］ → ［最小値］欄；150

④ 同様に縦（値）軸の［最小値］を 40 に変更します。

図 13-8

One Point

オートカルク

「オートカルク」とは図13-9のように選択範囲の合計や平均などをステータスバーに表示する機能です。今回のように一時的に最小値が知りたい場合などに便利です。

この機能で最小値を表示させるには、ステータスバーで右クリック →［最小値］チェックオン と設定します（図13-10）。

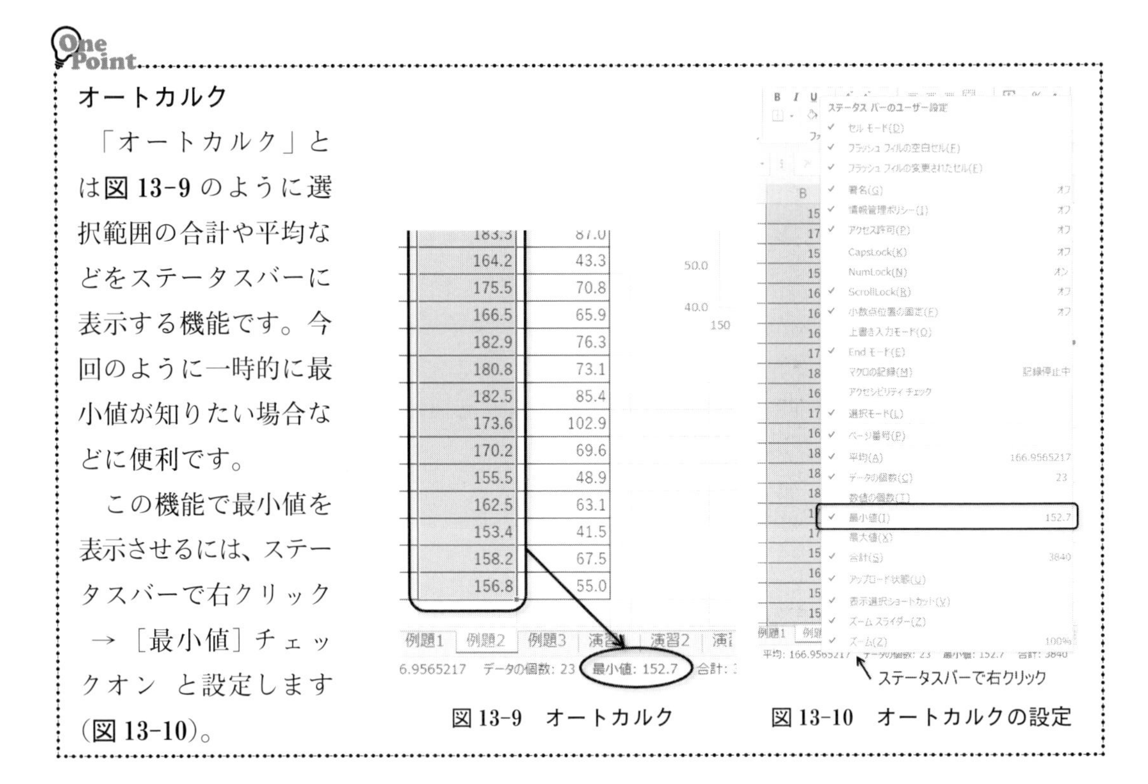

図13-9　オートカルク　　図13-10　オートカルクの設定

【設問6】 例題1で完成した散布図から何が読み取れるか。以下の空欄を埋めなさい。

身長が高いほど体重が＿＿＿＿＿という相関関係が成り立つ。

One Point

近似曲線

近似曲線を表示すると、データの傾向を強調したり、将来のデータを予測したりすることができます。

図13-11は例題2のグラフに線形近似曲線を追加したものです。

［デザイン］タブ →［グラフのレイアウト］グループ →［グラフ要素を追加］→［近似曲線］→［線形］

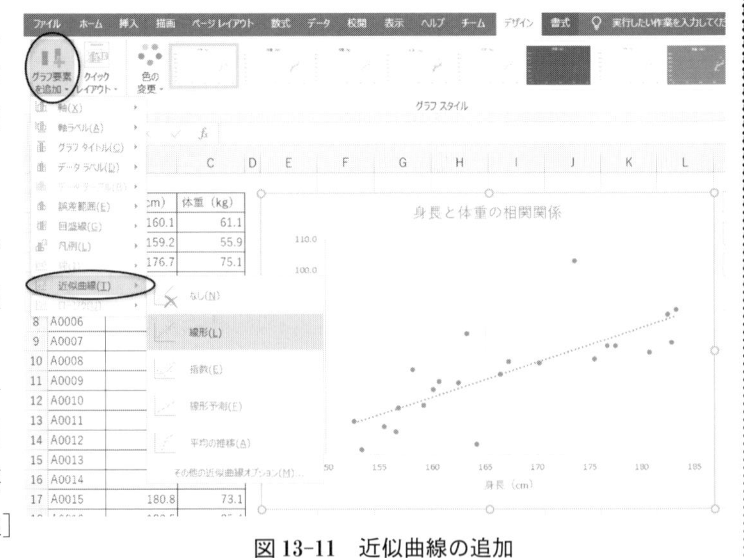

図13-11　近似曲線の追加

13.3　バブルチャート

バブルチャートとは散布図の一種で、横軸の値と縦軸の値に加え、もう１つの量的要素をデータマーカーのサイズで表現したグラフです。

例題３　バブルチャートの作成と編集【使用ファイル：Excel 13.xlsx、使用シート：例題3】

完成見本のように、横軸に「人口」、縦軸に「面積」、バブルサイズに「人口密度」をプロットしたバブルチャートを作成しなさい。バブルの色は塗り分けること。

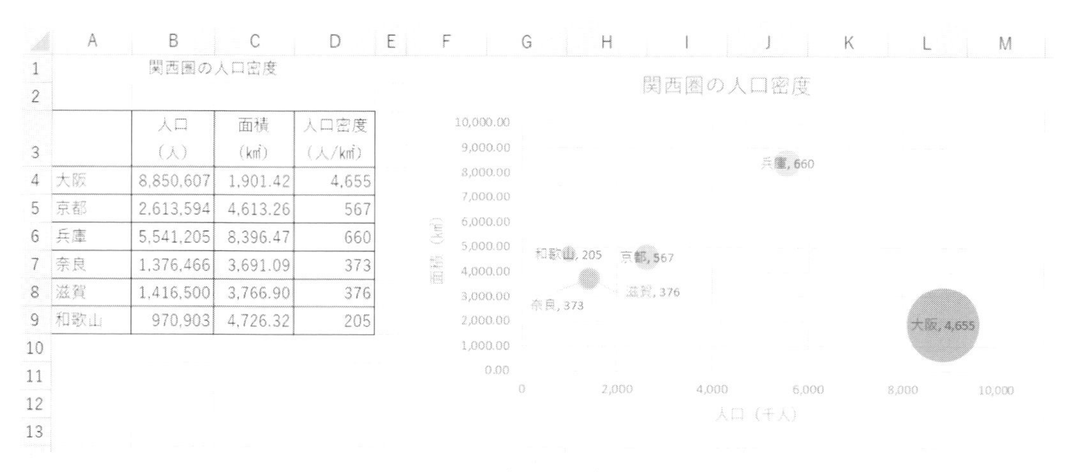

関西圏の人口密度

	人口（人）	面積（㎢）	人口密度（人/㎢）
大阪	8,850,607	1,901.42	4,655
京都	2,613,594	4,613.26	567
兵庫	5,541,205	8,396.47	660
奈良	1,376,466	3,691.09	373
滋賀	1,416,500	3,766.90	376
和歌山	970,903	4,726.32	205

図 13-12　例題３　完成見本

バブルチャートでは、横軸（X）・縦軸（Y）・バブルサイズで使用するデータ範囲となる３列の数値データを選択します。**図 13-13** のように、左端の列が横軸（X）、中央の列が縦軸（Y）、右端の列がバブルサイズの値としてプロットされます。文字列のセルはグラフ範囲に含みませんので注意しましょう。

人口（人）	面積（㎢）	人口密度（人/㎢）
8,850,607	1,901.42	4,655
2,613,594	4,613.26	567
5,541,205	8,396.47	660
1,376,466	3,691.09	373
1,416,500	3,766.90	376
970,903	4,726.32	205
↑ 横軸	↑ 縦軸	↑ バブルサイズ

図 13-13　バブルチャートのデータ範囲

バブルチャートを挿入しましょう。

① セル範囲Ｂ４：Ｄ９を選択します。

② ［挿入］タブ → ［グラフ］グループ → ［散布図（X, Y）またはバブルチャートの挿入］ → ［バブル］をクリックします（**図 13-14**）。

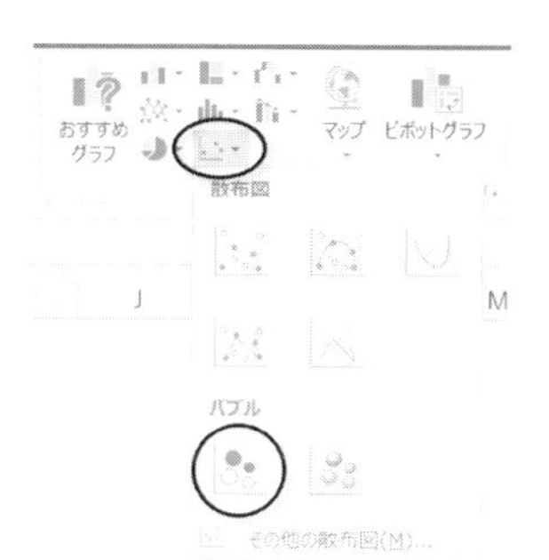

図 13-14

【設問７】　完成見本を参考に、グラフの位置とサイズを調整しなさい。

【設問８】　完成見本を参考に、グラフタイトルの文字列を変更しなさい。

【設問9】 完成見本を参考に、縦軸ラベルと横軸ラベルを追加しなさい。

【設問10】 完成見本を参考に、横軸の最小値を「0」、最大値を「10,000,000」に変更し、表示単位を「千」に設定しなさい。

バブルの色を塗り分ける設定に変更しましょう。

③　任意のバブルをクリックして選択します。

④　［データ系列の書式設定］ウィンドウ内［塗りつぶしと線］→［塗りつぶし］→［要素を塗り分ける］チェックボックス　オン（**図13-15**）

図13-15

バブルチャートでは、文字列がグラフ範囲に含まれていません。項目名などをグラフに表示するには、数値のデータラベルを表示したあと、ラベルの文字列を変更します。

データラベルを表示しましょう。

⑤　［デザイン］タブ →［グラフのレイアウト］グループ →［グラフ要素を追加］ボタン →［データラベル］→［その他のデータラベルオプション］をクリックします。

データラベルの文字列を、府県名と人口密度に変更しましょう。

⑥　［データラベルの書式設定］ウィンドウ内
　［ラベルオプション］→［ラベルオプション］→［ラベルの内容］欄；［セルの値］チェックボックス　オン
に設定します（**図13-16**）。

⑦　［データラベル範囲］ダイアログボックスが表示されます。
　データラベルとして表示する範囲A4：A9をドラッグし、［OK］ボタンをクリックします（**図13-17**）。

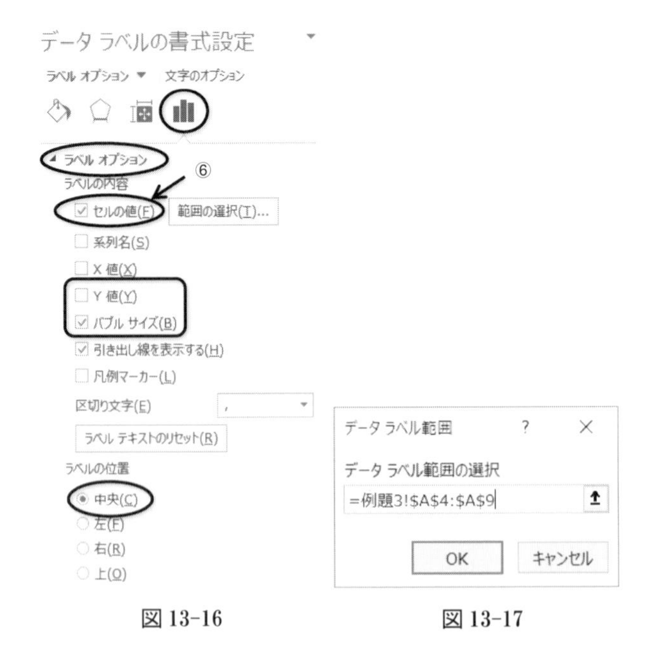

図13-16　　**図13-17**

⑧　［データラベルの書式設定］ウィンドウ内
［ラベルオプション］→［ラベルオプション］→

［ラベルの内容］欄；［セルの値］チェックボックス　オン（⑥⑦で設定済み）
［Y 値］チェックボックス　オフ
［バブルサイズ］チェックボックス　オン
［ラベルの位置］欄；中央
に設定します（**図 13-16**）。

重なり合っているラベルの位置を調整しましょう（**図 13-18**）。

⑨　データラベル全体が選択されている状態で、「滋賀」のデータラベルをクリックして選択します。

⑩　「滋賀」のデータラベルのみが選択されます。枠線をドラッグし、適切な位置に移動します。

⑪　同様に、「奈良」のデータラベルも移動します。

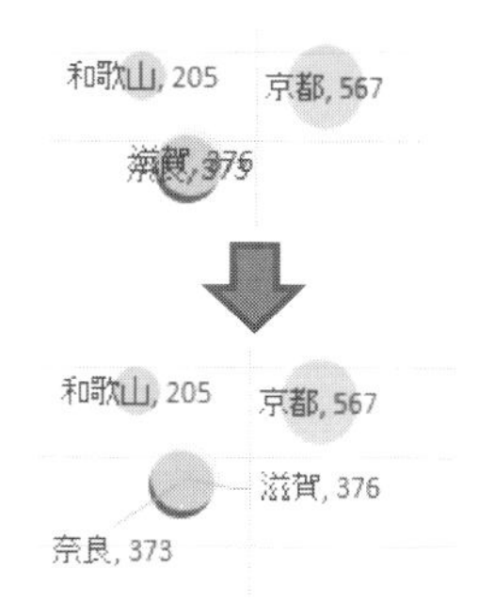

図 13-18

コーヒーブレイク

データ系列の変更

バブルチャートは、選択範囲の左端列から順に横（X）軸・縦（Y）軸・バブルサイズの値となりますが、次の手順で変更することができます。

※**図 13-19** は、縦（Y）軸を人口密度、バブルサイズを面積に変更したバブルチャートです。

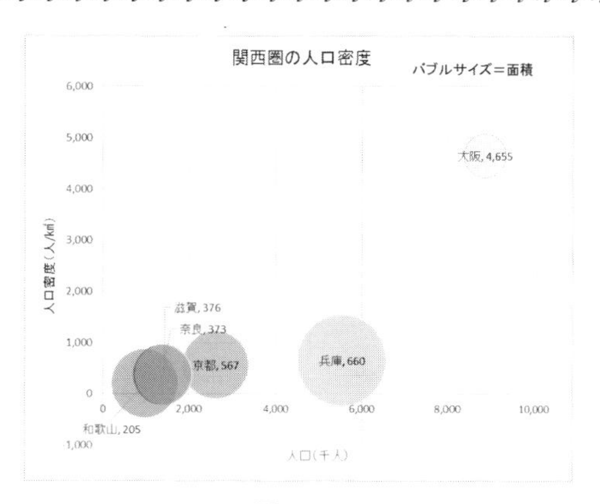

図 13-19

①　［デザイン］タブ → ［データ］グループ → ［データの選択］ボタンをクリック

②　［データソースの選択］ダイアログボックス内［系列 1］を選択後［編集］ボタンをクリック（**図 13-20**）

③　［系列の編集］ダイアログボックス内の各値のテキストボックスをクリックし、各データで使用するセル範囲を選択（**図 13-21**）

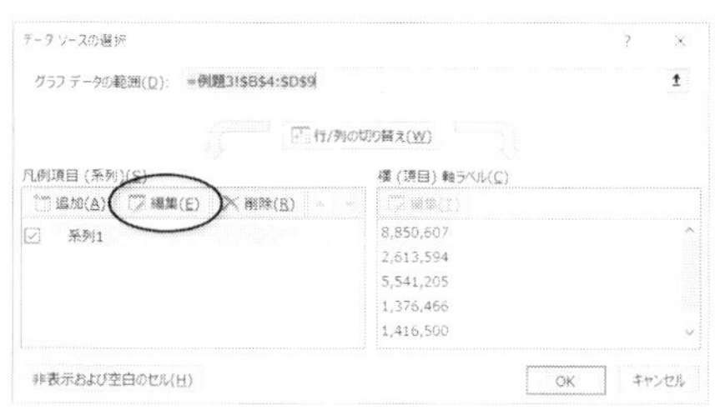

図 13-20

図 13-21

13. 4　演習課題

演習 1

【使用ファイル：Excel 13.xlsx、使用シート：演習 1】

表のデータをもとに、完成見本のようなグラフを作成しなさい。グラフは A 16 : F 28 に配置すること。

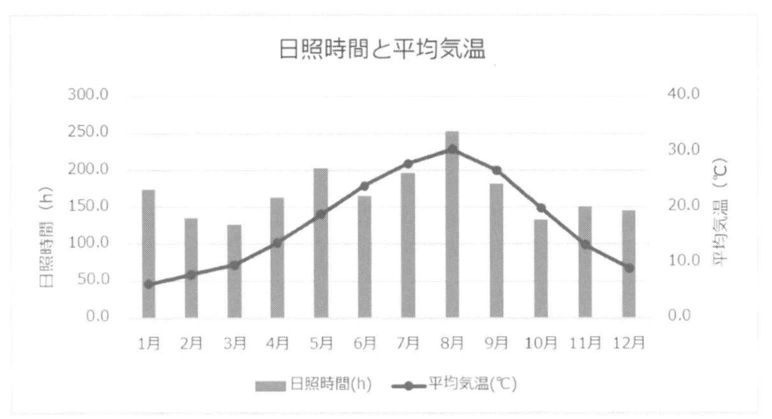

図 13-22　演習 1　完成見本

演習 2　　　　　　　　　　　【使用ファイル：Excel 13.xlsx、使用シート：演習 2】

表のデータをもとに、完成見本のようなグラフを作成しなさい。グラフは H 1 : N 14 に配置すること。

ヒント：マーカーの設定を変更します (図 13-24)。

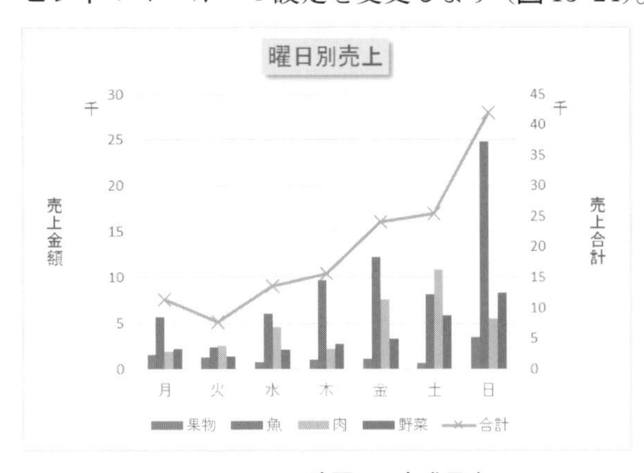

図 13-23　演習 2　完成見本

図 13-24　データマーカーの設定

演習 3　【使用ファイル：Excel 13.xlsx、使用シート：演習 3】

表のデータをもとに、完成見本のようなグラフを作成しなさい。グラフはＡ9:Ｉ21に配置すること。

ヒント 1：主軸の最小値を「0」最大値を「65000」、第 2 軸の最大値を「1」に設定します。

ヒント 2：データ系列の塗りつぶしは白黒印刷でも判別できるようにパターンを設定します（図 13-26）。

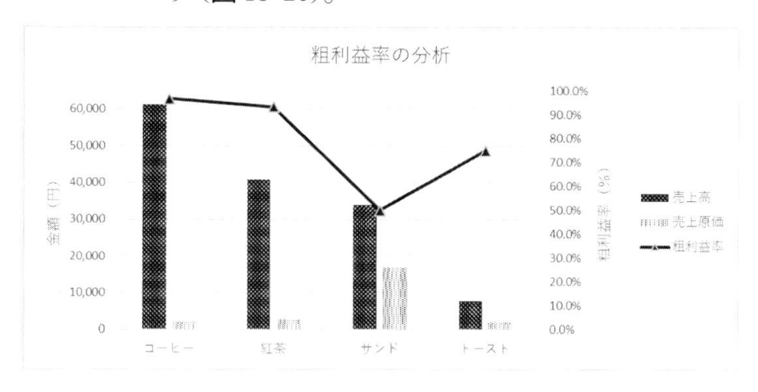

図 13-25　演習 3　完成見本

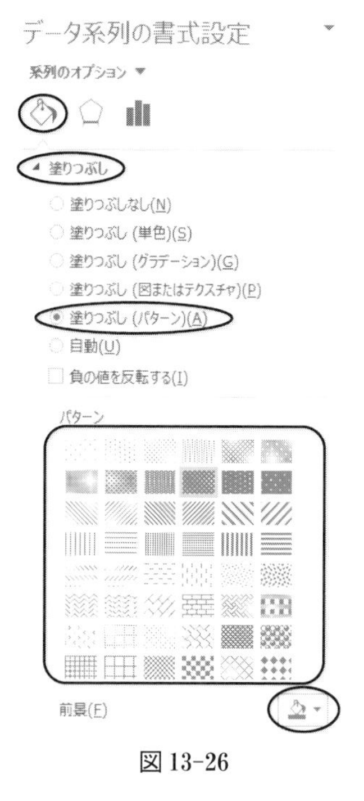

図 13-26

演習 4　【使用ファイル：Excel 13.xlsx、使用シート：演習 4】

表のデータをもとに、完成見本のようなグラフを作成しなさい。グラフはＥ1:Ｋ14に配置すること。

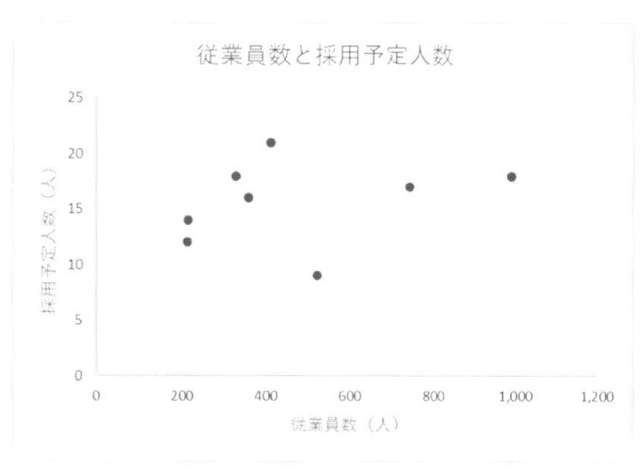

図 13-27　演習 4　完成見本

演習 5　　【使用ファイル：Excel 13.xlsx、使用シート：演習 5】

表のデータをもとに、完成見本のようなグラフを作成しなさい。グラフは A 16：E 31 に配置すること。

ヒント：縦の補助目盛線を追加します。

［デザイン］タブ →［グラフのレイアウト］グループ →［グラフ要素を追加］ボタン →［目盛線］→［第 1 補助縦軸］

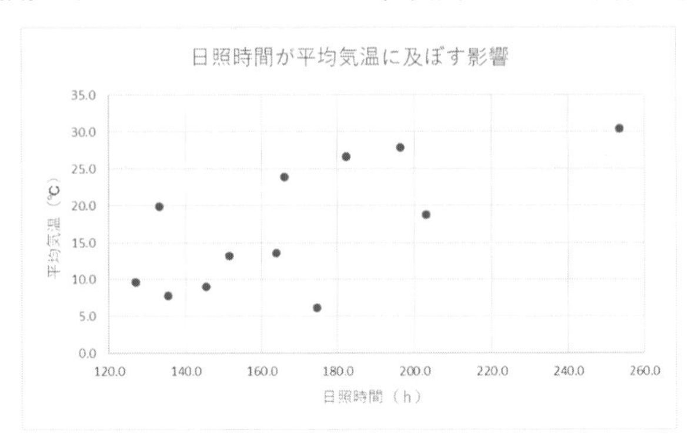

図 13-28　演習 5　完成見本

演習 6　　【使用ファイル：Excel 13.xlsx、使用シート：演習 6】

表のデータをもとに、完成見本のようなグラフを作成しなさい。グラフは F 1：M 14 に配置すること。

ヒント：「※バブルサイズは水分量」の文字列は、グラフを選択してテキストボックスを挿入します。

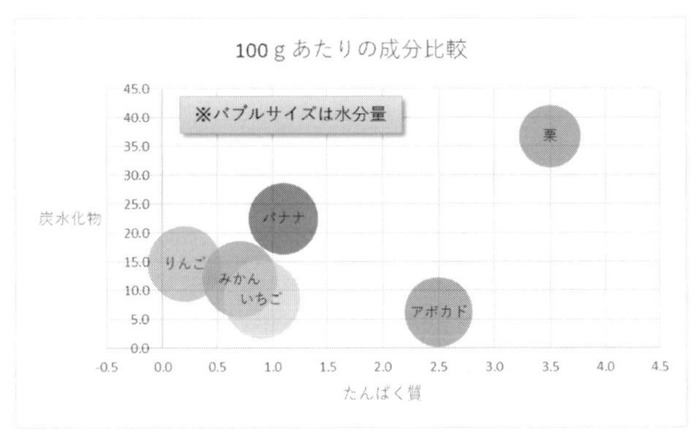

図 13-29　演習 6　完成見本

演習 7　　【使用ファイル：Excel 13.xlsx、使用シート：演習 7】

表のデータをもとに、完成見本のようなグラフを作成しなさい。グラフは B 9：H 23 に配置すること。

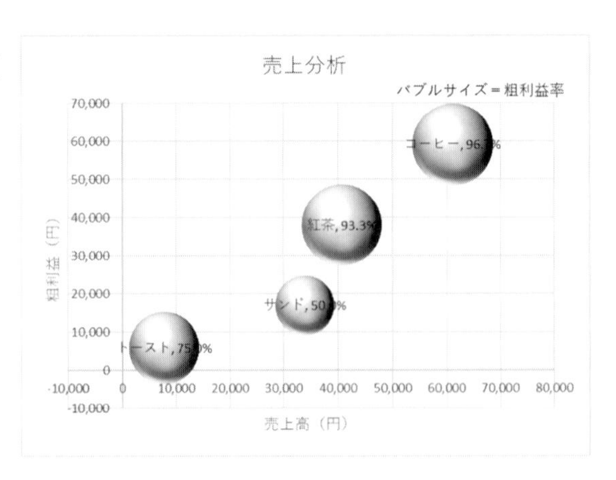

図 13-30　演習 7　完成見本

＜例題設問解答＞

【設問 1】～【設問 4】　省略（第 6 章参照）

【設問 5】　縦軸の値となる「体重」のデータの最小値は 41.5 なので、
縦（値）軸の［最小値］は 40 に設定する。

【設問 6】　身長が高いほど体重が 重い という相関関係が成り立つ。

【設問 7】～【設問 10】　省略（第 6 章参照）

第 14 章　判断処理 II

実務において、データを複雑に場合分けして処理することがあります。ここでは、複雑な条件による処理や条件付きの集計処理について学びます。

14.1　多分岐処理

まず、第 8 章で学んだ IF 関数について、復習しましょう。
IF 関数の書式：　IF(論理式, 真の場合, 偽の場合)
使用例：　＝IF(B 3＞＝80, "A", "B")
意味：「もしセル B 3 が 80 以上なら「A」を表示し、そうでなければ (80 未満なら)「B」を表示します。」
このような二分岐処理をさらに発展させ、3 つ以上の場合分けについて考えてみましょう。

例題 1　IF 関数の入れ子　　　　【使用ファイル：Excel 14.xlsx、使用シート：例題 1】

	A	B	C
1	例題1：IF関数の入れ子		
2	氏名	得点	評価
3	青木〇子	80	A

図 14-1　IF 関数の入れ子

【設問 1】　下表の得点をセル B 3 に入力し、その際の評価の値を解答欄に記入しなさい。
※なお、各設問の解答は章末にあります。

表 14-1

得点	評価（解答欄）
80	
79	
60	
59	

【設問 2】　設問 1 の結果から推測し、次の文の［　］に当てはまる適切な数値を解答欄に記入しなさい。

もし、セル B 3 が 80 以上なら評価を「A」とし、［ (1) ］未満［ (2) ］以上なら評価を「B」とし、［ (3) ］未満なら評価を「C」とする。

解答欄：(1)______　(2)______　(3)______

設問2のように、値に応じていくつかに場合分けする処理を**多分岐処理**といいます。

ここでは、多分岐処理を**図 14-2** のようなフィルターのイメージで説明します。すべてのデータをフィルターXにかけると、80以上のデータが残り、その他（80未満のデータ）は通り抜けます。次のフィルターYには80未満のデータが入ります。フィルターYにかけると、80未満60以上のデータが残り、その他（60未満のデータ）は通り抜けます。このような手順で、必要なデータを取り出していきます。

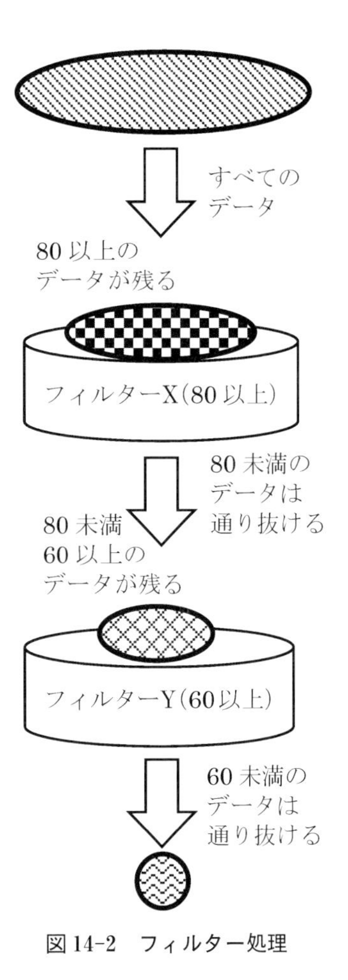

図 14-2　フィルター処理

それでは、この多分岐処理をIF関数で表現してみましょう。セルB3を対象とした場合、フィルターX（80以上）は次のように表現されます。

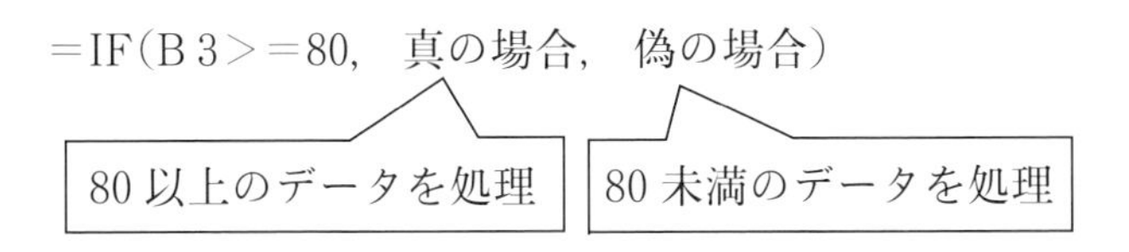

このIF関数により、80以上のデータは「真の場合」で処理されます。そして、その他（80未満のデータ）は「偽の場合」にて処理されます。さらにフィルターY（60以上）をかけるので、「偽の場合」の箇所にIF関数を使用します。

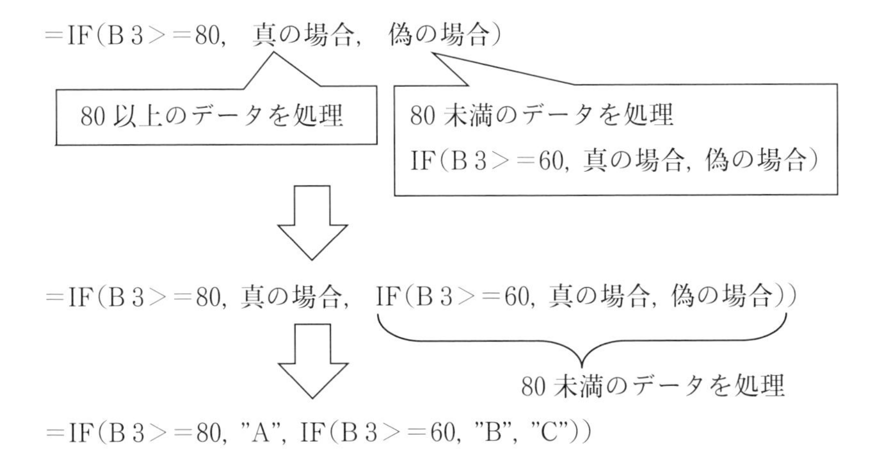

このようにIF関数の引数内にさらにIF関数を使用することを**IF関数の入れ子**（あるいは**ネスト**）といいます。ここで、よくある間違いを紹介します。

処理：もしB3が80以上なら"A"、80未満60以上なら"B"、60未満なら"C"とする。

誤）　＝IF(B3＞＝80, "A", IF(80＞B3＞＝60, "B", IF(B3＜60, "C")))

正）　＝IF(B3＞＝80, "A", IF(B3＞＝60, "B", "C"))

誤りの式には、「80＞B3」や「B3＜60」という記述が見られます。しかし、80以上という条件の「偽の場合」では、80未満のデータのみを対象にしていますから、わざわざ80未満という条件を記述する必要はありません。60未満も同様です。もちろん、「80＞B3＞＝60」という条件の記述は文法にも反しています。

IF関数の入れ子は、原則［偽の場合］の引数内に使用します。最大64個までIF関数の入れ子が可能です。しかし、入れ子が多くなると、式の可読性が著しく悪くなります。その場合には、第16章で学ぶVLOOKUP関数による近似値検索によって処理する方法を検討しましょう。

例題2　多分岐処理　　【使用ファイル：Excel 14.xlsx、使用シート：例題2】

表（**図14-3**）には各社員の営業ポイントが記録されています。営業ポイントが10以上なら特別手当を5,000円、10未満5以上なら3,000円、5未満なら0円とします。IF関数の入れ子を用いて、完成見本のとおり特別手当を求めなさい。

	A	B	C
1	例題2:　多分岐処理		
2	社員名	営業ポイント	特別手当
3	青木 〇子	14	5,000
4	池田 崇〇	8	3,000
5	石〇 良太郎	4	0
6	井上 〇夫	5	3,000
7	江崎 〇郎	10	5,000
8	太田 〇郎	3	0

図14-3　例題2　完成見本

この処理をIF関数の入れ子で表現すれば、セルC3は次式となります。

＝IF(B3＞＝10, 5000, IF(B3＞＝5, 3000, 0))

それでは次の手順に従い、IF関数の入れ子を入力してみましょう。

① 日本語入力をOFFにします。

② セルC3を選択します。

③ 数式バーにある［関数の挿入］ボタン（f_x）（**図14-4**）

図14-4

④　［関数の挿入］ダイアログボックス → ［関数の分類］欄；すべて表示 → ［関数名］欄；Ｉキー（IF 関数の頭文字） → リストから「IF」を選択 → ［OK］ボタン

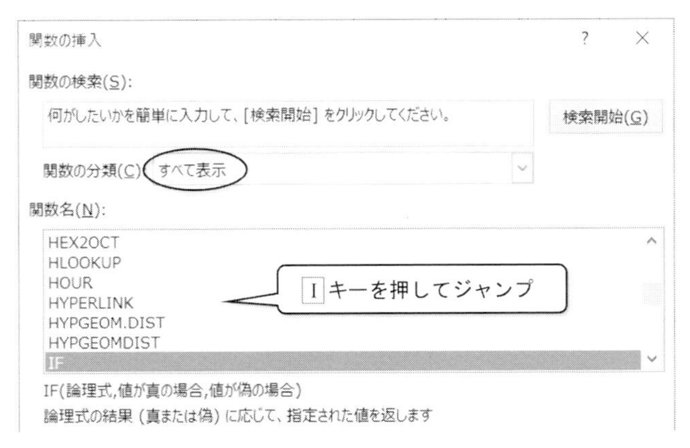

図 14-5

⑤　IF 関数の［関数の引数］ダイアログボックス → ［論理式］欄；B3>=10 → ［真の場合］欄；5000 → ［偽の場合］欄をクリックし、その欄にカーソルがあることを確認

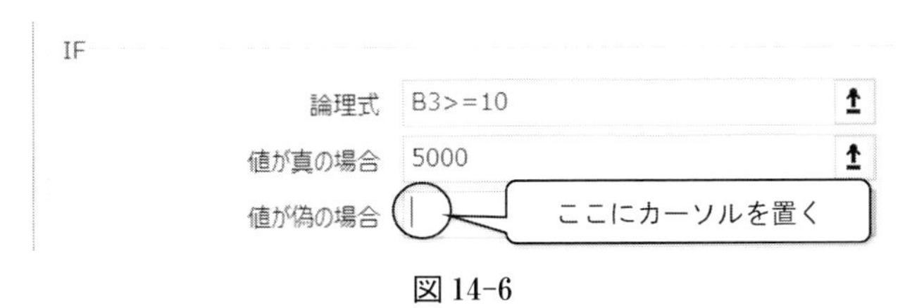

図 14-6

⑥　数式バー左端にある［名前ボックス］の▼をクリック → リストから「IF」を選択

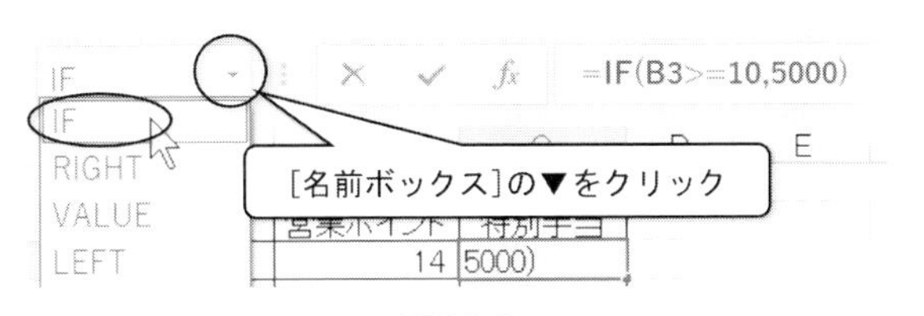

図 14-7

⑦　これまで入力中だった IF 関数のダイアログボックスがいったん消える → 新たな IF 関数の［関数の引数］ダイアログボックス → ［論理式］欄；B3>=5 → ［真の場合］欄；3000 → ［偽の場合］欄；0 → （［OK］ボタンを押さずに）数式バーの「IF」の文字をクリック（**図 14-8**）

図 14-8

⑧　IF 関数の［関数の引数］ダイアログボックスの内容を確認 → ［OK］ボタン

図 14-9

⑨　すると、セルC3には「＝IF(B3＞＝10, 5000, IF(B3＞＝5, 3000, 0))」が入力され、IF 関数の判断結果として「5,000」と表示されます。

※もちろん、数式バーに関数をキーボードで直接入力しても可です。以下同様。

⑩　セルC3をC8までオートフィルし、完成です（**図 14-3**）。

14.2　複合条件

複雑な条件の例を次に示します。

【例】　筆記試験が 70 点以上で、かつ面接が「A」なら合格とする。

この例では、2 つの条件、すなわち筆記試験≧70 と面接＝"A"を、「かつ」という関係で結合して使われています。このように複数の条件が結合されているものを**複合条件**といいます。

Excel では複合条件を記述するために、AND 関数と OR 関数が用意されています。それらの書式と使用例を次に示します。

> **AND(論理式 1, 論理式 2, ...)**
> ➢　指定されたすべての条件が真のとき、真の値を返す
> 論理式：条件

使用例：　＝IF(AND(A1＞＝70, B1＝"A"), "○", "×")

意味：もしA1が 70 以上で、かつB1が「A」なら「○」を、そうでなければ「×」を表示します。

> **OR(論理式 1, 論理式 2, ...)**
> ➢　指定されたいずれかの条件が真のとき、真の値を返す
> 論理式：条件

使用例：　＝IF(OR(A1＞＝70, B1＝"A"), "○", "×")

意味：もしA1が 70 以上か、またはB1が「A」なら「○」を、そうでなければ「×」を表示します。

One Point

AND 関数のように、すべての条件が真のとき真となる論理演算を**論理積**といいます。また、OR 関数のように、いずれかの条件が真のとき真となる論理演算を**論理和**といいます。

例題3　複合条件　【使用ファイル：Excel 14.xlsx、使用シート：例題 3】

【設問 1】　下表の OR の値は、書類審査が「A」か、または論文が「A」なら「真」となり、そうでなければ「偽」とします。また、AND の値は、筆記試験が 70 以上で、かつ面接が「A」ならば「真」となり、そうでなければ「偽」とします。下表の［　］に当てはまる適切な語句を解答欄に記入しなさい。

表 14-2

書類審査	論文	OR	筆記試験	面接	AND
A	A	［（1）］	70	A	［（4）］
A	B	真	70	B	［（5）］
B	A	［（2）］	60	A	［（6）］
B	B	［（3）］	60	B	偽

解答欄：(1)______　(2)______　(3)______　(4)______　(5)______　(6)______

【設問 2】　表（**図 14-10**）には第 1 次試験の書類審査と論文の評価が記録されています。第 1 次合否の欄には、書類審査が「A」か、または論文が「A」なら「合格」と表示し、そうでなければ何も表示しません。完成見本のとおり、第 1 次合否を求めなさい。

	A	B	C	D	E	F	G
1	例題3:　複合条件						
2		第1次試験			第2次試験		
3	氏名	書類審査	論文	第1次合否	筆記試験	面接	第2次合否
4	青木 ○子	A	B	合格	88	A	合格
5	池田 崇○	C	B				
6	石○ 良太郎	A	C	合格	90	B	
7	井上 ○夫	A	C	合格	70	A	合格
8	江崎 ○郎	B	C				
9	太田 ○郎	A	A	合格	65	A	

図 14-10　例題 3　完成見本

セル D 4 の第 1 次合否では、書類審査（セル B 4）と論文（セル C 4）に関する条件を OR 関数で結合します。すなわち、OR(B 4＝"A", C 4＝"A")となります。よって、第 1 次合否（セル D 4）は「＝IF(OR(B 4＝"A", C 4＝"A"), "合格", "")」となります。

それでは次の手順に従い、OR 関数を含む IF 関数を入力してみましょう。

① 日本語入力を OFF にします。

② セル D 4 を選択します。

③ 数式バーにある［関数の挿入］ボタン（f_x）→［関数の挿入］ダイアログボックス →［関数の分類］欄；すべて表示 →［関数名］欄；I キー（IF 関数の頭文字）→ リストから「IF」を選択 →［OK］ボタン

④ IF 関数の［関数の引数］ダイアログボックス →［論理式］欄をクリックし、その欄にカーソルがあることを確認

⑤　数式バー左端にある［名前ボックス］の▼をクリック → リストから「その他の関数」を選択（ただし、このリスト内に「OR」があれば、それを選び手順⑦へ）

⑥　新たな［関数の挿入］ダイアログボックス → ［関数の分類］欄；すべて表示 → ［関数名］欄；Oキー（OR関数の頭文字）→ ［関数名］欄のスクロールバーの▼を数回クリックし、リストから「OR」を選択 → ［OK］ボタン

⑦　これまで入力中だったIF関数のダイアログボックスがいったん消える → OR関数の［関数の引数］ダイアログボックス → ［論理式1］欄；B4="A", → ［論理式2］欄；C4="A" →（［OK］ボタンを押さずに）数式バーの「IF」の文字をクリック

⑧　IF関数の［関数の引数］ダイアログボックス → ［真の場合］欄；合格 → ［偽の場合］欄；""（空文字列）→ ［OK］ボタン

⑨　すると、セルD4には「=IF(OR(B4="A", C4="A"), "合格", "")」が入力され、IF関数の判断結果として「合格」と表示されます。

⑩　セルD4をD9までオートフィルし、第1次合否の欄が作成できます（**図14-10**）。

【設問3】　表には第2次試験の筆記試験と面接の評価が記録されています。第2次合否は、筆記試験が70以上で、かつ面接が「A」ならば「合格」と表示し、そうでなければ何も表示しません。完成見本（**図14-10**）のとおり、第2次合否を求めなさい。

設問2と同様にAND関数を含んだIF関数を入力してみましょう。

14.3　条件付き集計処理

基礎編ではSUM関数やCOUNT関数を学びましたが、ここでは条件を満たすセルだけを数えたり、合計する関数を学びます。

例題4　条件付き集計処理（COUNTIF関数）

【使用ファイル：Excel 14.xlsx、使用シート：例題4】

表（**図14-11**）には各受験者の得点が記録されています。得点が60点以上の人数を求めなさい。

	A	B	C	D	E
1	例題4:　条件付き集計処理(COUNTIF関数)				
2	氏名	得点		60点以上の人数	4
3	青木 ○子	80			
4	池田 崇○	45			
5	石○ 良太郎	60			
6	井上 ○夫	72			
7	江崎 ○郎	58			
8	太田 ○郎	96			

図14-11　例題4　完成見本

条件を満たすデータを数えるには、COUNTIF 関数を使うと便利です。その書式を次に示します。

> **COUNTIF(範囲, 検索条件)**
> ➢　検索条件を満たすセルの個数を数える
> 範囲：検索対象となるセルの範囲
> 検索条件：数えるセルを判断する条件

検索条件の書き方の例を次表に示します。

表 14-3　COUNTIF 関数の検索条件例

例	検索条件例	条件の意味
1	=COUNTIF(範囲, 100)	100 と等しい
2	=COUNTIF(範囲, "合格")	"合格"と等しい
3	=COUNTIF(範囲, "abc")	abc(ABC)と等しい(大文字と小文字は区別されない)
4	=COUNTIF(範囲, ">=60")	60 以上（条件を二重引用符で囲むこと）
5	=COUNTIF(範囲, B1)	セル B1 と等しい なお、セル内に比較演算子を書くことも可能 例：セル B1 が">=60"ならば、例 4 と等価

この例題では、検索する範囲は得点の欄の「B3:B8」となり、検索条件は「>=60」となります。よって、セル E2 は「=COUNTIF(B3:B8,">=60")」となります。それでは次の手順に従い、COUNTIF 関数を入力してみましょう。

① 日本語入力を OFF にします。

② セル E2 を選択します。

③ 数式バーにある［関数の挿入］ボタン（*fx*）→［関数の挿入］ダイアログボックス →［関数の分類］欄；すべて表示 →［関数名］欄；C キー（COUNTIF 関数の頭文字）→［関数名］欄のスクロールバーの▼を数回クリックし、リストから「COUNTIF」を選択 →［OK］ボタン

④ COUNTIF 関数の［関数の引数］ダイアログボックス →［範囲］欄；B3:B8 →［検索条件］欄；>=60 →［OK］ボタン

⑤ すると、セル E2 には「=COUNTIF(B3:B8,">=60")」が入力され、その集計結果として「4」が表示されます（**図 14-11**）。

例題 5　条件付き集計処理（SUMIF 関数）

【使用ファイル：Excel 14.xlsx、使用シート：例題 5】

表（**図 14-12**）には各店別・各商品別の売上金額が記録されています。全店の各商品別合計を求めなさい。

	A	B	C	D	E	F
1	例題5:　条件付き集計処理(SUMIF関数)					
2	店名	商品名	売上金額		商品名	合計
3		パン	505,894		パン	1,080,073
4	大阪店	ケーキ	455,291		ケーキ	1,350,216
5		和菓子	436,697		和菓子	1,156,480
6		パン	305,229			
7	京都店	ケーキ	210,000			
8		和菓子	601,020			
9		パン	268,950			
10	神戸店	ケーキ	684,925			
11		和菓子	118,763			

図 14-12　例題 5　完成見本

まず、商品名が「パン」と等しい行に記録されている売上金額だけを合計することを考えます。このように、条件付きの合計処理には、SUMIF 関数を使うと便利です。その書式を次に示します。

SUMIF(範囲, 検索条件, 合計範囲)

➢　条件を満たすセルの合計を求める

範囲：検索対象となるセルの範囲

検索条件：検索対象のセルを判断する条件

合計範囲：合計対象となるセルの範囲

SUMIF 関数の検索条件の書き方は、COUNTIF 関数と同様です（**表 14-3** 参照）。

この例題では、検索する範囲は「B 3 : B 11」、検索条件は「"パン"」、合計する範囲は「C 3 : C 11」となります。しかし、これでは「ケーキ」、「和菓子」を求める際に、オートフィルによる式の設定ができません。そこで、文字定数"パン"の代わりに「パン」が記録されているセル E 3 を用います。また、セルの範囲には絶対参照を設定します。すると、式は「= SUMIF($B$3 : $B$11, E 3, $C$3 : $C$11)」となります。それでは次の手順に従い、SUMIF 関数を入力してみましょう。

① 日本語入力を OFF にします。

② セル F 3 を選択します。

③ 数式バーにある［関数の挿入］ボタン（*fx*）→［関数の挿入］ダイアログボックス →［関数の分類］欄；すべて表示 →［関数名］欄；S キー（SUMIF 関数の頭文字）→［関数名］欄のスクロールバーの▼を数回クリックし、リストから「SUMIF」を選択 →［OK］ボタン

④ SUMIF 関数の［関数の引数］ダイアログボックス →［範囲］欄；$B$3 : $B$11（マウスで範囲を選択後、ファンクションキー F 4 を押し絶対参照にします）→［検索条件］

欄；E 3 →［合計範囲］欄；$C$3：$C$11（マウスで範囲を選択後、ファンクションキーF 4 を押し絶対参照にします）→［OK］ボタン

⑤　すると、セルF 3 には「＝SUMIF($B$3：$B$11, E 3, $C$3：$C$11)」が入力され、その合計結果として「1,080,073」と表示されます。

⑥　セルF 3 をF 5 までオートフィルし、完成です（**図 14-12**）。

他に、条件付きの平均を求める AVERAGEIF 関数もあります。検索条件の書き方や使用方法は SUMIF 関数と同様です。

AVERAGEIF（範囲, 条件, 平均対象範囲）

➢　条件を満たすセルの平均を求める

範囲：検索対象となるセルの範囲

検索条件：検索対象のセルを判断する条件

平均対象範囲：平均対象となるセルの範囲

コーヒーブレイク

誤差の話 [1]

【使用ファイル：Excel 14.xlsx、使用シート：誤差の話】

Excel の数値（浮動小数点数）は、IEEE 754 という国際的な規格に従っています。これによれば、扱える数値の最大値は $1.79769313486232 \times 10^{308}$、正の最小値は $2.2250738585072 \times 10^{-308}$ で、有効数字 15 桁（10 進数）の精度の範囲内で表現されます。この最大値を超えた場合はオーバーフロー（overflow）、最小値より小さい場合はアンダーフロー（underflow）といい、正しく記録することができません。

コンピューター内部において、数値は 2 進数で扱われています。10 進数の値によっては、2 進数において無限に繰り返される数値（循環小数）として表現され、それが誤差になることがあります。

【例 1】　＝32.1－32.2＋1

数学の結果：　0.9

Excel の結果：0.899999999999999　※小数点以下の桁数を 15 に設定

また、絶対値の差が大きいもの同士の加減算を行うと、**情報落ち**と呼ばれる誤差が生じます。

【例 2】　＝1234567890 ＋ 0.123456789

数学の結果：　1234567890.123456789

Excel の結果：1234567890.123460000　※小数点以下の桁数を 9 に設定

絶対値がほぼ等しいもの同士の減算を行うと、有効数字の**桁落ち**が生じます。

【例3】　＝123456789.012345－123456789.012333

数学の結果：　0.000012

Excelの結果：0.000011995　※小数点以下の桁数を9に設定

このような誤差を持つ実数の等価判断において、単純に比較演算子＝を用いることは適切ではありません。一般に、あらかじめその許容誤差 ε を設定し、比較対象である実数の差の絶対値が許容誤差 ε より小さければ、等価とみなして処理を行います。

【例4】　実数XとYの等価判断：　$|X-Y| < \varepsilon$ なら等価とみなす

14.4　演習課題

演習1　【使用ファイル：Excel 14.xlsx、使用シート：演習1】

	A	B	C
1	演習1		
2	料理名	カロリー(kcal)	評価
3	刺身定食	595	中
4	カツ丼	980	高
5	にぎり寿司	456	中
6	ざるそば	285	低
7	きつねうどん	390	中
8	チャーハン	743	高

図14-13　演習1　完成見本

表（**図14-13**）には各料理のカロリーが記録されています。カロリーが600 kcal以上なら評価は「高」、600未満300 kcal以上なら「中」、300 kcal未満なら「低」とします。表中黄色のセル内に当てはまる適切な式を入れ、完成見本のとおり表を作成しなさい。

※塗りつぶしにより着色されたセルは、本書の図では灰色に表示されますが、本文中では使用するExcelシート上の色のとおりに、例えば「黄色のセル」などと表記します。以下同様。

ヒント：IF関数の入れ子を用います。

演習2　【使用ファイル：Excel 14.xlsx、使用シート：演習2】

	A	B	C	D	E
1	演習2				
2	社員名	年齢	血液型	判定X	判定Y
3	青木 ○子	29	A型	○	
4	池田 崇○	35	AB型		○
5	石○ 良太郎	52	O型		
6	井上 ○夫	30	A型		
7	江崎 ○郎	51	B型		○
8	太田 ○郎	26	A型	○	

図14-14　演習2　完成見本

表（**図 14-14**）には社員の年齢及び血液型が記録されています。判定 X の欄では、30 歳未満でかつ血液型が A 型なら「○」を表示し、そうでなければ何も表示しません。また、判定 Y の欄では、血液型が B 型または AB 型なら「○」を表示し、そうでなければ何も表示しません。表中黄色のセル内に当てはまる適切な式を入れ、完成見本のとおり表を作成しなさい。

ヒント：AND 関数、OR 関数を用います。

演習 3　【使用ファイル：Excel 14.xlsx、使用シート：演習 3】

	A	B	C	D	E	F	G	H	I
1	演習3								
2	伝票番号	売上日	商品コード	受注金額	店舗名		店舗名	受注件数	受注金額
3	1	2014/8/1	BT-3	18,204	寝屋川支店		守口本店	109	7,057,986
4	2	2014/8/1	IS-1	18,942	寝屋川支店		門真支店	54	2,427,651
5	3	2014/8/1	IU-1	122,754	守口本店		寝屋川支店	47	2,614,857
6	4	2014/8/1	BB-2	24,600	門真支店		枚方支店	34	1,706,625
7	5	2014/8/1	BJ-5	36,900	高槻支店		高槻支店	56	3,383,976
8	6	2014/8/1	IA-1	10,824	守口本店		合　計	300	17,191,095
9	7	2014/8/1	BE-2	10,701	門真支店				

図 14-15　演習 3　完成見本

表（**図 14-15**）には各商品の受注金額と受注した店舗名が記録されています。各店舗の受注件数と受注金額ならびにそれらの合計を求めます。表中黄色のセル内に当てはまる適切な式を入れ、完成見本のとおり表を作成しなさい。

ヒント：各店舗の計算式をオートフィルで設定するため、セル H3 の COUNTIF 関数及びセル I3 の SUMIF 関数の検索条件にはセル G3 を用います。また、絶対参照を適切な箇所に設定します。

演習 4　【使用ファイル：Excel 14.xlsx、使用シート：演習 4】

	A	B	C	D	E
1	演習4				
2	会員名	会員ランク	割引率	購入金額	割引額
3	青木 ○子	2	5%	83,452	4,172
4	池田 崇○	7	20%	63,276	12,655
5	石○ 良太郎	4	15%	36,345	5,451
6	井上 ○夫	5	20%	22,112	4,422
7	江崎 ○郎	3	10%	41,010	4,101
8	太田 ○郎	1	5%	27,163	1,358

図 14-16　演習 4　完成見本

表（**図 14-16**）には各会員の会員ランクと購入金額が記録されています。会員は会員ランクに応じた割引サービスを受けることができます。会員ランクと割引率との対応は**表 14-4** のとおりです。割引額は購入金額に割引率を掛けて求めます。表中黄色のセル内に当てはまる適切な式を入れ、完成見本のとおり表を作成しなさい。

表 14-4

会員ランク	割引率
5 以上	20%
4	15%
3	10%
3 未満	5%

ヒント：IF 関数の入れ子を用います。

演習5　【使用ファイル：Excel 14.xlsx、使用シート：演習5】

	A	B	C
1	演習5		
2	社員名	BMI	判定
3	青木 ○子	19.2	適正
4	池田 崇○	26.8	要観察
5	石○ 良太郎	25.0	適正
6	井上 ○夫	18.5	適正
7	江崎 ○郎	17.9	要観察
8	太田 ○郎	24.5	適正
9			

図14-17　演習5　完成見本

表（**図14-17**）には社員のBMIの値が記録されています。BMIとは身長と体重から得られる健康管理上の指標です。判定の欄には、BMIが18.5以上25.0以下の範囲内であれば、「適正」、そうでなければ「要観察」と表示します。表中黄色のセル内に当てはまる適切な式を入れ、完成見本のとおり表を作成しなさい。

演習6　【使用ファイル：Excel 14.xlsx、使用シート：演習6】

	A	B	C	D	E	F	G	H	I	J
1	演習6									
2	NO	年齢	質問1	質問2	質問3		評価	質問1	質問2	質問3
3	1	20歳代	やや良い	やや良い	普通		良い	15	14	10
4	2	30歳代	普通	やや悪い	普通		やや良い	28	31	17
5	3	10歳代	やや良い	やや悪い	良い		普通	34	31	52
6	4	10歳代	普通	やや良い	普通		やや悪い	22	24	19
7	5	10歳代	普通	やや良い	やや良い		悪い	1	0	2
8	6	20歳代	普通	やや良い	普通		合計	100	100	100

図14-18　演習6　完成見本

表（**図14-18**）にはアンケートの結果が記録されています。質問1〜3における5段階評価（良い〜悪い）の解答件数を求めます。表中黄色のセル内に当てはまる適切な式を入れ、完成見本のとおり表を作成しなさい。

ヒント：各集計の式をオートフィルで設定するため、セルH3のCOUNTIF関数の検索条件にはセルG3を用います。また、絶対参照を適切な箇所に設定します。オートフィルは行及び列の両方向に行います。

＜例題設問解答＞

例題1　【設問1】

得点	評価（解答欄）
80	A
79	B
60	B
59	C

【設問2】（1）80　（2）60　（3）60

例題3　【設問1】（1）真　（2）真　（3）偽　（4）真　（5）偽　（6）偽

【設問2】本文参照

【設問3】第2次合否（セルG4）：=IF(AND(E4>=70, F4="A"), "合格", "")

これをG9までオートフィルし、完成です。

＜参考文献＞

［1］　多田憲孝・増山博『アルゴリズム設計の基礎』日本理工出版会（1999）

第 15 章　データベース機能 II

並べ替えや抽出など、基本的なデータベースの扱い方を第 7 章で学びました。ここでは、項目ごとの小計を追加したり、クロス集計をしたりしながら、データベースから目的の表や数値を導き出す方法を学びましょう。

15.1　小計の追加

［小計］を使用すると、グループごとの小計と総計を簡単に追加することができます。また、アウトラインが自動生成され、必要に応じて表示を切り替えることができます。

例題 1　小計の追加　　【使用ファイル：Excel 15.xlsx、使用シート：例題 1】

例題 1 シートの表に「店舗」ごとの「数量」と「金額」を合計した集計行（小計）を表示しなさい。

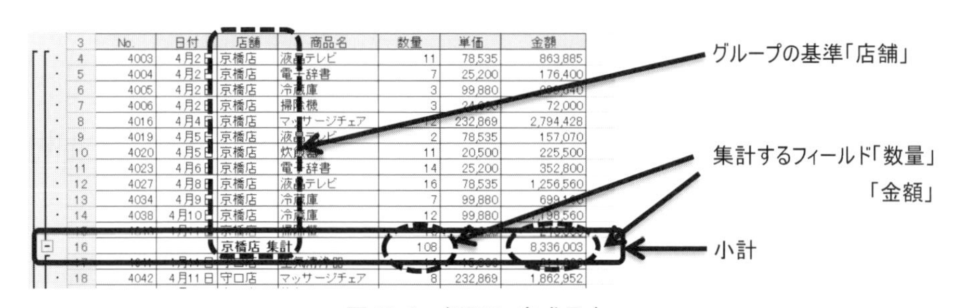

図 15-1　例題 1 完成見本

小計を追加するには、まず**グループごとに並べ替え**を行って、同じアイテムをまとめておく必要があります。「店舗」の昇順に並べ替えをしましょう。

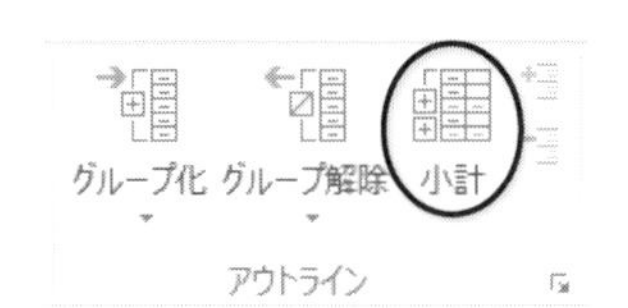

図 15-2　［小計］ボタン

① 「店舗」フィールドのセルを 1 つアクティブセルにします。

② ［データ］タブ → ［並べ替えとフィルター］グループ → ［昇順］ボタンをクリックします。

小計を追加しましょう。

③ 表内のセルを 1 つアクティブセルにします。

④ ［データ］タブ → ［アウトライン］グループ → ［小計］ボタン（**図 15-2**）をクリックします。

⑤ ［集計の設定］ダイアログボックスが表示されます。

以下のとおり設定し、［OK］をクリックします（**図 15-3**）。

［グループの基準］欄；店舗

図 15-3　［集計の設定］ダイアログボックス

［集計の方法］欄；合計

［集計するフィールド］欄；［数量］チェックボックス　オン

［金額］チェックボックス　オン

アウトラインの操作

［小計］ボタンを使用すると、**図 15-4** のように行番号の左にアウトライン操作領域が表示されます。上部のアウトライン記号 1 2 3 をクリックすると全体のアウトラインレベルが変更されます。また、各グループの集計行の横にある + − をクリックすると部分的な展開や折り畳みができます。

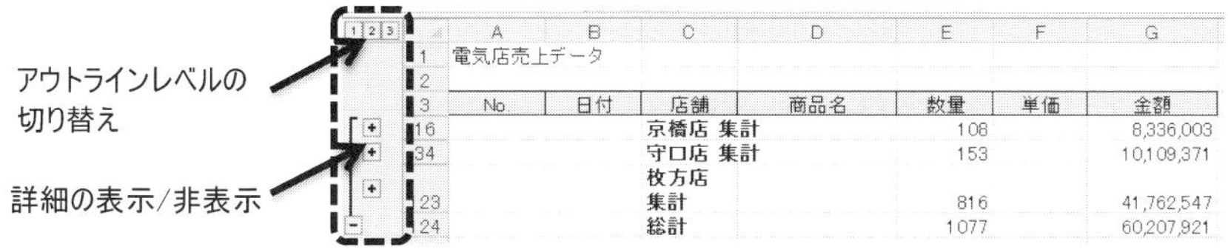

アウトラインレベルの切り替え

詳細の表示/非表示

	A	B	C	D	E	F	G
1	電気店売上データ						
2							
3	No.	日付	店舗	商品名	数量	単価	金額
16			京橋店 集計		108		8,336,003
34			守口店 集計		153		10,109,371
23			枚方店 集計		816		41,762,547
24			総計		1077		60,207,921

図 15-4　アウトラインの操作

集計行（小計）の削除

集計行を削除するには、［集計の設定］ダイアログボックスの［すべて削除］ボタンをクリックします（**図 15-5**）。

※集計された表内にアクティブセルを移動してから操作します。

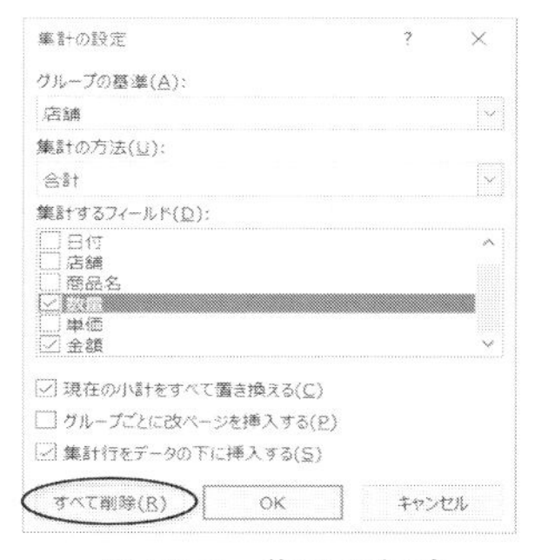

図 15-5　集計の削除

表範囲の自動認識

並べ替えや小計などデータベース機能を使用する際、隣接したセルにタイトルや単位などが入力されていると表の範囲が自動認識されない場合があります。

表範囲が自動認識されない場合は、データベースの範囲を選択してから操作を実行します。広い範囲の選択操作は、表の開始セルをクリックし Ctrl ＋ Shift ＋ → ＋ ↓ が便利です。

15.2　ピボットテーブル機能

ピボットテーブル機能とは、**大量のデータを迅速に集計する機能**です。データベースには大量のデータが蓄積されていますが、それを活用するためには、必要なフィールドを抜粋して集計するなど、個々の目的に応じて加工しなければなりません。ピボットテーブル機能を使用すると、その加工を簡単に行うことができます。

例題に入る前に、ピボットテーブルでどんな集計が行われているのか理解するため、設問1に取り組んでみてください。この作業によってピボットテーブルの理解が深まり、その利便性を感じることができるでしょう。

【設問1】 解答欄の「売上金額集計表」は設問1シートの表のクロス集計を想定したものです。これまでに学習した機能を使用して以下の表の空欄に入る数値を算出し、解答欄の表に書き込みなさい。 ※なお、各設問の解答は章末にあります。

ヒント：テーブル機能、フィルター、関数、オートカルクなどを使用しましょう。

【使用ファイル：Excel 15.xlsx、使用シート：設問1】

解答欄：

売上金額集計表

	京橋店	守口店	枚方店	総計
液晶テレビ	1,020,955	2,120,445	1,884,840	5,026,240
空気清浄器	0			
掃除機	360,000			
電子辞書	453,600			
冷蔵庫	299,640			
総計	2,134,195			

設問1で作成した表はごく一般的なクロス集計ですが、データベースからこの表を作成するのは手数が掛かります。

それでは、ピボットテーブル機能を使用して簡単にクロス集計を行いましょう。

クロス集計

クロス集計とは、複数の項目に注目して分析や集計を行うことです。設問1では、「店舗」と「商品名」に注目して「売上金額」を集計しています。

例題 2-1　ピボットテーブルの作成　【使用ファイル：Excel 15.xlsx、使用シート：例題 2】

例題 2 シートの表をもとに、ピボットテーブルを使用して完成見本のような集計表を作成しなさい。

	A	B	C	D	E
1	日付	(すべて)			
2					
3	**合計 / 売上金額**	**列ラベル**			
4	**行ラベル**	**京橋店**	**守口店**	**枚方店**	**総計**
5	マッサージチェア	26779935	57751512	19560996	104092443
6	液晶テレビ	33377375	23403430	18377190	75157995
7	空気清浄器	3182400	2998800	2830500	9011700
8	炊飯器	4592000	3382500	4346000	12320500
9	掃除機	4200000	7632000	5640000	17472000
10	電子辞書	4309200	5695200	4737600	14742000
11	冷蔵庫	19776240	20775040	26368320	66919600
12	**総計**	**96217150**	**121638482**	**81860606**	**299716238**

図 15-6　例題 2-1 完成見本

15.2.1　ピボットテーブルの挿入

もとになるデータベースを指定しましょう。

① 表内のセルを 1 つアクティブセルにします。

ピボットテーブルを挿入しましょう。

② ［挿入］タブ → ［テーブル］グループ → ［ピボットテーブル］ボタンをクリックします。

③ ［ピボットテーブルの作成］ダイアログボックスが表示されます。

範囲が正しく認識され、新規ワークシートが選択されていることを確認し、［OK］ボタンをクリックします（図 15-7）。

図 15-7　［ピボットテーブルの作成］ダイアログボックス

図 15-8 のように新規ワークシートに、空のピボットテーブルが作成されます。

右側にフィールドリストと呼ばれる領域が表示され、もとになっているデータベースのフィールド名が表示されます。

図 15-8　空のピボットテーブル

One Point

フィールドリストは、ワークシート上のピボットテーブルの枠内をアクティブセルにしたときのみ表示されます。

15.2.2　フィールドの配置

右側に表示されている領域を「**フィールドリスト**」といいます。上部の「**フィールドセクション**」と、下部の「**エリアセクション**」に分かれています。**図 15-9** のように、フィールド

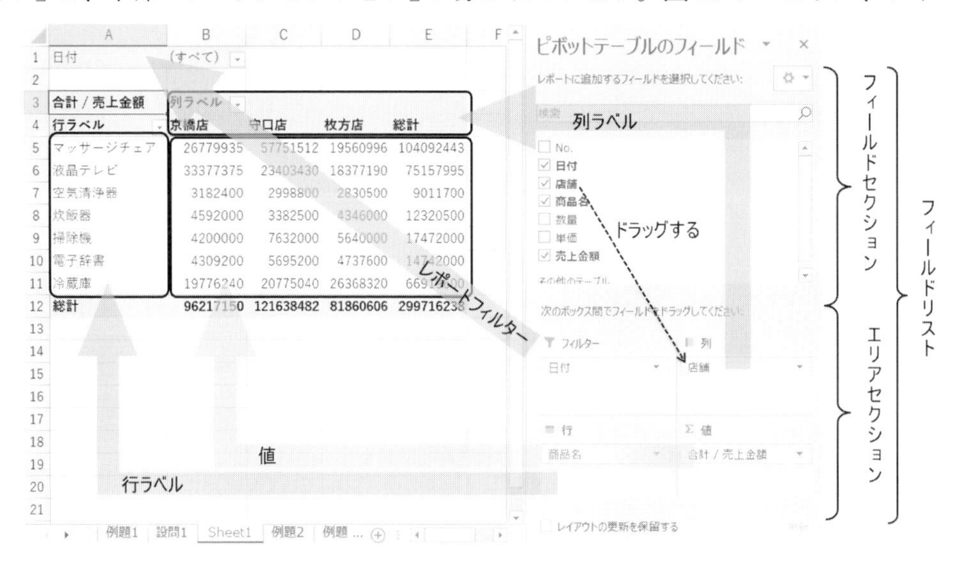

図 15-9　フィールドの配置とフィールドリスト

セクションからエリアセクションにフィールド名をドラッグすると、ピボットテーブルの対応するエリアに配置することができます。なお、各エリアの役割は**表 15-1** のとおりです。合計や平均などを集計できるのは「値」エリアのみであることに注意しましょう。

表 15-1　ピボットテーブルの各エリアの役割

エリア	役割	特徴
行	行データの見出し（行ラベル）	
列	列データの見出し（列ラベル）	
フィルター	フィルター（レポートフィルター）	選択したアイテムの集計表に絞り込むことが可能
Σ 値	集計	合計・平均・データの個数など、集計ができる唯一のエリア

完成見本のとおりにフィールドを配置しましょう。

① フィールドセクションの［商品名］を、エリアセクションの［行］のボックス内にドラッグします。

② 同様に次のとおりフィールドを配置します。

［店舗］フィールド　　⇒［列］エリア

［売上金額］フィールド　⇒［値］エリア
［日付］フィールド　　　⇒［フィルター］エリア

例題 2-2　**ピボットテーブルの編集**　【使用ファイル：Excel 15.xlsx、使用シート：例題 2】
例題 2-1 で作成したピボットテーブルを、完成見本のように編集しなさい。

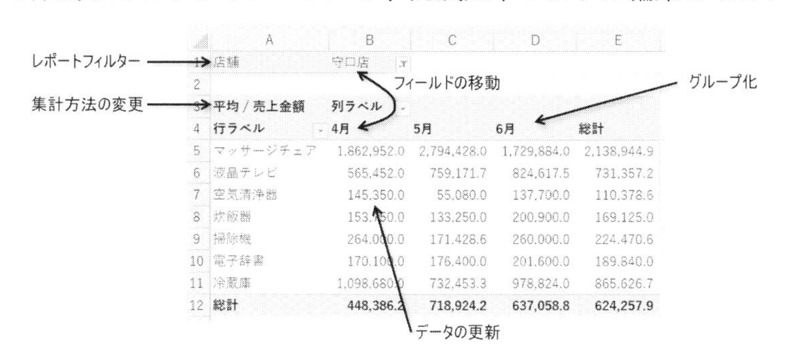

	A	B	C	D	E
1	店舗	守口店			
2					
3	平均 / 売上金額	列ラベル			
4	行ラベル	4月	5月	6月	総計
5	マッサージチェア	1,862,952.0	2,794,428.0	1,729,884.0	2,138,944.9
6	液晶テレビ	565,452.0	759,171.7	824,617.5	731,357.2
7	空気清浄器	145,350.0	55,080.0	137,700.0	110,378.6
8	炊飯器	153,[illegible]50.0	133,250.0	200,900.0	169,125.0
9	掃除機	264,0[illegible]0.0	171,428.6	260,000.0	224,470.6
10	電子辞書	170,10[illegible].0	176,400.0	201,600.0	189,840.0
11	冷蔵庫	1,098,680.[illegible]	732,453.3	978,824.0	865,626.7
12	総計	448,386.2	718,924.2	637,058.8	624,257.9

図 15-10　例題 2-2 完成見本

15.2.3　ピボットテーブルのレイアウト変更

エリアセクションに配置されたフィールド名のボタンをドラッグして、他のエリアに移動させることができます。

［日付］フィールドと［店舗］フィールドを入れ替えましょう（**図 15-11**）。

① エリアセクション内［フィルター］エリアの［日付］フィールドを［列］エリアへドラッグします。

② 同様に、［店舗］フィールドを［フィルター］エリアへドラッグします。

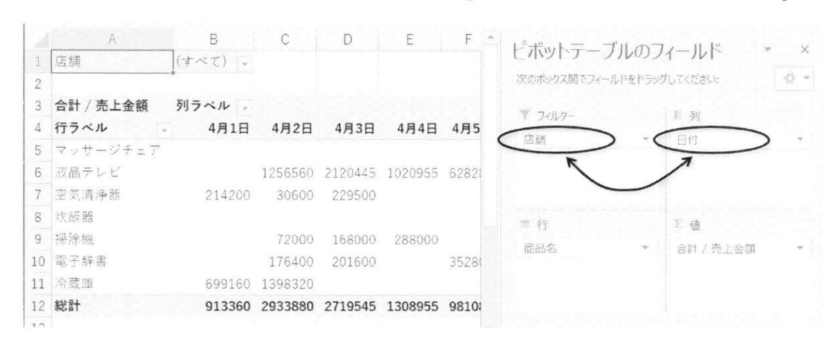

	A	B	C	D	E	F
1	店舗	(すべて)				
2						
3	合計 / 売上金額	列ラベル				
4	行ラベル	4月1日	4月2日	4月3日	4月4日	4月5
5	マッサージチェア					
6	液晶テレビ		1256560	2120445	1020955	6282
7	空気清浄器	214200	30600	229500		
8	炊飯器					
9	掃除機		72000	168000	288000	
10	電子辞書		176400	201600		3528
11	冷蔵庫	699160	1398320			
12	総計	913360	2933880	2719545	1308955	9810

図 15-11　フィールドの移動

フィールドの削除

各エリアに配置されたフィールドをエリアセクションの外にドラッグすると、フィールドを削除することができます。

15.2.4　フィールドのグループ化

列ラベルや行ラベルは、元のデータベースの**アイテム**(**図15-12**)で構成されます。複数のアイテムをまとめたラベルを指定したい場合は「**グループ化**」を行います。

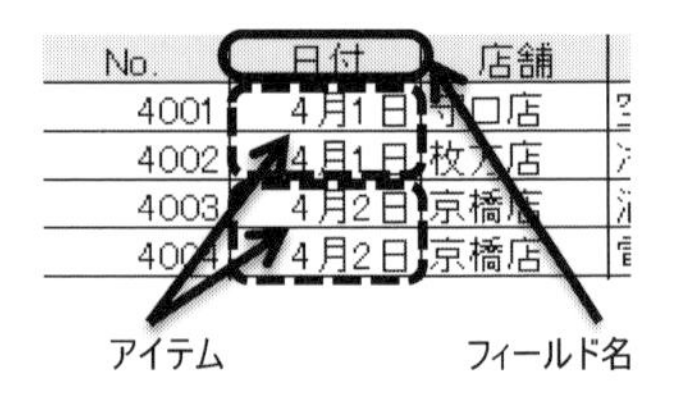

図15-12　フィールドとアイテム

Excel 2016以降では、日付データのフィールドを列または行エリアに配置すると、データ期間に応じて自動でグループ化が行われます。例題2−2のように、いったんレポートエリアに配置してから移動する場合は自動でグループ化されません。

［日付］フィールドのデータを月単位でグループ化しましょう。

① 列ラベルの日付のセルを1つアクティブセルにします。

② ［分析］タブ → ［グループ］グループ → ［フィールドのグループ化］ボタンをクリックします(**図15-13**)。

※ピボットテーブル内にアクティブセルを置くと、ピボットテーブルツールが表示されます。

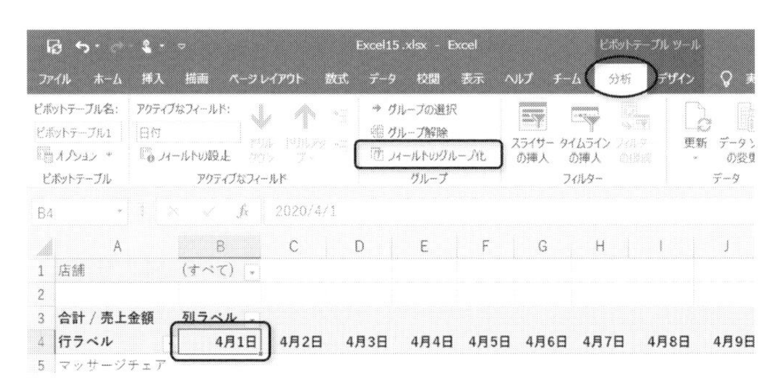

図15-13　フィールドのグループ化

③ ［グループ化］ダイアログボックスが表示されます。

［単位］欄の「月」が選択されていることを確認して［OK］ボタンをクリックします(**図15-14**)。

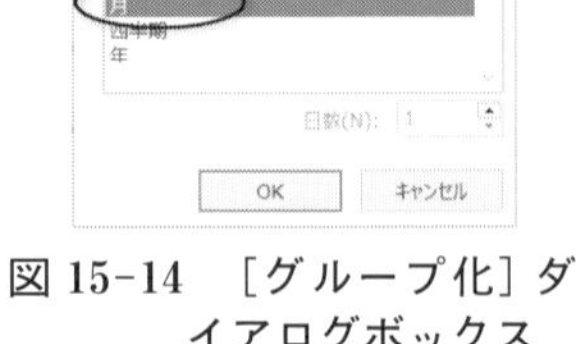

図15-14　［グループ化］ダイアログボックス

15.2.5　フィールドの設定

各エリアに配置されたフィールド単位で、集計方法や表示形式等の設定を変更できます。

図15-15のように、値エリアに配置したフィールドとそれ以外のエリアに配置したフィールドで設定内容が異なります。ここでは、値エリアに配置した［売上金額］フィールドの集計方法を「合計」から「平均」に変更しましょう。

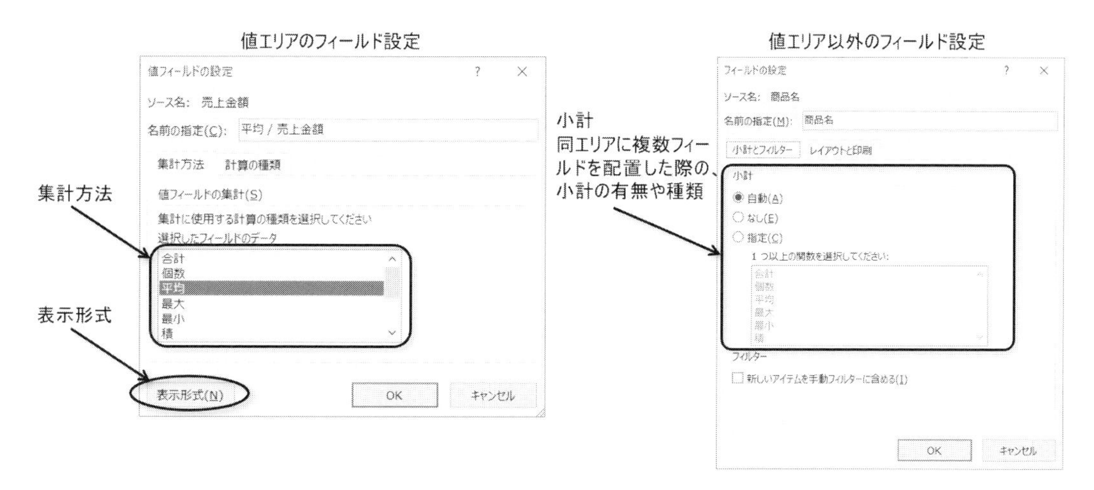

図 15-15　値エリアとそれ以外の［フィールド設定］比較

集計方法を「平均」に変更しましょう。

① 値エリアのセルを1つアクティブセルにします。

② ［分析］タブ →［アクティブなフィールド］グループ →［フィールドの設定］ボタンをクリックします。

③ ［値フィールドの設定］ダイアログボックス内［集計方法］タブ →［選択したフィールドのデータ］欄；平均を選択します（**図 15-16**）。

表示形式を小数第1位までの表示に設定しましょう。

④ ［値フィールドの設定］ダイアログボックス内［表示形式］ボタンをクリックします（**図 15-16**）。

⑤ ［セルの書式設定］ダイアログボックスが表示されます。
［分類］欄；数値　［小数点以下の桁数］欄；1と選択し、［OK］ボタンをクリックします（**図 15-17**）。

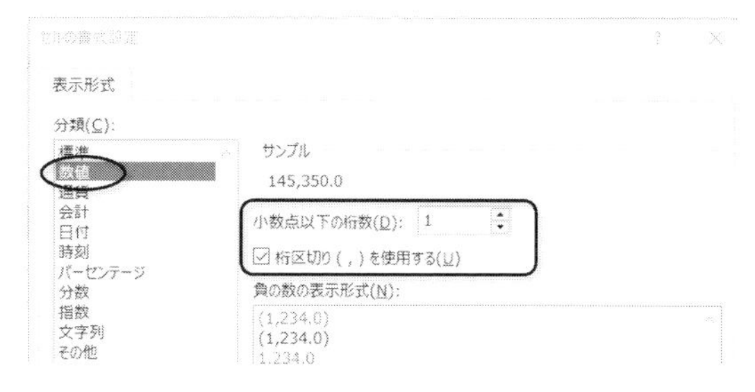

図 15-17

⑥ ［値フィールドの設定］ダイアログボックスに戻ります。
［OK］ボタンをクリックします。

表示形式は、セル範囲を選択して［ホーム］タブ →［数値］グループからの設定も可能です。

15.2.6　レポートフィルターによる抽出

フィルターエリアに配置したフィールドで、簡単に抽出が行えます。例題2では［店舗］フィールドを配置しているので、店舗ごとの集計表に切り替えてみましょう。

「守口店」の集計表に変更しましょう（**図15-18**）。

① ピボットテーブル内のレポートフィルターの▼をクリックします。

② 一覧から「守口店」を選択して［OK］をクリックします。

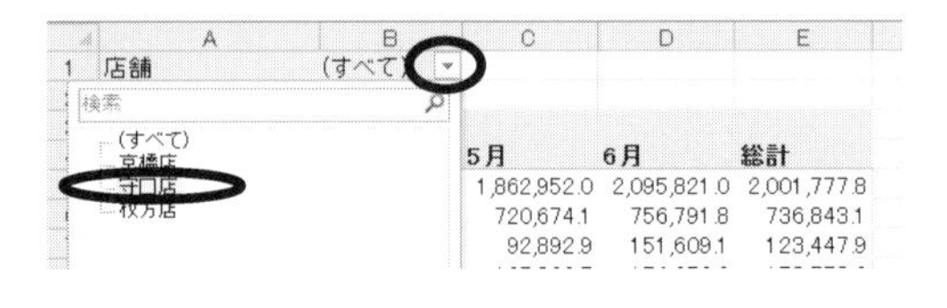

図15-18　レポートフィルター

フィルターは、**図15-19**のように行ラベルエリアや列ラベルエリアでも使用することができます。

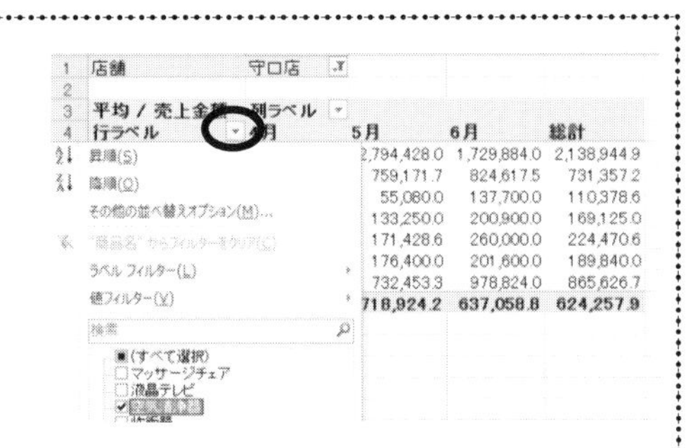

図15-19　行ラベルのフィルター

15.2.7　データの更新

ピボットテーブルはもとにしたデータベースと関連付けられていますが、データベースのデータが変更された場合は**更新**の操作を行う必要があります。例題2-2で作成したピボットテーブルを使用して確認してみましょう。

ピボットテーブルで4月の空気清浄器の数値を確認しましょう。

① ピボットテーブル内のセルB7の値が「133,875.0」であることを確認します（**図15-20**）。

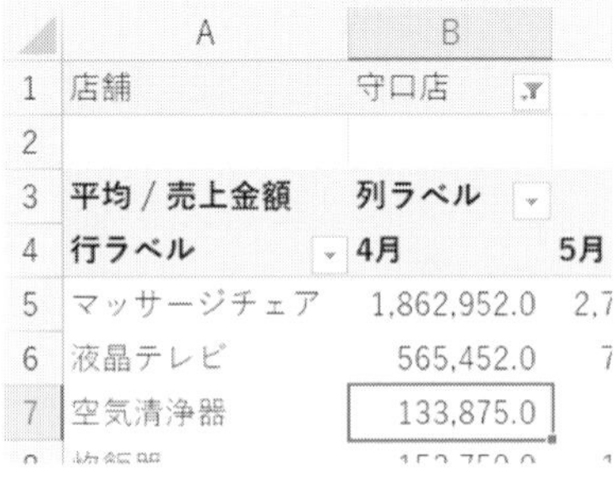

	A	B
1	店舗	守口店
2		
3	平均 / 売上金額	列ラベル
4	行ラベル	4月
5	マッサージチェア	1,862,952.0
6	液晶テレビ	565,452.0
7	空気清浄器	133,875.0

図15-20　更新前のセルB7

元のデータベースNo.4001のデータを変更しましょう。

② 例題2シートのセルE4を「14」から「20」に変更します（**図15-21**）。

※このデータは4月の守口店の空気清浄器の売上です。

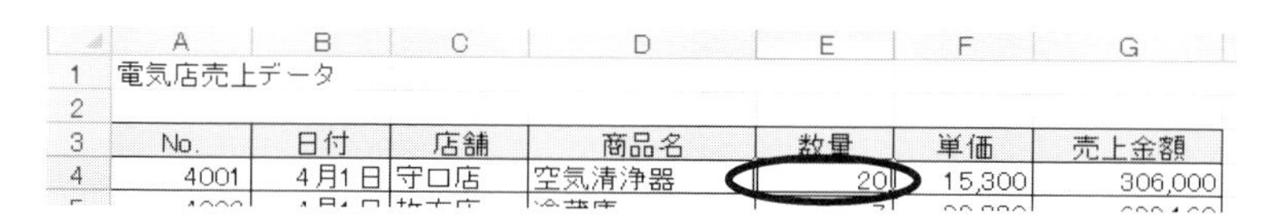

図 15-21　元のデータベース（変更後）

ピボットテーブルを更新しましょう。

③　ピボットテーブル内のセル B7 の値が「133,875.0」のままであることを確認します。

④　［分析］タブ → ［データ］グループ → ［更新］ボタン をクリックします。

⑤　セル B7 の値が「145,350.0」に変更されたことを確認します（図 15-22）。

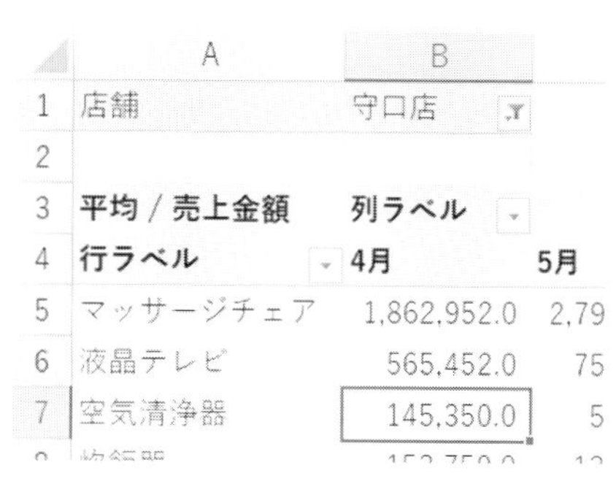

図 15-22　更新後のセル B7

One Point

ピボットテーブルの元データの変更は、保存や印刷をしても反映されません。反映させたい場合は［更新］の操作が必要です。

One Point

ピボットテーブルの編集（別法）

本書では一般的な操作原則にならい、［分析］タブを使用して編集をしましたが、図 15-23 のようにピボットテーブル上での右クリックや、図 15-24 のようにエリアセクションの各フィールド名をクリックすると、この章で紹介した設定を行うことができます。

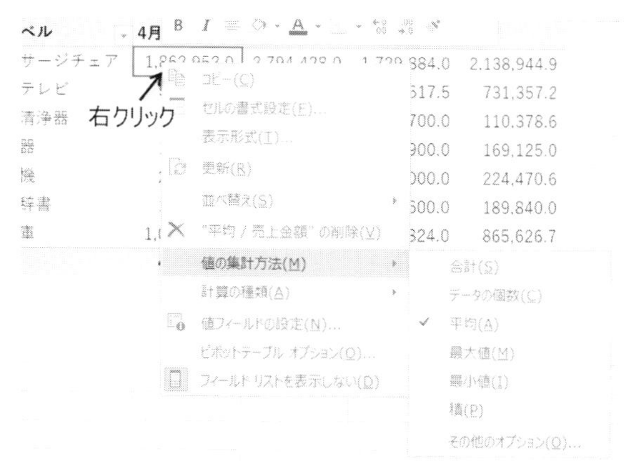

図 15-23　ピボットテーブル上での右クリック

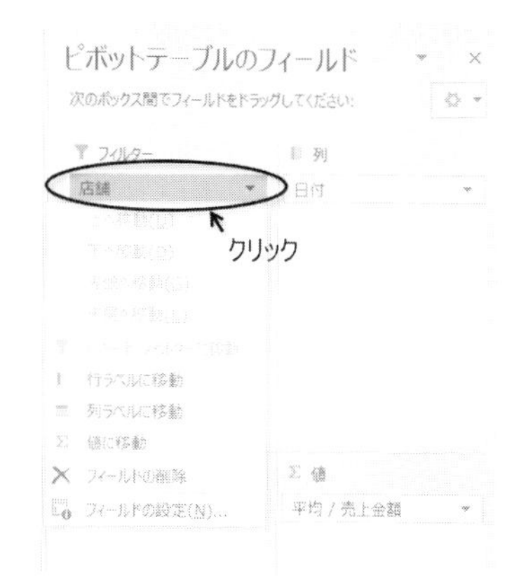

図 15-24　エリアセクションでの設定

15.3　ピボットテーブルの活用

ピボットテーブルは、操作方法を知っているだけでは役に立ちません。ピボットテーブルは、データベースから目的の情報を得るための手段であり目的ではありません。ここでは、ピボットテーブルをツールとして使い、目的の数値を導き出す練習を行います。

15.3.1　目的の数値を求める

これまで学習したピボットテーブルの基本操作をベースに、データベースを集計して指示された数値を導き出しましょう。

例題3　目的の数値を求める　【使用ファイル：Excel 15.xlsx、使用シート：例題3】
例題3シートのデータベースを集計し、土曜日の売上金額の合計を答えなさい。

この例題の答えは1つですが、方法はたくさんあります。ピボットテーブルを使わなくても答えを出すことは可能ですが、ここではピボットテーブルの活用がテーマですので、ピボットテーブルを使用して答えを求めましょう。求め方のヒントは以下のとおりです。

<求め方のヒント>

- キーワードになるアイテムが含まれるフィールドを、見出しかレポートフィルターのエリアに配置する。
- 合計や件数など、集計が必要なフィールドは値エリアに配置する。

以上のヒントを参考に、**図15-25**のように［曜日］フィールドを［行ラベル］エリア、［売上金額］フィールドを［値］エリアに配置したピボットテーブルを作成しましょう。

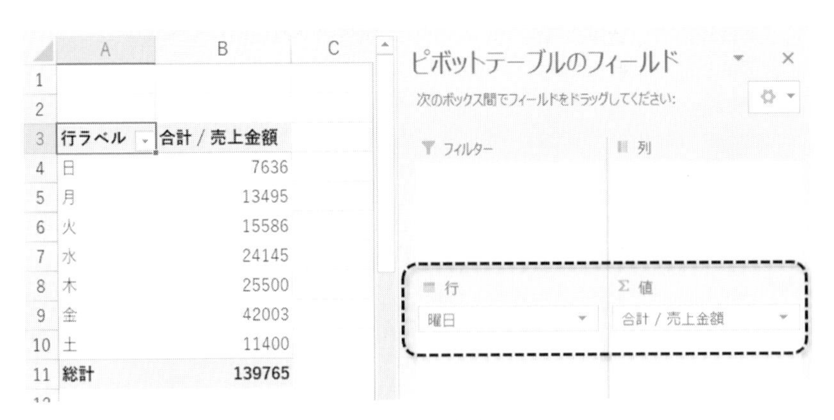

図15-25　曜日ごとの売上金額の集計

簡単なピボットテーブルですが、これで答えが出ました。
答えはセルB10の数値「11,400」です。

One Point

［曜日］フィールドを［列］エリアや［フィルター］エリアに配置しても答えは出ます。［売上金額］フィールドは集計の必要がありますので、必ず［値］エリアに配置しなければなりません。

【設問 2】　例題 3 シートのデータベースを集計し、水曜日の野菜の売上金額合計を答えなさい。

ヒント：［種別］フィールドをどこかのエリアに配置しましょう。

解答欄：　　　　　　円

【設問 3】　例題 3 シートのデータベースを集計し、水曜日の野菜の売上件数を答えなさい。

ヒント：［値］エリアの集計方法を［データの個数］に変更します。

解答欄：　　　　　　件

【設問 4】　例題 3 シートのデータベースを集計し、守口本店のトマトの売上件数を答えなさい。

ヒント：［値］エリアで［データの個数］を求める場合は、データが入っているフィールドであればどのフィールドを配置しても結果は同じです。

解答欄：　　　　　　件

15.3.2　目的の表を作成する

作成したい集計表のフォーマットがある場合、その表に合わせてピボットテーブルをレイアウトし、コピーすることで値を利用することが可能です。ここでは、設問 1 で手書きした表をピボットテーブルで作成してみましょう。

例題 4　目的の表を作成する　　　【使用ファイル：Excel 15.xlsx、使用シート：例題 4】

例題 4 シートのデータベースを集計し、I 2 : M 8 に作成された表の値を入力しなさい。罫線や塗りつぶしなど表の書式を変更しないこと。

売上金額金額集計表

	京橋店	守口店	枚方店	総計
液晶テレビ	1,020,955	2,120,445	1,884,840	5,026,240
空気清浄器	0	443,700	30,600	474,300
掃除機	360,000	0	168,000	528,000
電子辞書	453,600	75,600	201,600	730,800
冷蔵庫	299,640	1,098,680	699,160	2,097,480
総計	2,134,195	3,738,425	2,984,200	8,856,820

図 15-26　例題 4 完成見本

売上金額金額集計表

	京橋店	守口店	枚方店	総計
液晶テレビ				
空気清浄器				
掃除機				
電子辞書				
冷蔵庫				
総計				

図 15-27　例題 4 フォーマット

例題 4 では**図 15-27** のように表のフォーマットが与えられています。ピボットテーブルで、この表と同じレイアウトの集計表（**図 15-28**）を作成し、その値をコピーして利用します。

	A	B	C	D	E
1					
2					
3	合計 / 売上金額	列ラベル			
4	行ラベル	京橋店	守口店	枚方店	総計
5	液晶テレビ	1020955	2120445	1884840	5026240
6	空気清浄器	0	443700	30600	474300
7	掃除機	360000	0	168000	528000
8	電子辞書	453600	75600	201600	730800
9	冷蔵庫	299640	1098680	699160	2097480
10	総計	2134195	3738425	2984200	8856820

図 15-28　フォーマットに合わせたピボットテーブル

フォーマットに合わせたピボットテーブルを作成しましょう。

① 次のようにフィールドを配置したピボットテーブルを作成します。
　[行] エリア；[商品名] フィールド　　[列] エリア；[店舗] フィールド
　[値] エリア；[売上金額] フィールド

空白セルに「0」を表示しましょう。

② [分析] タブ→[ピボットテーブル] グループ→ [オプション] ボタン をクリックします。

③ [ピボットテーブルオプション] ダイアログボックスが表示されます。
[レイアウトと書式] タブ → [空白セルに表示する値] 欄に「0」を入力します (**図 15-29**)。
※ピボットテーブルの空白に「0」が表示されます。

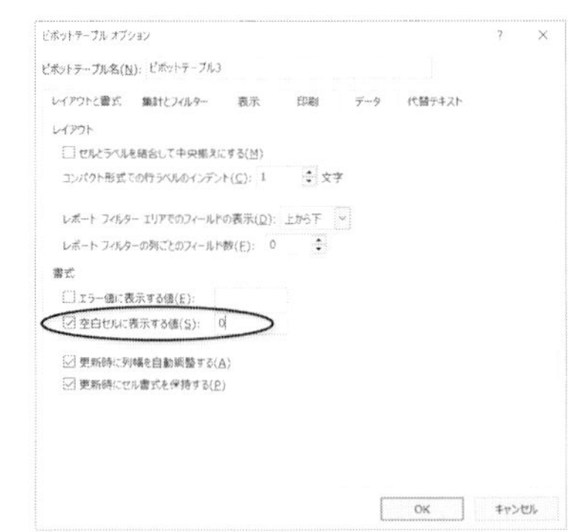

図 15-29　ピボットテーブルオプション

ピボットテーブルオプション

[ピボットテーブルオプション] ダイアログボックス (**図 15-29**) では、ピボットテーブル全体の設定を変更できます。空白セルに表示する値のほか、総計の表示/非表示やファイルを開くときにデータ更新を行う設定なども可能です。

ピボットテーブルの値を例題 4 シートのフォーマットにコピーしましょう。

④ ピボットテーブルのセル範囲 B 5 : E 10 を選択し、[ホーム] タブ → [クリップボード] グループ → [コピー] ボタンをクリックします。
　※右クリック → [コピー] やショートカットキー Ctrl + C も使用可能です。

⑤ 貼り付け先である例題 4 シートのセル J 3 をアクティブセルにします。

⑥ [ホーム] タブ → [クリップボード] グループ → [貼り付け] → [値の貼り付け] → [値] ボタン をクリックします (**図 15-30** 参照)。

※［貼り付け］（ボタンの上部）をクリックすると、貼り付け先のフォーマットの書式が変更されてしまいます。
［値］を選択することにより、書式を変更せずにセルの値のみを貼り付けることが可能です。

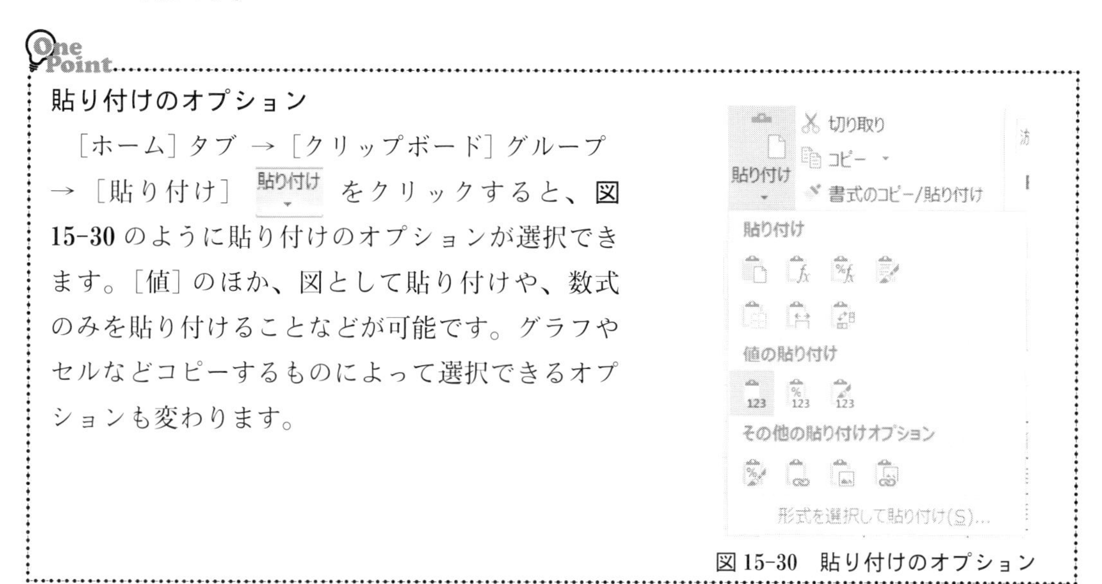

One Point

貼り付けのオプション

［ホーム］タブ →［クリップボード］グループ →［貼り付け］ 貼り付け をクリックすると、**図 15-30** のように貼り付けのオプションが選択できます。［値］のほか、図として貼り付けや、数式のみを貼り付けることなどが可能です。グラフやセルなどコピーするものによって選択できるオプションも変わります。

図 15-30 貼り付けのオプション

15.4 演習課題

演習 1 【使用ファイル：Excel 15.xlsx、使用シート：演習 1】

演習 1 シートの表に「種別」ごとの「数量」と「売上金額」を合計した小計行を追加し、アウトラインレベルを変更して小計と総計のみを表示しなさい。

	A	B	C	D	E	F	G	H	I	J	K	L	M
1	9月売上データ												
2													
3	売上NO	売上日	曜日	商品コード	種別	商品名	産地	単価	仕入値	数量	売上金額	店舗	担当者
48					果物 集計					109	¥9,788		
117					魚 集計					178	¥68,892		
193					肉 集計					211	¥35,143		
307					野菜 集計					281	¥25,942		
308					総計					779	¥139,765		

図 15-31 演習 1 完成見本

演習 2 【使用ファイル：Excel 15.xlsx、使用シート：演習 2】

演習 2 シートのデータベースをピボットテーブルで集計し、以下の設問に答えなさい。

【設問 1】 京橋店の 5 月の掃除機の売上金額　解答欄：＿＿＿＿円

【設問 2】 空気清浄器の売上数量　解答欄：＿＿＿＿台

【設問 3】 枚方店の 6 月の売上件数　解答欄：＿＿＿＿件

※日付形式のフィールドを列エリアまたは行エリアに配置すると、自動でグループ化されます。

演習 3　　　　【使用ファイル：Excel 15.xlsx、使用シート：演習 3】

演習 3 シートのデータベースを集計し、O 3 : U 11 に作成された表の値を入力しなさい。罫線や塗りつぶしなど表の書式を変更しないこと。

曜日別売上集計表

	高槻支店	守口本店	寝屋川支店	枚方支店	門真支店	総計
日	1,658	3,679	831	601	867	7,636
月	4,236	6,534	435	455	1,835	13,495
火	3,118	5,941	1,107	237	5,183	15,586
水	4,775	9,462	1,670	5,659	2,579	24,145
木	5,941	10,157	3,264	3,465	2,673	25,500
金	4,666	16,209	12,644	2,611	5,873	42,003
土	3,118	5,400	1,308	847	727	11,400
総計	27,512	57,382	21,259	13,875	19,737	139,765

図 15-32　演習 3 完成見本

演習 4　　　　【使用ファイル：Excel 15.xlsx、使用シート：演習 4】

演習 4 シートのデータベースを集計し、M 3 : R 8 に作成された表の値を入力しなさい。罫線や塗りつぶしなど表の書式を変更しないこと。

□■年代別 血液型人数■□

	A型	B型	O型	AB型	総計
20代	74	13	24	10	121
30代	165	11	36	35	247
40代	45	5	8	6	64
50代	32	5	5	6	48
総計	316	34	73	57	480

図 15-33　演習 4 完成見本

ヒント 1：年齢をグループ化します。［先頭の値］欄 ; 20　［単位］欄 ; 10（**図 15-34**）

ヒント 2：血液型の項目の並び順に注意しましょう。ピボットテーブルのアイテムの並び順は**図 15-35** のように右クリックで変更できます。

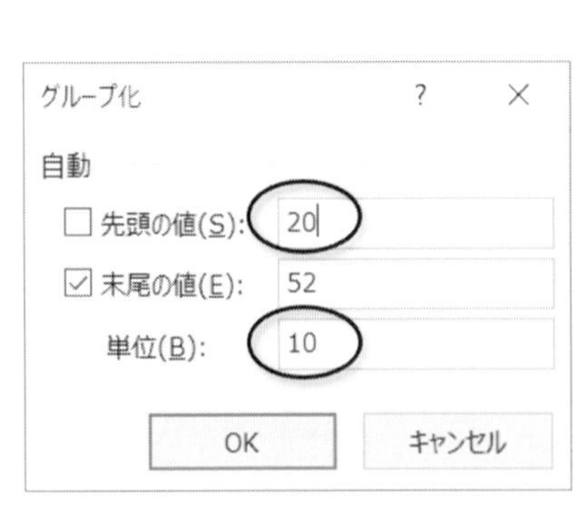

図 15-34　数値のグループ化

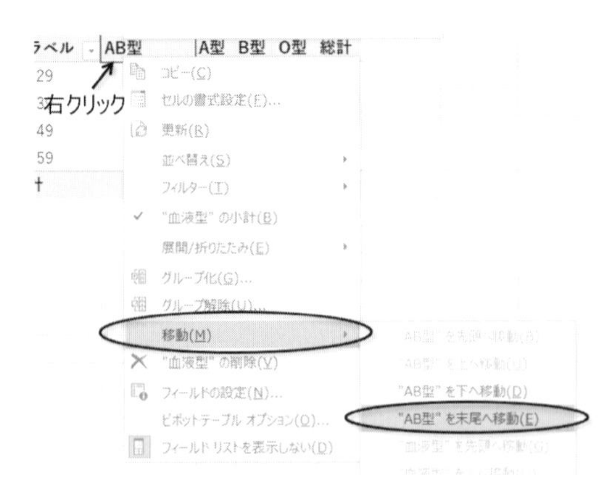

図 15-35　アイテムの移動

演習 5　【使用ファイル：Excel 15.xlsx、使用シート：演習 5】

演習 5 シートのデータベースを集計し、I 2 : J 11 に作成された表の値を入力しなさい。罫線や塗りつぶしなど表の書式を変更しないこと。

	H	I	J
1		月別　会社説明会開催企業数	
2		開催月	企業数
3		4月	50
4		5月	68
5		6月	61
6		7月	77
7		8月	64
8		9月	55
9		10月	73
10		11月	32
11		総計	480

図 15-36　演習 5 完成見本

ヒント 1：企業数の集計は、企業 ID など任意のフィールドの個数を求めましょう。

＜例題設問解答＞

【設問 1】

	京橋店	守口店	枚方店	総計
液晶テレビ	1,020,955	2,120,445	1,884,840	5,026,240
空気清浄器	0	443,700	30,600	474,300
掃除機	360,000	0	168,000	528,000
電子辞書	453,600	75,600	201,600	730,800
冷蔵庫	299,640	1,098,680	699,160	2,097,480
総計	2,134,195	3,738,425	2,984,200	8,856,820

【設問 2】　解答欄：　3,286 円（**図 15-37**）

【設問 3】　解答欄：　15 件（**図 15-38**）

【設問 4】　解答欄：　4 件（**図 15-39**）

種別	野菜
行ラベル	合計 / 売上金額
日	1417
月	2147
火	2710
水	3286
木	5837
金	8298
土	2247
総計	**25942**

図 15-37　【設問 2】
ピボットテーブル例

種別	野菜
行ラベル	個数 / 売上金額
日	6
月	8
火	13
水	15
木	25
金	36
土	10
総計	**113**

図 15-38　【設問 3】
ピボットテーブル例

商品名	トマト
行ラベル	個数 / 担当者
高槻支店	1
守口本店	4
寝屋川支店	3
総計	**8**

図 15-39　【設問 4】
ピボットテーブル例

第 16 章 表検索処理

表検索の関数を用い、業務の基本となるデータ（マスターデータ）から情報を検索する方法について学びましょう。

16.1 完全一致検索

まず、表検索を行う関数の動作を観察しましょう。

例題 1 VLOOKUP 関数の動作確認 【使用ファイル：Excel 16.xlsx、使用シート：例題 1】

E4 =VLOOKUP(D4,$A$4:$B$9,2,FALSE)

数式バー

	A	B	C	D	E	F
1	例題1： VLOOKUP関数の 動作確認					
2	会員名簿					
3	会員番号	氏 名		検索値	検索結果	
4	1001	青木 〇子		1003	石〇 良太郎	
5	1002	池田 崇〇				
6	1003	石〇 良太郎				
7	1004	井上 〇夫				
8	1005	江崎 〇江				
9	1006	太田 〇郎				

図 16-1 VLOOKUP 関数の動作確認

【設問 1】 表（**図 16-1**）には各会員の会員番号と氏名が記録されています。

また、セル E 4 にはセル D 4 にて表検索する関数があらかじめ記述されています。

検索値の欄（セル D 4）に会員番号「1003」及び「1006」を入力し、その際の検索結果（セル E 4）を解答欄に記入しなさい。

解答欄：1003 入力時 ______________________

1006 入力時 ______________________

※なお、各設問の解答は章末にあります。

図 16-1 のように、カーソルをセル E 4 に置き、数式バーを確認すると、VLOOKUP 関数が表検索に使われていることがわかります。VLOOKUP 関数の書式は次のとおりです。

VLOOKUP(検索値, 範囲, 列番号, 検索方法)
➤ 表を検索する
検索値：探したいデータ
範囲：検索対象となる範囲 ※この範囲の左端の列に検索対象のデータ群があること
列番号：検索結果として得たいデータ群がある列の位置（左端から数えた列番号）
検索方法：検索値と完全に一致する値を検索する場合はFALSEを指定
近似値を含めて検索する場合はTRUEを指定
※TRUEの場合、左端の列（検索対象のデータ群）は昇順に整列されていること。

【設問2】 カーソルをセルE4に置き、数式バーに表示されたVLOOKUP関数の引数の値を解答欄に記入しなさい。

解答欄 検索値：＿＿＿＿＿＿ 範囲：＿＿＿＿＿＿＿＿＿＿＿＿
列番号：＿＿＿ 検索方法：＿＿＿＿＿＿＿＿

VLOOKUP関数は、[範囲] で指定した表の左端の列から [検索値] と合致するデータを探します。そして、[列番号] で指定された列にあるセルの値を取り出し、検索結果とします。

それでは実際にVLOOKUP関数を使って処理してみましょう。

例題2 完全一致検索 【使用ファイル：Excel 16.xlsx、使用シート：例題2】

	A	B	C	D	E	F	G	H
1	例題2: 完全一致検索							
2	商品台帳				売上伝票			
3	商品コード	商品名	単価		商品コード	売上数量	単価	売上金額
4	BB-2	ベビーリーフ	175		BD-2	12	480	5,760
5	BD-2	大根	480		BH-1	35	315	11,025
6	BE-2	エリンギ	200		BJ-5	3	420	1,260
7	BH-1	ほうれん草	315					
17	FO-2	オレンジ	360					
18	FR-4	りんご	470					

図16-2 例題2 完成見本

【設問1】 商品台帳の表には商品コード、商品名、単価が、売上伝票の表には商品コード、売上数量が記録されています。

完成見本のとおり、売上伝票の単価をVLOOKUP関数により求めなさい。

この単価は、売上伝票の商品コードを商品台帳の表から検索し、それに対応する単価から求められます。VLOOKUP関数の引数である [検索値] は売上伝票の商品コード、[範囲] は商品台帳の表、[列番号] は3（求めたい単価が商品台帳の3列目にあるから）、[検索方法] はFALSE（完全一致検索の意）となります。

それでは次の手順に従い、VLOOKUP 関数を入力してみましょう。

① 日本語入力を OFF にします。

② セル G 4 を選択します。

③ 数式バーにある［関数の挿入］ボタン（*fx*）（**図 16-3**）

貼り付け
B I U
クリップボード
フォント
G4
fx
A
B
C
D
E
1 例題2: 完全一致検索
関数の挿入

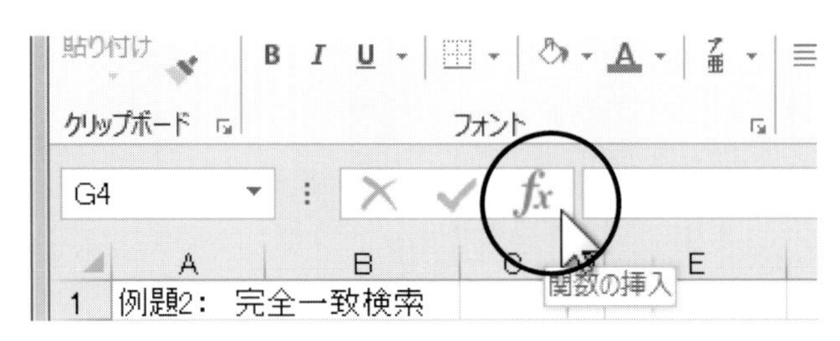

図 16-3

④ ［関数の挿入］ダイアログボックス → ［関数の分類］欄；すべて表示 → ［関数名］欄；V キー（VLOOKUP 関数の頭文字）→［関数名］欄のスクロールバーの▼を数回クリックし、リストから「VLOOKUP」を選択 → ［OK］ボタン（**図 16-4**）

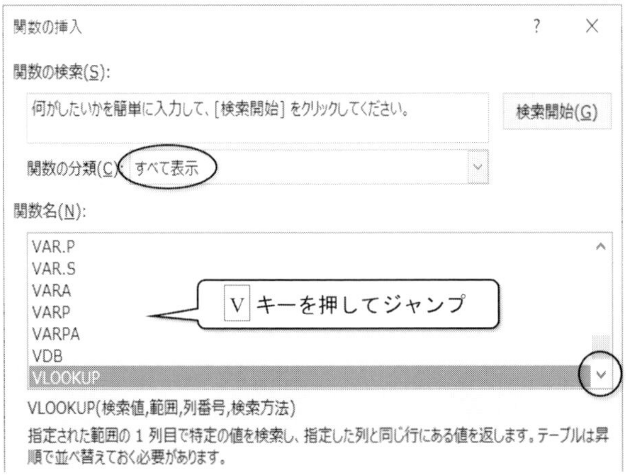

関数の挿入
?
関数の検索(S):
何がしたいかを簡単に入力して、[検索開始] をクリックしてください。
検索開始(G)
関数の分類(C): すべて表示
関数名(N):
VAR.P
VAR.S
VARA
VARP
VARPA
VDB
VLOOKUP
V キーを押してジャンプ
VLOOKUP(検索値,範囲,列番号,検索方法)
指定された範囲の 1 列目で特定の値を検索し、指定した列と同じ行にある値を返します。テーブルは昇順で並べ替えておく必要があります。

図 16-4

⑤ VLOOKUP 関数の［関数の引数］ダイアログボックス → ［検索値］欄；E 4 → ［範囲］欄；$A$4:$C$18（マウスで範囲を選択後、ファンクションキー F 4 を押し絶対参照にします）→［列番号］欄；3 → ［検索方法］欄；FALSE → ［OK］ボタン（**図 16-5**）

VLOOKUP
検索値
E4
範囲
$A$4:$C$18
列番号
3
検索方法
FALSE

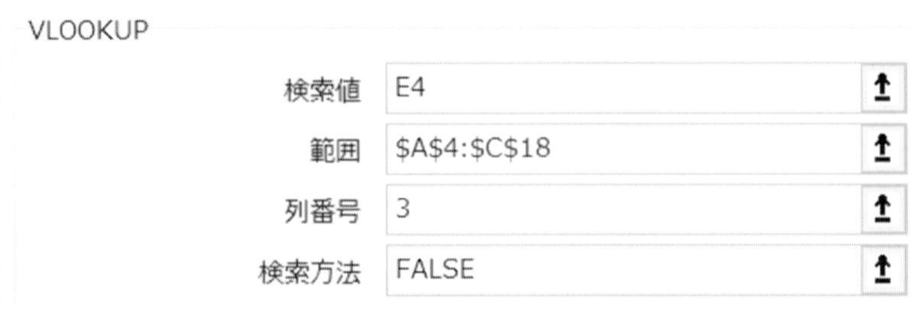

図 16-5

⑥　すると、セルG4には「＝VLOOKUP(E4,$A$4:$C$18,3,FALSE)」が入力され、検索結果である「480」が表示されます。

※もちろん、数式バーに関数をキーボードで直接入力しても可です。以下同様。

⑦　セルG4をG6までオートフィルすれば、単価の列は完成です（**図16-2**）。

One Point

VLOOKUP関数の［検索方法］欄にて、FALSEの代わりに0を、TRUEの代わりに1を入力することができます。

【設問2】　完成見本（**図16-2**）のとおり、売上伝票の売上金額の値を四則演算にて求めなさい。

売上金額（セルH4）は単価（セルG4）×売上数量（セルF4）で求めます。セルH4に適切な式を入力し、それをH6までオートフィルして、完成させましょう（**図16-2**）。

コーヒーブレイク

マスターデータとトランザクションデータ

例題2の商品台帳（**図16-2**）のように、業務の基本となるデータで、頻繁に変更されることのないものを**マスターデータ（master data）**といいます。一方、売上伝票のように、何か事が起きた際に生じるデータを**トランザクションデータ（transaction data）**といいます。また、検索に使われるデータは**キー（key）**と呼ばれます。

一般に、トランザクションデータに含まれるキー（例：商品コード）を使ってマスターデータ（例：商品台帳）を検索し、必要なデータ（例：単価）を取り出します。そして、そのデータ（例：単価）とトランザクションデータに含まれる処理対象のデータ（例：売上数量）を使って処理し、有用な情報（例：売上金額）を求めます。

下表にマスターデータとトランザクションデータ及びキーの例を示します。

表16-1　マスターデータとトランザクションデータ及びキーの例

マスターデータ	トランザクションデータ	キー
商品台帳	売上伝票	商品コード
顧客原簿	取引伝票	顧客ID
預金口座原簿	入出金伝票	口座番号
学生原簿	出席管理データ	学籍番号

16.2　近似値検索

VLOOKUP関数は、完全に一致する値を検索するだけでなく、近似値を探すこともできます。例題で確認してみましょう。

例題3　近似値検索　　【使用ファイル：Excel 16.xlsx、使用シート：例題3】

	A	B	C	D	E	F
1	例題3:　近似値検索					
2	制服サイズ表			社員制服データ		
3	胸囲(cm)	サイズ		社員コード	胸囲(cm)	サイズ
4	0	NA-S		AL1001	95	M
5	80	S		AL1002	96	L
6	88	M		AL1003	92	M
7	96	L		AL1004	80	S
8	104	LL		AL1005	98	L
9	112	NA-L				
10						

図16-6　例題3　完成見本

【設問1】 制服サイズ表には胸囲とそれに対応する服のサイズが、社員制服データの表には各社員の胸囲が記録されています。完成見本のとおり、社員制服データのサイズをVLOOKUP関数により求めなさい。

このサイズは、社員制服データの胸囲を制服サイズ表から検索し、それに対応するサイズから求められます。VLOOKUP関数の引数である［検索値］は社員制服データの胸囲、［範囲］は制服サイズ表、［列番号］は2（求めたいサイズが制服サイズ表の2列目にあるから）、［検索方法］はTRUE（近似値検索の意）となります。なお、近似値検索を行う場合、［範囲］で指定する表は、必ず左端の列にある値を昇順に並べ替えておく必要があります。

それでは次の手順に従い、VLOOKUP関数を入力してみましょう。

① 日本語入力をOFFにします。
② セルF4を選択します。
③ 数式バーにある［関数の挿入］ボタン（*fx*）→［関数の挿入］ダイアログボックス →［関数の分類］欄；すべて表示 →［関数名］欄；V キー →［関数名］欄のスクロールバーの▼を数回クリックし、リストから「VLOOKUP」を選択 →［OK］ボタン
④ VLOOKUP関数の［関数の引数］ダイアログボックス →［検索値］欄；E4 →［範囲］欄；$A$4:$B$9（マウスで範囲を選択後、ファンクションキーF4を押し絶対参照にします）→［列番号］欄；2 →［検索方法］欄；TRUE →［OK］ボタン
⑤ すると、セルF4には「=VLOOKUP(E4,$A$4:$B$9,2,TRUE)」が入力され、検索結果である「M」が表示されます。
⑥ セルF4をF8までオートフィルし、完成です（**図16-6**）。

【設問2】 設問1により得られた検索結果から推測し、**表16-2**の［　］に当てはまるサイズを記入しなさい。

表 16-2

		胸囲（cm）	サイズ
設問 1 の検索結果		95	M
		96	L
設問 2	(1)	87	[　　]
	(2)	93	[　　]

One Point

VLOOKUP 関数の近似値検索では、単に近い値を検索していないことに気づきましたか？「検索値以下の近似値が使用される」というルールなのです。

16.3　検索エラー処理

完全一致検索の際、検索値が見つからない場合にはエラーが生じます。このエラーに対処する方法を学びましょう。

例題 4　不一致時のエラー処理　　【使用ファイル：Excel 16.xlsx、使用シート：例題 4】

	A	B	C	D	E
1	例題4:　不一致時のエラー処理				
2	会員名簿				
3	会員番号	氏　名		検索値	検索結果
4	1001	青木 〇子		1111	#N/A
5	1002	池田 崇〇			

図 16-7　エラー表示

【設問 1】　会員名簿の表には会員番号と氏名が記録されています。また、セル E 4 には例題 1 と同じ VLOOKUP 関数があらかじめ記述されています。検索値の欄（セル D 4）に「1111」を入力し、その際の検索結果（セル E 4）を解答欄に記入しなさい。

解答欄：＿＿＿＿＿＿＿＿＿＿＿＿

この例では、検索値「1111」が見つからないためエラーとなり、「#N/A」と表示されます。「#N/A」は「使用できる値がない」ことを意味するエラー値です。

このようなエラーに対処するには、IFERROR 関数が便利です。その書式を次に示します。

IFERROR（値，エラーの場合の値）

➤　エラーに対応した処理を行う

値：関数や演算子を使った式等　　※エラーしない場合はこの値を返す

エラーの場合の値：　エラー時に表示する文字列、数値、式等使用例：　=IFERROR(A1/B1, "ゼロで割ることはできません。")

意味：式A1/B1において、計算が可能な場合はA1/B1の計算値を表示し、B1がゼロの場合にはゼロ除算によるエラーが生じるため、「ゼロで割ることはできません。」と表示します。

【設問2】　検索値が見つからない場合には「該当する会員番号が見つかりません。」と表示するように、セルE4の式を修正し、完成見本のとおり表を作成しなさい。

	A	B	C	D	E
1	例題4:　不一致時のエラー処理				
2	会員名簿				
3	会員番号	氏　名		検索値	検索結果
4	1001	青木 ○子		1111	該当する会員番号が見つかりません。
5	1002	池田 崇○			

図16-8　例題4　完成見本

ここでは、IFERROR関数の引数である［値］にはVLOOKUP関数を、［エラーの場合の値］には文字列"該当する会員番号が見つかりません。"を設定します。

それでは次の手順に従い、IFERROR関数、VLOOKUP関数を入力してみましょう。

① 日本語入力をOFFにします。

② セルE4を選択します。

③ 数式バーにある［関数の挿入］ボタン（*fx*）→［関数の挿入］ダイアログボックス →［関数の分類］欄；すべて表示 →［関数名］欄；I キー →［関数名］欄のスクロールバーの▼を数回クリックし、リストから「IFERROR」を選択 →［OK］ボタン

④ IFERROR関数の［関数の引数］ダイアログボックス →［値］欄にカーソルがあることを確認 → 数式バー左端にある［名前ボックス］の▼をクリック → リストから「その他の関数」を選択（ただし、このリスト内に「VLOOKUP」があれば、それを選び手順⑥へ）（図16-9）

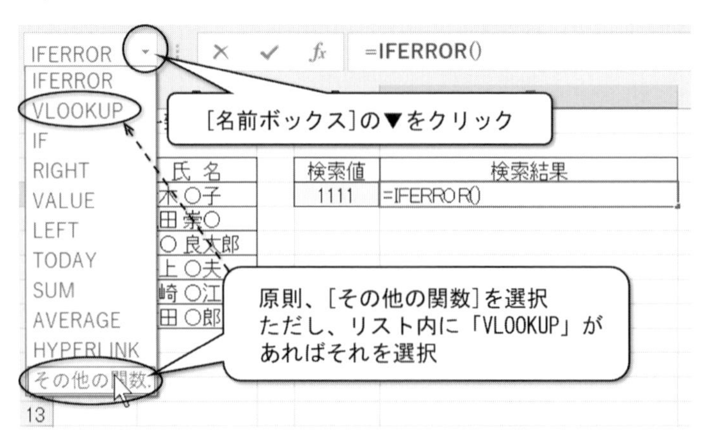

図16-9

⑤　［関数の挿入］ダイアログボックス → ［関数の分類］欄；すべて表示 → ［関数名］欄；Vキー → ［関数名］欄のスクロールバーの▼を数回クリックし、リストから「VLOOKUP」を選択 → ［OK］ボタン

⑥　VLOOKUP関数の［関数の引数］ダイアログボックス → ［検索値］欄；D4 → ［範囲］欄；$A$4:$B$9（マウスで範囲を選択後、ファンクションキーF4を押し絶対参照にします） → ［列番号］欄；2 → ［検索方法］欄；FALSE → （［OK］ボタンを押さずに）数式バーの「IFERROR」の文字の上をクリック（**図16-10**）

図16-10

⑦　IFERROR関数の［関数の引数］ダイアログボックス → 日本語入力をON → ［エラーの場合の値］欄；該当する会員番号が見つかりません。 → ［OK］ボタン

⑧　すると、セルE4には「=IFERROR(VLOOKUP(D4,$A$4:$B$9,2,FALSE),"該当する会員番号が見つかりません。")」が入力され、エラー処理の結果として「該当する会員番号が見つかりません。」と表示されます。これで完成です（**図16-8**）。

コーヒーブレイク

Excel関数一覧

Excelには多くの関数が用意されています。これらの一覧表はExcelのヘルプで見ることができます。

それでは次の手順に従い、関数一覧表を参照してみましょう。

①　ファンクションキーF1を押すと、Excelヘルプが起動します。

②　検索ボックスに「すべての関数」と入力し検索します。

③　すると検索結果が表示されます。

④　その中に「Excel関数（アルファベット順）」や「Excel関数（機能別）」などがあり、それらをクリックすると関数一覧表を参照することができます。

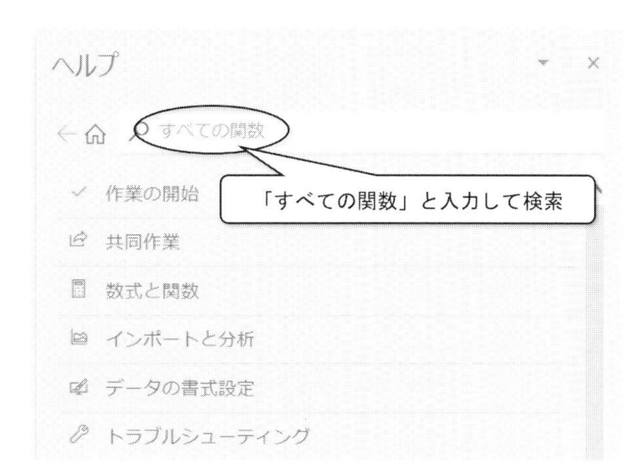

図16-11

図 16-12　関数一覧表示の一例（アルファベット順）

16.4　演習課題

演習 1　【使用ファイル：Excel 16.xlsx、使用シート：演習 1】

	A	B	C	D	E	F	G	H	I
1	演習1								
2	社員マスターデータ					勤務伝票			
3	社員番号	氏　名	住所	時給		社員番号	勤務時間	時給	支給額
4	1001	青木 〇子	大阪市・・・・	950		1002	72	820	59,040
5	1002	池田 崇〇	豊中市・・・・	820		1004	60	900	54,000
6	1003	石〇 良太郎	寝屋川市・・・	1,040		1005	54	870	46,980
7	1004	井上 〇夫	枚方市・・・・	900					
8	1005	江崎 〇江	大東市・・・・	870					
9	1006	太田 〇郎	吹田市・・・・	1,000					
10									

図 16-13　演習 1　完成見本

社員マスターデータには社員番号と時給が記録されており、勤務伝票には社員番号と勤務時間が記録されています。VLOOKUP 関数により勤務伝票の時給を求め、その時給と勤務時間より支給額を求めます。表中黄色のセル内に当てはまる適切な式を入れ、完成見本のとおり表を作成しなさい。

※塗りつぶしにより着色されたセルは、本書の図では灰色に表示されますが、本文中では使用する Excel シート上の色のとおりに、例えば「黄色のセル」などと表記します。以下同様。

ヒント：検索値は勤務伝票の社員番号、検索の範囲は社員マスターデータの A 列〜E 列（B、C、D 列も含む）となります。

演習 2　【使用ファイル：Excel 16.xlsx、使用シート：演習 2】

	A	B	C	D	E	F
1	演習2					
2	利用ランク基準			顧客情報		
3	利用回数	利用ランク		顧客ID	利用回数	利用ランク
4	0	A		1001	9	B
5	5	B		1002	10	C
6	10	C		1003	24	C
7	30	D		1004	3	A
8	50	E				
9	80	F				
10	100	G				

図 16-14　演習 2　完成見本

利用ランク基準には利用回数とそれに対応する利用ランクが記録されており、顧客情報にはそれぞれの顧客の利用回数が記録されています。VLOOKUP 関数により顧客情報の利用ランクを求めます。表中黄色のセル内に当てはまる適切な式を入れ、完成見本のとおり表を作成しなさい。

演習 3　【使用ファイル：Excel 16.xlsx、使用シート：演習 3】

	A	B	C	D	E	F
1	演習3					
2	都道府県コード表			社員データ		
3	都道府県コード	都道府県名		氏名	出身地コード	出身地
4	1	北海道		青木 ○子	5	秋田県
5	2	青森県		Alan ○	99	
6	3	岩手県		池田 崇○	1	北海道
7	4	宮城県		江崎 ○江	3	岩手県
8	5	秋田県		Elvis ○	99	
9	6	山形県		太田 ○郎	2	青森県
10	7	福島県				

図 16-15　演習 3　完成見本

都道府県コード表には都道府県コードと都道府県名が記録されており、社員データには出身地コードが記録されています。VLOOKUP 関数により社員データの出身地を求めます。なお、VLOOKUP 関数の検索結果がエラーだった場合には何も表示しません。表中黄色のセル内に当てはまる適切な式を入れ、完成見本のとおり表を作成しなさい。

ヒント：IFERROR 関数も用います。また、「何も表示しない」とは空文字列（""）を表示することと等価です。

演習 4　　【使用ファイル：Excel 16.xlsx、使用シート：演習 4】

	A	B	C	D	E	F	G	H
1	演習4							
2	宅急便料金表				宅急便データ			
3	タイプ	重量kg	料金		伝票番号	重量kg	料金	備考
4	A	0	740		1001	5	1,160	
5	B	2	950		1002	3	950	
6	C	5	1,160		1003	30	-1	規格外
7	D	10	1,370		1004	1	740	
8	E	15	1,580		1005	23	1,790	
9	F	20	1,790					
10	規格外	25	-1					
11								

図 16-16　演習 4　完成見本

宅急便料金表には荷物の重量とそれに対応する料金が記録されており、宅急便データには重量が記録されています。VLOOKUP 関数により宅急便データの料金を求めます。なお、重量が 25 kg 以上の荷物の料金は「−1」とし、備考欄に「規格外」と表示します。表中黄色のセル内に当てはまる適切な式を入れ、完成見本のとおり表を作成しなさい。

ヒント：VLOOKUP 関数の引数［範囲］には宅急便料金表の B 列 C 列を指定します。また、備考の欄には IF 関数を用います。

＜例題設問解答＞

例題 1　【設問 1】　1003 入力時：　石○ 良太郎、1006 入力時：　太田 ○郎

【設問 2】　検索値：D 4　　範囲：$A$4 : $B$9

列番号：2　　検索方法：FALSE

例題 2　【設問 1】　本文参照

【設問 2】　セル H 4：　=G 4 * F 4

セル H 4 を H 6 までオートフィルし、売上金額の列は完成です。

例題 3　【設問 1】　本文参照

【設問 2】　(1)　S　　(2)　M

例題 4　【設問 1】　#N/A

【設問 2】　本文参照

第 17 章　便利な機能

ここでは、着目したいデータを視覚的に見やすくする書式設定や誤入力低減及び効率的なデータ入力支援機能、データの逆算機能等、実務的に役立つ便利な機能を学びましょう。

17.1　条件付き書式

17.1.1　条件付き書式の設定

まず、データに応じてセルの背景色が変化するシートの機能を観察しましょう。

例題 1　条件付き書式の機能確認　　【使用ファイル：Excel 17.xlsx、使用シート：例題 1】

セル B 4（青木さんの得点）を 30 に変更しなさい。その際のセルの背景色を解答欄に記入しなさい。さらに、85 に変更し同様に背景色を解答欄に記入しなさい。

解答欄：30 の場合：________色

　　　　85 の場合：________色

※なお、例題の解答は章末にあります。

	A	B
1	例題1： 条件付き書式	
2	試験成績一覧	
3	受験者名	得点
4	青木 ○子	60
5	この値を変更する↑	

図 17-1　条件付き書式の機能

Excel には、このようにセルの値に応じてセル書式を設定する機能があり、これを**条件付き書式**といいます。

それでは、条件付き書式をセルに設定してみましょう。

例題 2　条件付き書式の設定　　【使用ファイル：Excel 17.xlsx、使用シート：例題 2】

試験成績一覧（**図 17-2**）には各受験者の得点が記録されています。得点が 60 点未満のセルの背景色が赤色になるよう条件付き書式を設定し、完成見本のとおり表を作成しなさい。

	A	B	C
1	例題2： 条件付き書式の設定		
2	試験成績一覧		
3	受験者名	得点	
4	青木 ○子	60	
5	石崎 ○生	70	
6	上田 ○人	35	
7	大野 ○能	73	
8	小沢 ○森	95	
9	河上 ○也	68	
10	木村 ○明	59	

図 17-2　例題 2　完成見本

それでは次の手順に従い、条件付き書式を設定してみましょう。

① 日本語入力を OFF にします。

② セル範囲 B 4 : B 10 を選択します。

③ ［ホーム］タブ→［スタイル］グループ→［条件付き書式］ボタン→［新しいルール］（**図 17-3**）

④ ［新しい書式ルール］ダイアログボックスで次のとおり設定します。

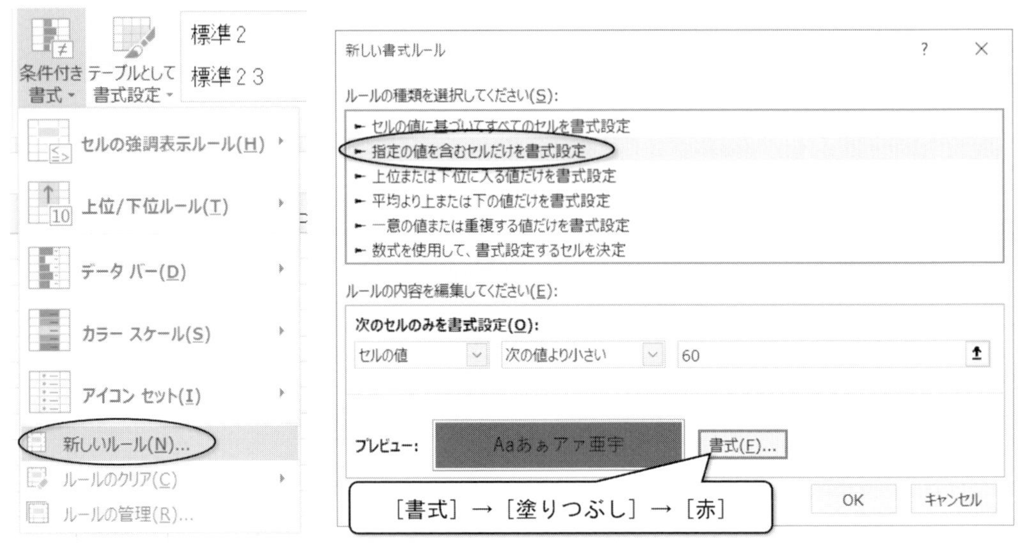

図 17-3　　図 17-4　新しい書式ルール

［ルールの種類を選択してください］欄；指定の値を含むセルだけを書式設定
→［次のセルのみを書式設定］欄；セルの値、次の値より小さい、60
→［書式］ボタン→［塗りつぶし］タブ→背景色を赤色に設定→［OK］ボタン（**図 17-4**）

⑤　［新しい書式ルール］ダイアログボックスの［OK］ボタンをクリックすると、得点 35 と 59 が記録されているセルの背景色が赤く着色され、完成です（**図 17-2**）。

条件付き書式は、膨大なデータの中から、着目したいデータをより視覚的に見やすくする等の処理をする際に便利な機能です。

17.1.2　条件付き書式のルール

条件付き書式のルールの種類には、次のようなものがあります。

(1)　［セルの値に基づいてすべてのセルを書式設定］

選択したすべてのセルに対して、その値に応じて、2 色あるいは 3 色スケールを使ってセルの背景を着色したり、セル内にデータバー（棒グラフ）やアイコンを表示することができます。

<表示例>

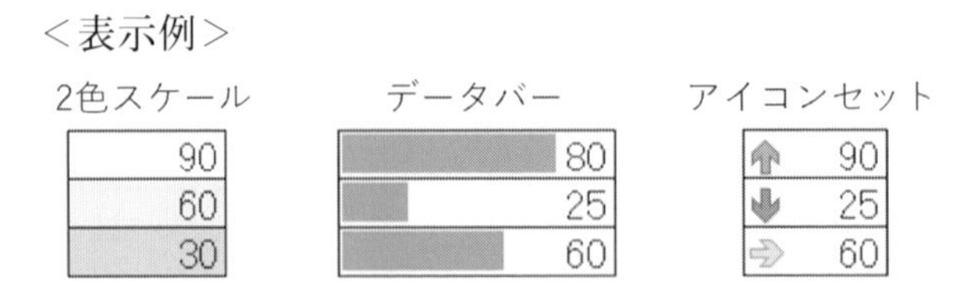

(2)　［指定の値を含むセルだけを書式設定］

ある値との比較結果に応じて書式を設定することができます。また、特定の文字列や日付、空白やエラーの有無を条件にすることもできます。

＜条件の設定例＞

a. セルの値≧80 の場合

セルの値 ∨　次の値以上 ∨　80

b.「大阪」を含む文字列の場合

特定の文字列 ∨　次の値を含む ∨　大阪

(3)［上位または下位に入る値だけを書式設定］

＜条件の設定例＞　上位 10%の場合

上位 ∨　10　☑ % (選択範囲に占める割合)(G)

(4)［平均より上または下の値だけを書式設定］

＜条件の設定例＞　平均値以上の場合

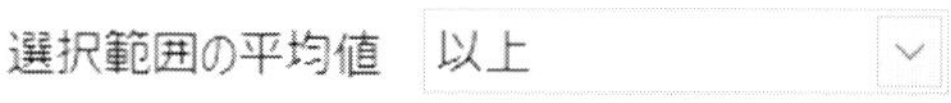

選択範囲の平均値　以上 ∨

(5)［一意の値または重複する値だけを書式設定］

＜条件の設定例＞　同じデータが 2 つ以上ある（重複している）場合

重複 ∨　値 (選択範囲内)

(6)［数式を使用して、書式設定するセルを決定］

＜条件の設定例＞**図 17-5** のとおり、英語と数学の得点が記録された表において、各受験者の得点が英語＞数学の場合、英語のセルに書式設定を行います。

セル範囲 B 2:B 8 を選択した後、条件付き書式において次のとおり条件を記します。

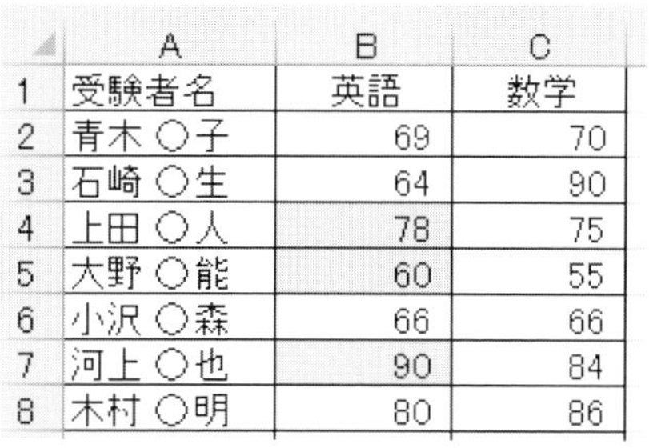

	A	B	C
1	受験者名	英語	数学
2	青木 〇子	69	70
3	石崎 〇生	64	90
4	上田 〇人	78	75
5	大野 〇能	60	55
6	小沢 〇森	66	66
7	河上 〇也	90	84
8	木村 〇明	80	86

図 17-5　数式使用による書式設定例

=B2>C2

なお、セルの選択範囲の先頭行のセル B 2 に関する条件を記しますが、条件付き書式の効果はセル選択範囲 B 2:B 8 の全体に適用されます。

17.1.3　条件付き書式の追加・修正・削除

同じセル範囲に複数の条件付き書式を設定する場合も前述のとおり［新しいルール］で追加できます。また、修正する場合は修正したいセル範囲を選択した後、［ホーム］タブ→［スタイル］グループ→［条件付き書式］ボタン→［ルールの管理］→［条件付き書式ルールの管理］ダイアログボックス→修正したい条件付き書式を選択→［ルールの編集］ボタンにより、

［書式ルールの編集］ダイアログボックスが開き、修正することができます。

削除する場合は修正したいセル範囲を選択した後、［ホーム］タブ→［スタイル］グループ→［条件付き書式］ボタン→［ルールのクリア］→［選択したセルからルールをクリア］をクリックします。なお、そのシートにあるすべての条件付き書式を削除するには［シート全体からルールをクリア］をクリックします。

17.2 データの入力規則

「Garbage in, garbage out.」という警句があります。どんな優れたコンピューターを利用しても、ゴミ（間違ったデータ）を入れたら、ゴミ（間違った結果）が出てきます。よって、データを間違えずに入力することが大切です。Excelにはこれを支援する機能があり、**データの入力規則**と呼んでいます。

17.2.1 入力規則の設定

例題3 入力規則の機能確認 【使用ファイル：Excel 17.xlsx、使用シート：例題3】

設問に従いセルにデータを入力し、データの入力規則にて設定されたメッセージ等の機能を確認しなさい。

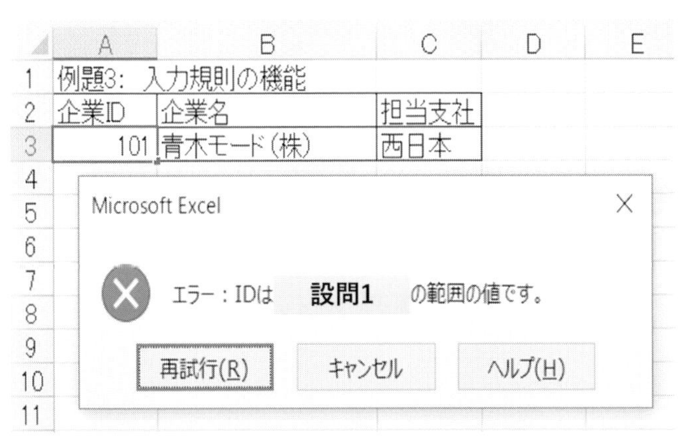

図17-6 入力規則の機能

【設問1】 まず、日本語入力をOFFにします。そしてセルA3（企業IDの欄）に101を入力し、その際に表示されるエラーメッセージを解答欄に記入しなさい。その後、エラーメッセージの下部にある［キャンセル］ボタンをクリックし、改めて10001を入力しなさい。

解答欄 エラー：IDは＿＿＿＿＿＿＿＿＿＿＿＿の範囲の値です。

このように正しいデータ範囲の条件を設定することができ、その範囲外のデータの入力を防止することができます。

【設問2】 セルB3にカーソルを置き、その際の日本語入力モードを解答群から選び、解答欄に記入しなさい。その後、**図17-6**のとおり企業名を入力しなさい。

＜解答群＞ひらがな、全角カタカナ、全角英数、半角カタカナ、半角英数、直接入力

解答欄：＿＿＿＿＿＿＿＿＿＿＿＿

入力規則に日本語入力モード（ひらがな、半角英数等）を指定することで、入力時にその

セルに適切な入力モードを自動的に設定することができます。これにより入力モードを変更する手間を省き、効率よく入力できます。また、半角・全角等による誤入力も防ぐことができます。

【設問 3】　セル C 3 にカーソルを置き、セル右端に表示された▼印をクリックしなさい。その際に表示されるドロップダウンリスト内にある 4 つの文字列を解答欄に記入しなさい。その後、**図 17-6** のとおり担当支社をリストから選択し入力しなさい。

解答欄：＿＿＿＿＿＿＿＿＿＿＿＿＿＿＿＿＿＿＿＿＿＿＿＿

このように、あらかじめ登録しておいた入力データの候補から選択し入力することで、文字入力の手間を省き、候補以外のデータの入力を防止することができます。

例題 4　入力規則の設定　　【使用ファイル：Excel 17.xlsx、使用シート：例題 4】

試験成績一覧（**図 17-7**）には各受験者の得点が記録されています。得点は 0～100 の範囲の整数に限られます。得点を入力するセル範囲に適切な入力規則を設定しなさい。

図 17-7　例題 4　完成見本

それでは次の手順に従い、条件付き書式を設定してみましょう。なお、指示以外の他の設定項目は変更なし（デフォルト）とします。

① 日本語入力を OFF にします。

② セル範囲 B 4:B 10 を選択します。

③ ［データ］タブ → ［データツール］グループ → ［データの入力規則］（**図 17-8**）

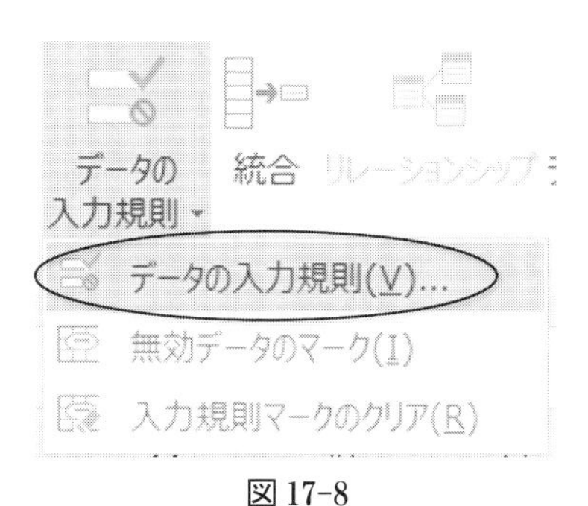

図 17-8

④ ［データの入力規則］ダイアログボックス → ［設定］タブ → ［入力値の種類］欄；整数 → ［空白を無視する］欄；チェックする → ［データ］欄；次の値の間 → ［最小値］欄；0 → ［最大値］欄；100 （**図 17-9**）

⑤ ［エラーメッセージ］タブ→日本語入力を ON→［エラーメッセージ］欄；入力エラー：0～100 の整数を入力してください。（**図 17-10**）

図17-9　条件の設定

図 17-10　エラーメッセージ

⑥　［日本語入力］タブ → ［日本語入力］欄；半角英数字（**図 17-11**）→ ［OK］ボタン

⑦　入力規則の動作を確認しましょう。例えば、セル B 4 に 60 ではなく 600 を誤って入力すると、**図 17-7** のようにダイアログボックスが開き、エラーメッセージが表示されます。その後、［キャンセル］ボタンをクリックし、60 を入力することができます。

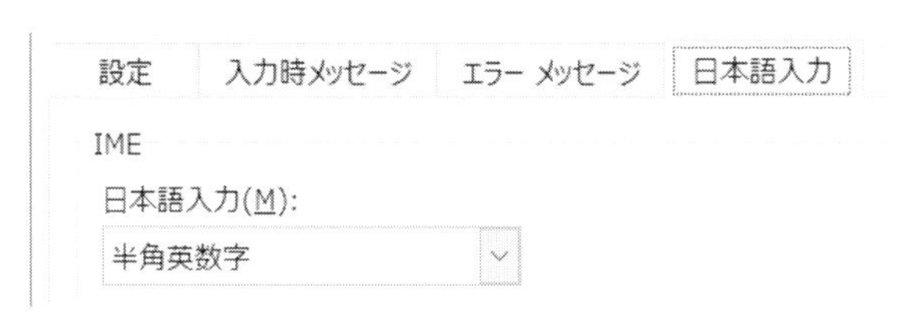

図 17-11　日本語入力

17. 2. 2　入力規則の条件

条件の種類には、次のようなものがあります。

(1)　［整数・小数点数・日付・時刻に対する比較条件］

整数・小数点数・日付・時刻のデータに対して、次の比較条件を設定できます（**図 17-12**）。

［指定値の間、指定値の間以外、指定値に等しい、指定値に等しくない、指定値より大きい、指定値より小さい、指定値以上、指定値以下］

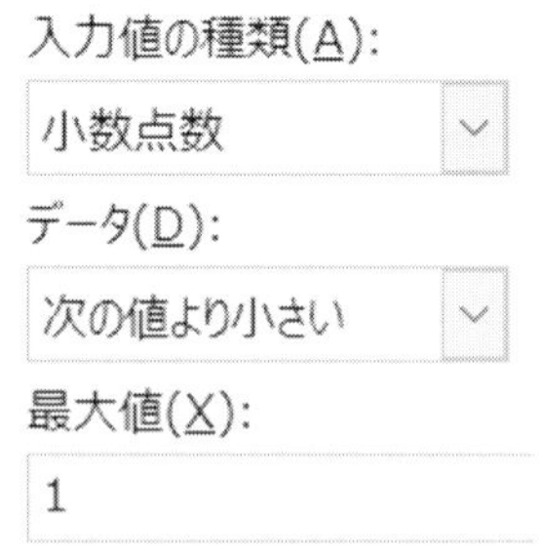

図 17-12　比較条件の設定例
（1 未満の小数点数である場合）

(2)　［リスト］

入力データの候補が決まっている場合は、それらを連記することにより、入力データを候補のみに制限する条件が設定できます。候補の区切り文字は半角のコンマです（**図 17-13 例 1**）。また、入力データの候補が記録されているセル範囲を指定することもできます（**図 17-13 例 2**）。

例1：候補データの連記　　例2：セルの参照

図 17-13　リストの設定

(3)［文字列長さの条件］

入力データの文字数に対して、前述 (1) と同様に指定値の間等の設定ができます（**図 17-14**）。

図 17-14　文字列長さの設定例
（8 文字以上 16 文字以下である場合）

(4)［ユーザー設定］

数式を使い、任意な条件を設定することも可能です。

＜条件の設定例＞　**図 17-15** のとおり、貸出日と返却日が記録された表において、「各利用者の返却日は貸出日より大きい」とする入力規則を設定してみましょう。

	A	B	C
1	利用者名	貸出日	返却日
2	青木 ○子	7月3日	7月10日
3	石崎 ○生	7月8日	7月12日
4	上田 ○人	7月2日	7月8日
5	大野 ○能	7月4日	7月10日
6	小沢 ○森	7月9日	7月14日

図 17-15　条件の設定例（返却日＞貸出日）

セル範囲 C 2:C 6 を選択した後、C 2＞B 2（返却日＞貸出日）という条件を記します（**図 17-16**）。なお、セルの選択範囲の先頭行のセル C 2 に関する条件を記しますが、入力規則の効果はセル選択範囲 C 2:C 6 の全体に適用されます。

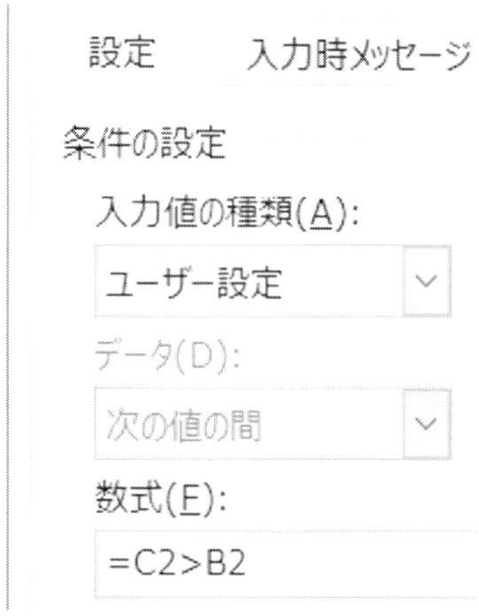

図 17-16　ユーザー設定の例

17.2.3　入力規則の修正・削除

修正する場合は新規と同様の操作で、［データの入力規則］ダイアログボックスを開き修正できます。また、削除する場合は［データの入力規則］ダイアログボックス→［設定］タブ→［すべてクリア］をクリックします。

17.3　ゴールシーク

与えられた数値を計算するのではなく、計算結果を目標値に合致させるために、その計算対象の値を逆算したいことがあります。ここでは**ゴールシーク**という機能を使って問題を解決しましょう。

例題5　ゴールシーク の利用　　　　　【使用ファイル：Excel 17.xlsx、使用シート：例題5】

家計簿（**図17-17**）には生活費用が記録されています。合計の目標値は120,000円とし、交際費以外の値は既知（すでに決まっている）とします。この場合の交際費はいくらにしたらよいか、ゴールシークを用いて求めなさい。

	A	B	C	D	E	F
1	例題5：ゴールシークの利用					
2	家計簿					
3	項目	費用(円)				
4	家賃(光熱費含む)	60,000	}			
5	食費	25,000	} 既知			
6	電話・日用品	20,000	}			
7	交際費	15,000	←未知(ゴールシークを使ってこの値を求める)			
8	合計	120,000	←目標値			

図17-17　例題5　完成見本

それでは次の手順に従い、ゴールシーク機能を使って解を求めてみましょう。

① 日本語入力をOFFにします。

② ［データ］タブ→［データツール］グループ→［What－If分析］ボタン→［ゴールシーク］（**図17-18**）

③ ［ゴールシーク］ダイアログボックス→［数式入力セル］欄；$B$8→［目標値］欄；120000→［変化させるセル］欄；$B$7（**図17-19**）

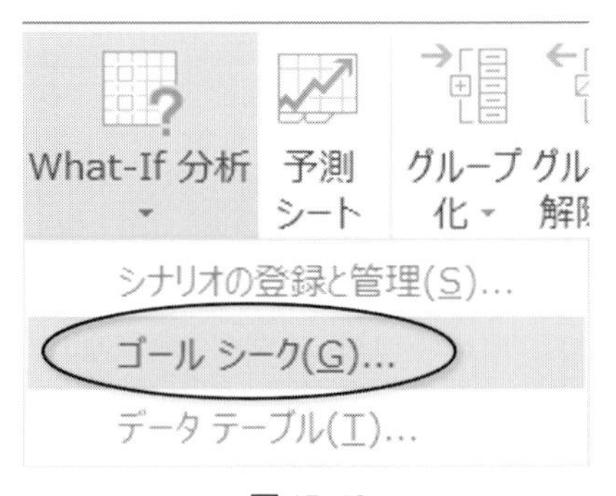

図17-18

④ ［ゴールシーク］ダイアログボックスの［OK］ボタンをクリックすると、ゴールシークが実行されます。これにより、セルB8（合計）が目標値120,000になるように逆算されて、セルB7（交際費）が求められます（**図17-17**）。

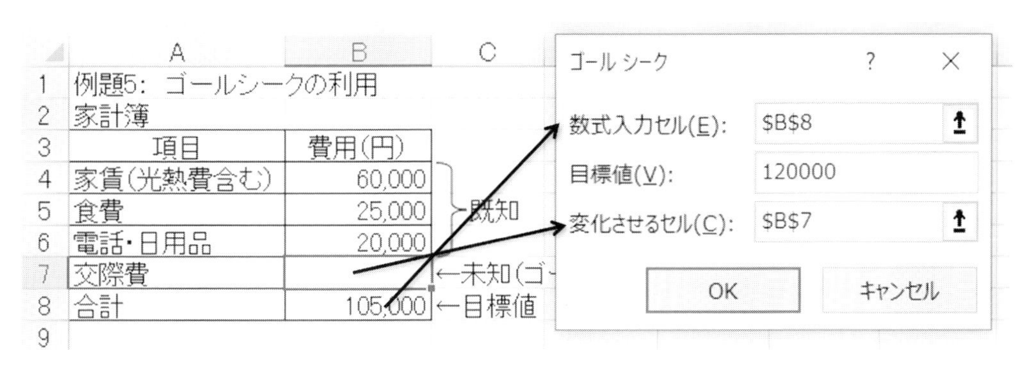

図 17-19　ゴールシークのパラメータ設定

複数の値を逆算する場合

ゴールシークでは、逆算して得られる値は1つだけです。複数の値を求める場合は、**ソルバー**という機能を用います。詳細はExcelのヘルプを参照してください。

17.4　演習課題

演習 1　【使用ファイル：Excel 17.xlsx、使用シート：演習 1】

	A	B
1	演習1	
2	営業担当エリア一覧	
3	営業担当者	担当エリア
4	青木 ○子	C
5	石崎 ○生	G
6	上田 ○人	Y
7	大野 ○能	A
8	小沢 ○森	E
9	河上 ○也	B
10	木村 ○明	W
11	後藤 ○仁	G
12	佐田 ○夫	A

図 17-20　演習 1　完成見本

営業担当エリア一覧（**図 17-20**）には営業担当者とその担当エリアが記録されています。担当エリアが重複するセルについては、その背景色が赤色になるよう条件付き書式を設定し、完成見本のとおり表を作成しなさい。

※塗りつぶしにより着色されたセルは、本書の図では灰色に表示されますが、本文中では使用するExcelシート上の色のとおりに、例えば「黄色のセル」などと表記します。以下同様。

演習2　　【使用ファイル：Excel 17.xlsx、使用シート：演習2】

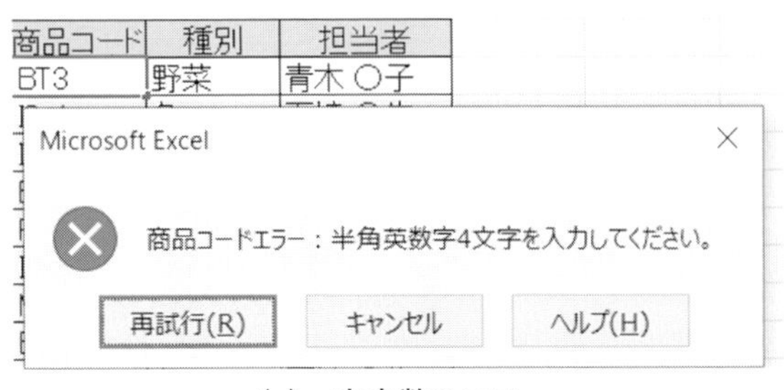

（a）　文字数のエラー

商品コード	種別	担当者
BT-3	野菜	木 ○子
IS-1	野菜	崎 ○生
IU-1	魚	田 ○人
BB-2	果物	野 ○能
FG-1	肉	小沢 ○森
IH-2	魚	石崎 ○生

（b）　ドロップダウンリストからの選択

図17-21　演習2　完成見本

仕入れ担当者一覧（図17-21）には商品コード、種別及び担当者が記録されています。下表のとおり、入力規則を設定しなさい。また設定後、意図的にエラーとなるデータを入力し、その動作を確認しなさい。

表17-1　演習2の入力規則　　※指定以外はデフォルトとする

設問	設定範囲	設定すべき入力規則		
		設定	エラーメッセージ	日本語入力
1	A4 : A12	文字列（長さ指定） ＝4文字	商品コードエラー：半角英数字4文字を入力してください。	半角英数字
2	B4 : B12	リスト ＝野菜，魚，果物，肉	種別エラー：ドロップダウンリストから選択してください。	コントロールなし
3	C4 : C12	すべての値	（設定しない）	ひらがな

演習3　　【使用ファイル：Excel 17.xlsx、使用シート：演習3】

費用計算表	
仕入単価	800
販売単価	2400
販売数量	500
売上高	1,200,000
変動費	400,000
固定費	560,000
利益	240,000

（a）　ゴールシーク実行前

費用計算表	
仕入単価	800
販売単価	2400
販売数量	350
売上高	840,000
変動費	280,000
固定費	560,000
利益	0

（b）　ゴールシーク実行後

図17-22　演習3　完成見本

費用計算表（図17-22）には、仕入単価、販売単価、販売数量及び固定費（販売数量に関係なく必要となる費用）のデータが記録されています。売上高、変動費及び利益は次式で求めることができます。

売上高＝販売単価×販売数量、変動費＝仕入単価×販売数量、利益＝売上高－変動費－固定費

表中黄色のセル内に当てはまる適切な式を入れ、さらにゴールシークを使って、利益が0となるときの販売数量を求め、完成見本のとおり表を作成しなさい。

※利益が0となる販売数量または売上高のことを**損益分岐点**といいます。この値を上回れば利益となり、逆の場合は損失となります。

＜例題設問解答＞

例題1　30の場合：赤色、85の場合：青色

例題3　【設問1】 エラー：IDは 10000～19999 の範囲の値です。

【設問2】 ひらがな

【設問3】 北海道，東日本，西日本，九州

第 18 章 応用編総合演習

演習 1 【使用ファイル：Excel 18.xlsx、使用シート：演習 1】

次の条件に従って完成見本のような表を作成しなさい。表中黄色のセルには数式を入力すること。

※塗りつぶしにより着色されたセルは、本書の図では灰色に表示されますが、本文中では使用する Excel シート上の色のとおりに、例えば「黄色のセル」などと表記します。以下同様。

ヒント：使用する関数　TODAY・DATEDIF・DATE・LEFT・MID・RIGHT・IF

条件 1：セル G1 には、当日の日付を表示する（完成見本は 2020/4/1 現在のものです）

条件 2：社員 ID は、入社年西暦・入社月 2 桁・個人番号 2 桁・エリアコードで構成されている

条件 3：入社年月日は、入社月の 1 日とする

条件 4：エリアコード「E」は関東、「W」は関西を表す

条件 5：勤続年数は、G1 を参照する数式とし、この日にち現在の年数を算出すること

	A	B	C	D	E	F	G	H
1	営業部員リスト						2020/4/1	
2								
3	社員ID	氏名	入社年	入社月	入社年月日	勤続年数	ｴﾘｱｺｰﾄﾞ	担当ｴﾘｱ
4	20100413E	津島 〇義	2010	04	2010/4/1	10	E	関東
5	20111009W	奥〇 陽子	2011	10	2011/10/1	8	W	関西
6	20120441E	杉浦 〇一郎	2012	04	2012/4/1	8	E	関東
7	20121003E	西〇 光一	2012	10	2012/10/1	7	E	関東
8	20130465W	長〇 一博	2013	04	2013/4/1	7	W	関西
9	20131012W	根本 佳〇	2013	10	2013/10/1	6	W	関西

図 18-1　演習 1　完成見本

演習 2 【使用ファイル：Excel 18.xlsx、使用シート：演習 2】

次の条件に従って完成見本のような表を作成しなさい。表中黄色のセルには数式を入力すること。

条件 1：セル E1 には、当日の日付を表示する（完成見本は 2020/4/1 現在のものです）
セル E1 には、あらかじめ「yyyy/m/d"現在"」の表示形式が設定されている

条件 2：「年齢」「勤続年数」は、セル E1 の日付に基づいて算出する

ヒント：勤続年数は文字列演算子（&）を使用して算出結果と文字列を結合する

	A	B	C	D	E	F
1	社員名簿					2020/4/1現在
2						
3	社員コード	氏名	生年月日	年齢	入社年月日	勤続年数
4	459	大〇 寿康	1981/9/26	38	2003/9/1	16年7カ月
5	460	藤井 〇三郎	1981/10/26	38	2003/9/1	16年7カ月
6	461	会津 広〇	1981/11/21	38	2003/4/1	17年0カ月
23	563	奥〇 陽子	1988/11/5	31	2010/4/1	10年0カ月
24	580	宇佐美 〇彦	1989/10/9	30	2011/4/1	9年0カ月
25	591	高橋 康〇	1995/4/1	25	2014/9/1	5年7カ月

図 18-2　演習 2　完成見本

演習 3　【使用ファイル：Excel 18.xlsx、使用シート：演習 3】

設問に従って完成見本のような表を作成しなさい。表中黄色のセルには数式を入力すること。

【設問 1】 次のとおり各欄に数式を入力しなさい。表中黄色のセルすべてに数式を入力し、日付を入力した時点で各欄が表示されるようにすること。

曜日：日付のセルを参照して求める

勤務時間：終了時刻と開始時刻から実働時間数（h）を算出し、休憩時間を減算する

ヒント：時刻の単位を整数の時間数に合わせる（シリアル値× 24）

日給：セル G2 の時給を参照した数式とすること

【設問 2】 9 行目に、以下のデータを追加しなさい。

日付：2020/10/9　開始時刻：17:00　終了時刻：22:30　休憩時間：1

	A	B	C	D	E	F	G
1	アルバイト給与計算書						
2						時給	900
3							
4	日付	曜日	開始時刻	終了時刻	休憩時間（h）	勤務時間（h）	日給
5	10月1日	木	17:00	22:45	1.00	4.75	¥4,275
6	10月2日	金	17:00	21:00		4.00	¥3,600
7	10月3日	土	10:00	18:00	1.00	7.00	¥6,300
8	10月4日	日	10:00	18:00	1.00	7.00	¥6,300
9	10月9日	金	17:00	22:30	1.00	4.50	¥4,050
10							
34							
35							
36	合　計					27.25	¥24,525

図 18-3　演習 3　完成見本

演習4　　　　【使用ファイル：Excel 18.xlsx、使用シート：演習4】

次の条件に従って完成見本のような表とグラフを作成しなさい。表中黄色のセルには数式を入力すること。

条件1：グループの基準は以下のとおり
　　構成比累計が70%までを「A」、70%を超え90%までを「B」、90%を超えるものは「C」

条件2：グループのセル（L4：L18）は、条件付書式を設定し、グループ別に色分けをする（色は任意）

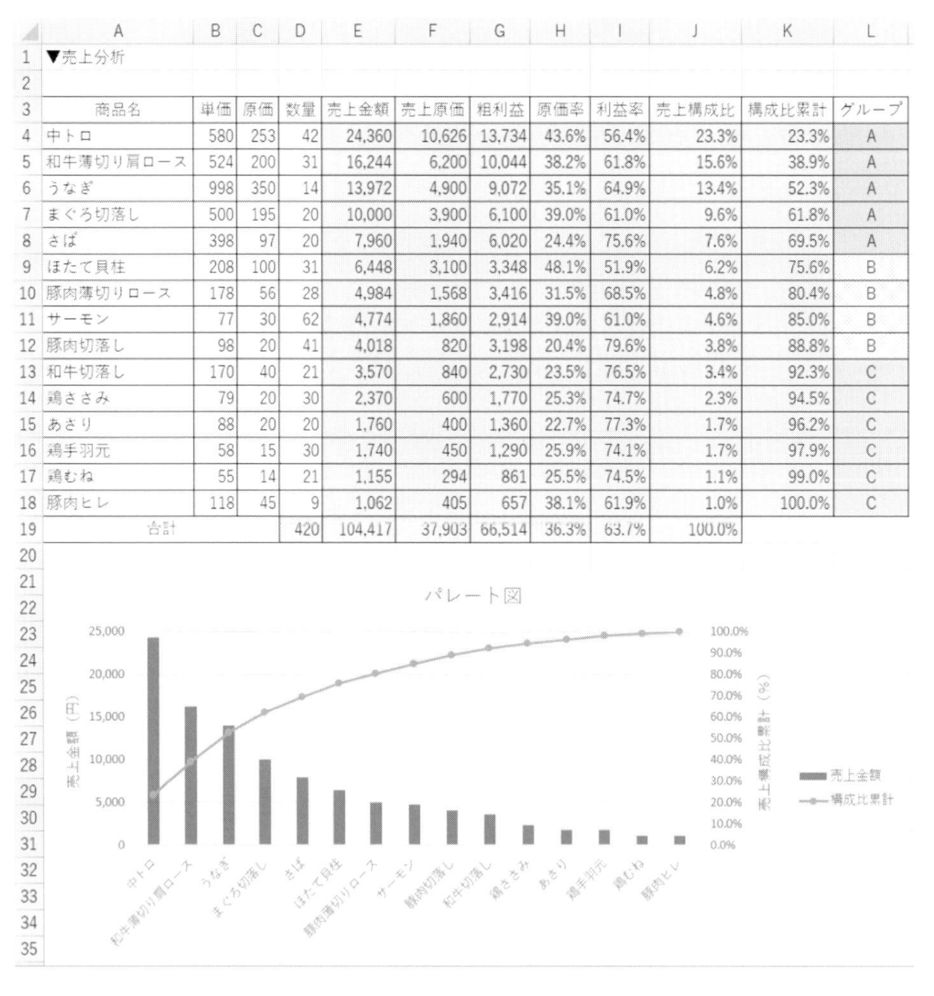

▼売上分析

商品名	単価	原価	数量	売上金額	売上原価	粗利益	原価率	利益率	売上構成比	構成比累計	グループ
中トロ	580	253	42	24,360	10,626	13,734	43.6%	56.4%	23.3%	23.3%	A
和牛薄切り肩ロース	524	200	31	16,244	6,200	10,044	38.2%	61.8%	15.6%	38.9%	A
うなぎ	998	350	14	13,972	4,900	9,072	35.1%	64.9%	13.4%	52.3%	A
まぐろ切落し	500	195	20	10,000	3,900	6,100	39.0%	61.0%	9.6%	61.8%	A
さば	398	97	20	7,960	1,940	6,020	24.4%	75.6%	7.6%	69.5%	A
ほたて貝柱	208	100	31	6,448	3,100	3,348	48.1%	51.9%	6.2%	75.6%	B
豚肉薄切りロース	178	56	28	4,984	1,568	3,416	31.5%	68.5%	4.8%	80.4%	B
サーモン	77	30	62	4,774	1,860	2,914	39.0%	61.0%	4.6%	85.0%	B
豚肉切落し	98	20	41	4,018	820	3,198	20.4%	79.6%	3.8%	88.8%	B
和牛切落し	170	40	21	3,570	840	2,730	23.5%	76.5%	3.4%	92.3%	C
鶏ささみ	79	20	30	2,370	600	1,770	25.3%	74.7%	2.3%	94.5%	C
あさり	88	20	20	1,760	400	1,360	22.7%	77.3%	1.7%	96.2%	C
鶏手羽元	58	15	30	1,740	450	1,290	25.9%	74.1%	1.7%	97.9%	C
鶏むね	55	14	21	1,155	294	861	25.5%	74.5%	1.1%	99.0%	C
豚肉ヒレ	118	45	9	1,062	405	657	38.1%	61.9%	1.0%	100.0%	C
合計			420	104,417	37,903	66,514	36.3%	63.7%	100.0%		

図18-4　演習4　完成見本

演習5　　　　【使用ファイル：Excel 18.xlsx、使用シート：演習5】

次の条件に従って完成見本のような表とグラフを作成しなさい。表中黄色のセルには数式を入力すること。

条件1：次の各欄の条件は以下のとおりとする

クラス：平均が 80 以上を「A」、80 未満 60 以上を「B」、60 未満は「C」

コース：英語と国語の合計が数学と理科の合計以上なら「文系」、数学と理科の合計が上回る場合は「理系」

推薦：コースが理系で平均が 80 以上の場合「○」を表示

条件 2：氏名ごとのデータ範囲（A4：I14）は、条件付書式を設定し、クラス別に色分けをする

ヒント：A4：I14 を選択し、**図 18-5** を参考に条件を設定する

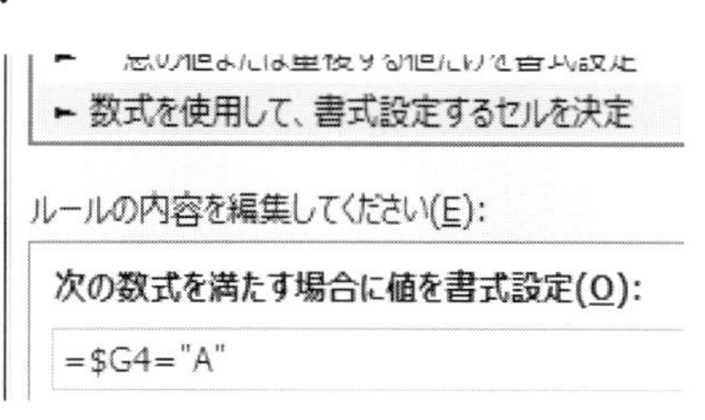

図 18-5

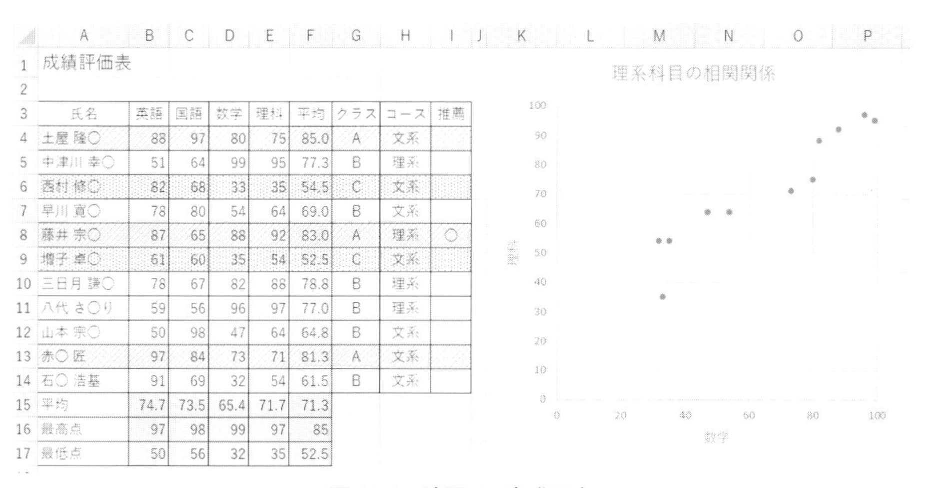

	A	B	C	D	E	F	G	H	I
1	成績評価表								
2									
3	氏名	英語	国語	数学	理科	平均	クラス	コース	推薦
4	土屋 隆○	88	97	80	75	85.0	A	文系	
5	中津川 幸○	51	64	99	95	77.3	B	理系	
6	西村 修○	82	68	33	35	54.5	C	文系	
7	早川 寛○	78	80	54	64	69.0	B	文系	
8	藤井 宗○	87	65	88	92	83.0	A	理系	○
9	増子 卓○	61	60	35	54	52.5	C	文系	
10	三日月 謙○	78	67	82	88	78.8	B	理系	
11	八代 さ○り	59	56	96	97	77.0	B	理系	
12	山本 宗○	50	98	47	64	64.8	B	文系	
13	赤○ 匠	97	84	73	71	81.3	A	文系	
14	石○ 浩基	91	69	32	54	61.5	B	文系	
15	平均	74.7	73.5	65.4	71.7	71.3			
16	最高点	97	98	99	97	85			
17	最低点	50	56	32	35	52.5			

図 18-6　演習 5　完成見本

演習 6　　【使用ファイル：Excel 18.xlsx、使用シート：演習 6】

小計機能を使用し、完成見本のような集計表を作成しなさい。

	A	B	C	D	E	F	G	H	I	J	K	L
1	売上データ											
2												
3	売上NO	売上日	商品コード	種別	商品名	メーカー	単価	仕入値	数量	売上金額	店舗	担当者
10				**クリップ 集計**					18	8,640		
15				**ノート類 集計**					13	2,600		
20				**手帳 集計**					10	3,900		
29				**筆記用具 集計**					22	4,600		
30				**総計**					63	19,740		

図 18-7　演習 6　完成見本

演習 7　　【使用ファイル：Excel 18.xlsx、使用シート：演習 7】

セル A13 から入力されているデータベースをピボットテーブルで集計し、セル範囲 A1：E8 の集計表の空欄に数値をコピーしなさい。表の罫線が変更されないようにすること。

	A	B	C	D	E
1	寝屋川支店　売上集計表				
2					
3		4月	5月	6月	総計
4	果物	625	267	464	1,356
5	魚	416	4,106	6,720	11,242
6	肉	883	481	3,307	4,671
7	野菜	1,857	656	1,477	3,990
8	総計	3,781	5,510	11,968	21,259

図18-8　演習7　完成見本

演習8　　【使用ファイル：Excel 18.xlsx、使用シート：演習8】

次の条件に従って完成見本のような表を作成しなさい。表中黄色のセルには数式を入力すること。

条件1：商品の情報は、セル範囲K3：P19の「商品マスター」から表検索して求める

	A	B	C	D	E	F	G	H	I
1	売上データ入力								
2									
3	売上日	曜日	商品コード	種別	商品名	産地	単価	数量	売上金額
4	2020/4/1	水	105	果物	グレープフルーツ	アメリカ	89	25	2,225
5	2020/4/2	木	115	魚	さば	長崎	398	18	7,164
6	2020/4/2	木	104	野菜	じゃがいも	北海道	100	150	15,000
7	2020/4/3	金	108	果物	りんご	青森	90	20	1,800
8	2020/4/4	土	112	肉	鶏ささみ	千葉	79	50	3,950
9	2020/4/5	日	105	果物	グレープフルーツ	アメリカ	89	10	890

図18-9　演習8　完成見本

演習9　　【使用ファイル：Excel 18.xlsx、使用シート：演習9】

次の設問に従って完成見本のような表を作成しなさい。表中黄色のセルには数式を入力すること。

【設問1】 以下のとおり数式を入力しなさい。セルB3に使用量を入力すると各欄に計算結果が表示されるようにする（未入力時はエラーや値が表示されないようにする）こと。

基本料金：セル範囲F3：I9に作成されている「料金区分表」を表検索し、使用量から基本料金を表示させる（単位料金・区分も同様）

ガス料金：「基本料金＋単位料金×使用量」の算出結果を整数未満四捨五入する

1 m^3 あたりの実費：ガス料金÷使用量（完成見本のとおり表示形式を設定する）

【設問2】 セルB3の使用量は、整数単位で検針されるため小数は発生しない。以下の条件で入力規則を設定しなさい。

条件 1：0 以上の整数のみ入力できるようにする
条件 2：小数など規則に反する値が入力された場合は
図 18-10 のようなメッセージを表示する

図 18-10

【設問 3】 セル B3 に「20」を入力しなさい。

	A	B	C	D	E	F	G	H	I	J
1	ガス料金算出表									
2					▼料金区分表					
3	使用量(㎥)	20				使用量基準値	基本料金	単位料金	区分	
4					~20㎥	0	745.20	192.51	A	
5	基本料金	単位料金	区分		~50㎥	21	1,296.00	164.97	B	
6	745.20	192.51	A		~100㎥	51	1,481.14	161.27	C	
7					~200㎥	101	1,748.57	158.60	D	
8	ガス料金	1㎥あたりの実費			~500㎥	201	3,281.14	150.93	E	
9	¥4,595	229.8			500㎥を超える	501	6,654.85	144.19	F	

図 18-11　演習 9　完成見本

演習 10

【使用ファイル：Excel 18.xlsx、使用シート：演習 10】

次の設問に従って完成見本のような表を作成しなさい。

【設問 1】 表中黄色のセルに数式を入力しなさい。

加点：課題提出が「A」の場合はセル F2 の最大加点数を表示し、「B」の場合は最大加点数の 80%、「C」の場合は 60%の値を表示する

最終点数：テスト結果＋加点

	A	B	C	D	E	F
1	成績表					
2					最大加点数	10
3						
4	学生番号	氏名	テスト結果	課題提出	加点	最終点数
5	1001	林　〇男	25	A	10	35
6	1002	原田　〇	70	A	10	80
7	1003	安住　恵〇	59	C	6	65
8	1004	町村　〇津美	41	C	6	47
9	1005	半井　一〇	32	A	10	42
10	1006	岡本　〇志	34	B	8	42
11	1007	大谷　英〇	61	A	10	71
12	1008	立花　〇香	61	C	6	67
13	平均		47.875			56.125

図 18-12　演習 10　設問 1　完成見本

【設問 2】 最終点数の平均が 70 点になるように加点を調整したい。ゴールシークを使用して解を求めなさい。

ヒント：最大加点数を変化させる

	A	B	C	D	E	F
1	成績表					
2					最大加点数	26.818182
3						
4	学生番号	氏名	テスト結果	課題提出	加点	最終点数
5	1001	林　○男	25	A	26.818182	51.818182
6	1002	原田　○	70	A	26.818182	96.818182
7	1003	安住　恵○	59	C	16.090909	75.090909
8	1004	町村　○津美	41	C	16.090909	57.090909
9	1005	半井　一○	32	A	26.818182	58.818182
10	1006	岡本　○志	34	B	21.454545	55.454545
11	1007	大谷　英○	61	A	26.818182	87.818182
12	1008	立花　○香	61	C	16.090909	77.090909
13	平均		47.875			70

図 18-13　演習 10　設問 2　完成見本

演習 11　　【使用ファイル：Excel 18.xlsx、使用シート：演習 11】

次の設問に従って完成見本のような表を作成しなさい。

【設問 1】　表中黄色のセルに数式を入力しなさい。商品コードが入力されていない場合にもエラーが表示されないようにすること。

商品名：セル範囲 G3：L17 に作成されている「商品マスター」を表検索し、商品コードをもとに情報を取り出す（単価も同様）

割引額：割引率が入力されているセル D25 を参照した数式とし、整数未満を切り捨てる

消費税：「合計－割引額」にセル D26 の税率を掛けて求め、整数未満を切り上げる

御見積り額：総計のセルを参照する

【設問 2】　商品コードをリストから選択して入力できるよう、入力規則を設定しなさい。

ヒント：元の値は、商品マスターのセル範囲 G4：G17 から取得します

【設問 3】　**図 18-14** を参考に、数量が 10 単位でしか入力できないよう、入力規則を設定しなさい。入力時メッセージとエラーメッセージも設定すること。

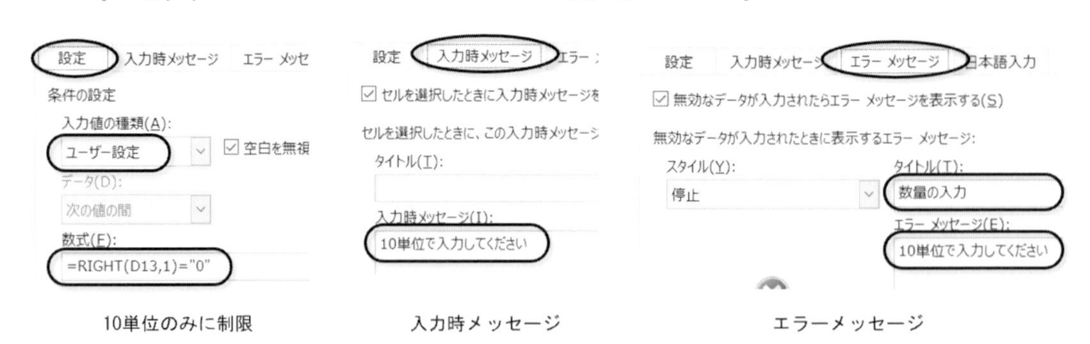

10単位のみに制限　　入力時メッセージ　　エラーメッセージ

図 18-14　入力規則の設定

【設問 4】 完成見本のとおり、商品コードと数量を入力しなさい。

	A	B	C	D	E
1					2020年4月25日
2	御見積書				
3					
4	○○ネット株式会社　御中				
5					〒000-0000
6					○○市××区△△0-0-0
7					□□文具株式会社
8					
9		御見積り額	¥46,853		
10					
11					
12	商品コード	商品名	単価	数量	金額
13	BP-1	筆ペン	200	120	¥24,000
14	MP-2	リサイクルノート	150	120	¥18,000
15	BE-2	鉛筆	87	170	¥14,790
16					
17					
18					
19					
20					
21					
22					
23					
24	合		計		¥56,790
25	割	引	額	25%	¥14,197
26	消	費	税	10%	¥4,260
27	総		計		¥46,853

図 18-15　演習 11　完成見本

演習 12

【使用ファイル：Excel 18.xlsx、使用シート：演習 12-1・演習 12-2】

次の条件で、設問に従って完成見本のような表とグラフを作成しなさい。表中黄色のセルには数式を入力すること。

条件 1：シート「演習 12-1」の第 3 四半期売上データを集計して大阪店の売上分析をする

条件 2：シート「演習 12-2」K 列～ V 列に分析結果をまとめる

条件 3：シート「演習 12-2」A 列～ I 列の商品マスターと店舗マスターに、取扱商品と店舗の情報が入力されている

条件 4：四半期ごとに 10%割引キャンペーンを実施しており、対象商品はシート「演習 12-1」セル範囲 D1：E3 に表示されている

【設問 1】 以下のとおり数式を入力し、「演習 12-1」シートのデータベースを完成させなさい。

種　別：シート「演習 12-2」シートの「商品マスター」を表検索し、商品コードをもとに情報を取り出す（商品名・メーカー・原価・定価も同様）

販売価格：キャンペーン対象商品は定価の 90%、それ以外の商品は定価を表示する（E1・E2・E3 を参照した数式とすること）

店 舗 名：シート「演習12-2」シートの「店舗マスター」を表検索し、店舗コードをもとに情報を取り出す

	C	D	E	F	G	H	I	J	K	L	M	N
1		キャンペーン割引商品	ラベル用紙									
2			便箋									
3			リサイクルノート									
4												
5	商品コード	種別	商品名	メーカー	原価	定価	販売単価	数量	売上金額	売上原価	店舗コード	店舗名
6	MP-8	ノート類	ラベル用紙	C社	150	300	270	5	1,350	750	101	京都店
7	IB-1	クリップ	ダブルクリップ	D社	240	400	400	4	1,600	960	103	大阪店
8	BT-3	筆記用具	修正テープ	C社	130	250	250	3	750	390	105	名古屋店
9	BH-1	筆記用具	色鉛筆	A社	50	100	100	3	300	150	103	大阪店
10	BK-1	筆記用具	油性マーカー	K社	150	250	250	2	500	300	103	大阪店
11	MP-1	ノート類	グリーティングカード	K社	120	250	250	5	1,250	600	101	京都店

図18-16　演習12　設問1　完成見本

【設問2】「演習12-1」シートのデータベースをピボットテーブルで集計し、「演習12-2」シートK列〜O列の「大阪店 ノート類 売上集計」表の空欄に数値をコピーしなさい。表の書式が変更されないようにすること。

【設問3】「演習12-2」シートセル範囲I11：I17に、関数を使用してメーカーごとの取扱商品数を表示しなさい。

	K	L	M	N	O
1	★大阪店　キャンペーン商品 売上結果				
2					
3	大阪店　ノート類　売上集計		塗りつぶしはキャンペーン対象商品		
4		数量	売上金額(円)	売上原価(円)	粗利益率
5	A4ノート	30	3,000	1,200	60.0%
6	グリーティングカード	8	2,000	960	52.0%
7	ラベル用紙	86	23,220	12,900	44.4%
8	リサイクルノート	107	14,445	7,490	48.1%
9	レポート用紙	19	2,850	950	66.7%
10	付箋紙	27	5,400	2,700	50.0%
11	封筒	37	7,400	3,700	50.0%
12	便箋	83	20,916	12,450	40.5%
13	合計	397	79,231	42,350	46.5%

図18-17　演習12　設問2　完成見本

	H	I
7	105	名古屋店
8	106	和歌山店
9		
10	取り扱い商品数	
11	A社	9
12	B社	5
13	C社	6
14	D社	4
15	E社	1
16	K社	4
17	S社	1

図18-18　演習12　設問3　完成見本

【設問4】「演習12-2」シートに、完成見本のようなグラフを作成しなさい。

ヒント：バブルチャートは、グラフ挿入後各軸のデータ範囲を変更する（第13章p.151参照）

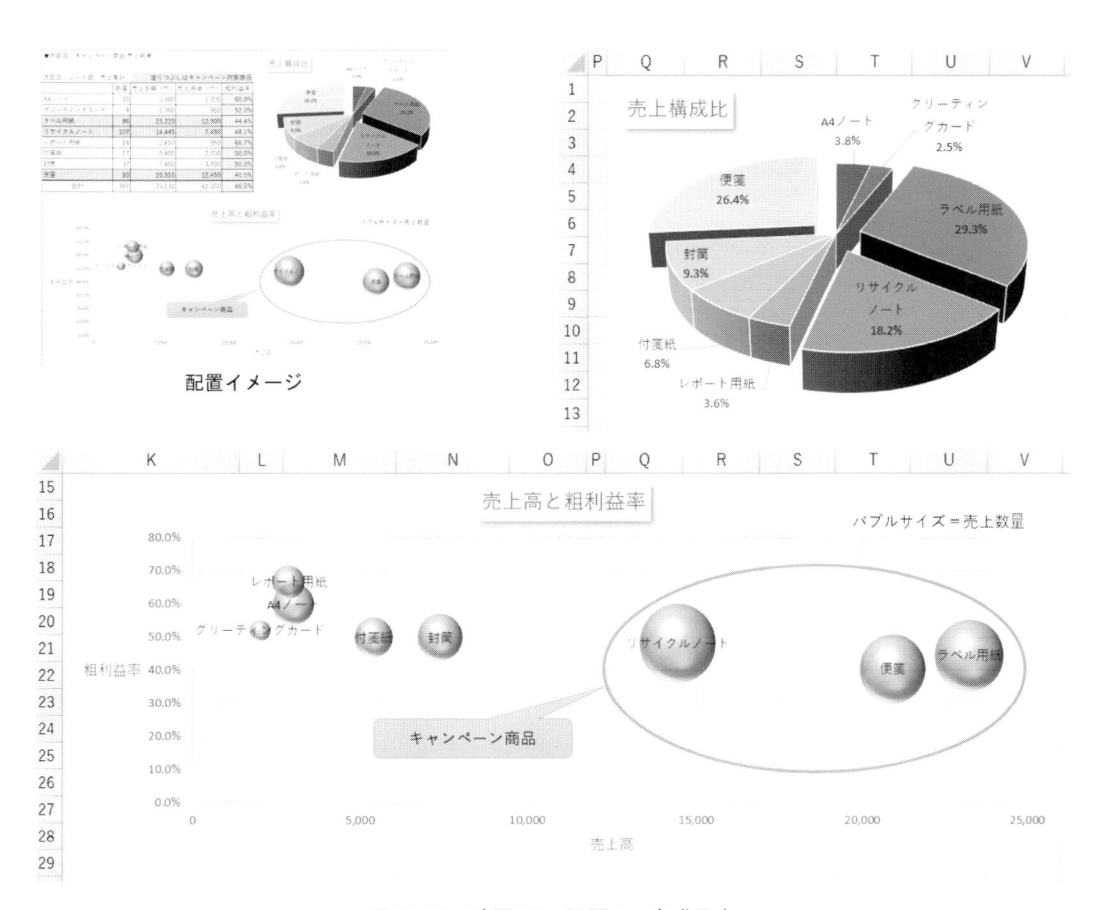

図 18-19　演習 12　設問 4　完成見本

演習 13

【使用ファイル：Excel 18.xlsx、使用シート：演習 13】

セル範囲 I1：O7 は体力テストの記録表である。セル範囲 A1：G7 の得点表に、記録を点数化して「小沢陽○」と全国平均を比較するレーダーチャートを作成しなさい。点数化にあたっては、p.70 第 6 章 表 6-1 に従って作成された得点換算表（セル範囲 I9：P20）を利用して VLOOKUP 関数で求めること。数式は絶対参照と複合参照を用いてセル B4 に作成し、黄色セルの範囲全体にコピーすること（引数「列番号」は種目ごとに変更が必要）。

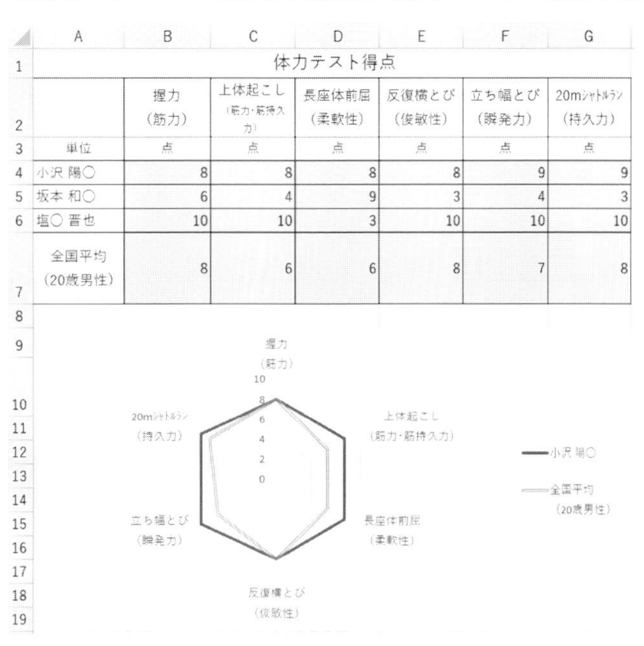

体力テスト得点						
	握力（筋力）	上体起こし（筋力・筋持久力）	長座体前屈（柔軟性）	反復横とび（俊敏性）	立ち幅とび（瞬発力）	20mシャトルラン（持久力）
単位	点	点	点	点	点	点
小沢 陽○	8	8	8	8	9	9
坂本 和○	6	4	9	3	4	3
塩○ 晋也	10	10	3	10	10	10
全国平均（20歳男性）	8	6	6	8	7	8

図 18-20　演習 13　完成見本

演習 14　　【使用ファイル：Excel 18.xlsx、使用シート：演習 14】

次の条件で、設問に従って完成見本のような予定表を作成しなさい。

条件 1：セル A3 に月初（完成見本は 2020/4/1）の日付データを入力すると、日付・曜日・セル A1 の月分が自動表示されるようにする（A1 には「m"月"」、A3：A33 には「d"日"」の表示形式が設定されている）

条件 2：土曜日の欄全体に水色、日曜日の欄全体にピンクの塗りつぶしが自動設定されるようにする

条件 3：30 日までの月は、31 日に該当する欄の文字や書式が表示されないようにする

条件 4：セル A3 には月初以外の日付が入力できないようにする

【設問 1】　以下のとおり数式を入力しなさい。

日付：セル A4 に、セル A3 の日付の次の日を算出し、表の最下行（A33）までコピーする（30 日までの月の場合は A33 に次月の 1 日が表示される）

曜日：A 列の日付の曜日を表示する

セル A1：セル A3 を参照する

【設問 2】　以下のとおり条件付書式を設定しなさい。

A3：C33 … B 列の曜日が「土」の場合は水色、「日」の場合はピンクの塗りつぶし

A33：C33 …セル A33 の値が「1 日」の場合は、フォントの色を白・塗りつぶしを「色なし」・左右と下罫線をなしにする

ヒント：DAY 関数を使用して条件を指定する

【設問 3】　セル A3 に、月初（1 日）以外の日付が入力できないように入力規則を設定しなさい。無効なデータが入力された場合は**図 18-21** のようなエラーメッセージを表示させること。

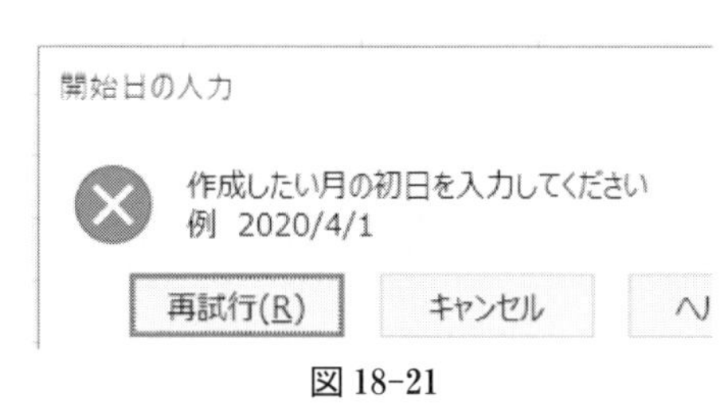

図 18-21

	A	B	C
1	4月 予定表		
2	日付	曜日	予定
3	1日	水	
4	2日	木	
5	3日	金	
6	4日	土	
7	5日	日	
8	6日	月	
28	26日	日	
29	27日	月	
30	28日	火	
31	29日	水	
32	30日	木	
33			

セルA3の値「2020/4/1」の場合

	A	B
1	5月 予定表	
2	日付	曜日
3	1日	金
4	2日	土
5	3日	日
6	4日	月
7	5日	火
8	6日	水
28	26日	火
29	27日	水
30	28日	木
31	29日	金
32	30日	土
33	31日	日

セルA3の値「2020/5/1」の場合

図 18-22　演習 14　完成見本

索　引

【さ行】

【た行】

【な行】

【は行】

【ま行】

【や行】

【ら行】

【わ行】

【アルファベット】

【記号】

■ 著者紹介

多田　憲孝（ただ　のりたか）

1984年　日本大学大学院修了
新潟工業短期大学教授、大阪国際大学教授を経て
現在　大阪国際大学名誉教授
著　書『アルゴリズム設計の基礎』（日本理工出版会）
『日本語版 Unity 2019 C# プログラミング入門』
（インプレス R & D）他

内藤　富美子（ないとう　ふみこ）

甲南女子大学短期大学部卒業
日本銀行大阪支店勤務を経て
マイクロソフト認定トレーナー（MCT）として活動
現在　大阪国際大学非常勤講師、関西学院大学非常勤講師
大阪 YMCA 国際専門学校講師兼授業コーディネーター等

• 本書籍は，日本理工出版会から発行されていた『コンピューターリテラシー Microsoft Office Excel 編（改訂版）』をオーム社から発行するものです．

コンピューターリテラシー
Microsoft Office Excel 編（改訂版）

2022 年 9 月 10 日　第 1 版第 1 刷発行
2023 年 9 月 10 日　第 1 版第 2 刷発行

著　者　多田憲孝
　　　　内藤富美子
発 行 者　村上和夫
発 行 所　株式会社 オーム社
郵便番号　101-8460
東京都千代田区神田錦町 3-1
電話　03(3233)0641(代表)
URL　https://www.ohmsha.co.jp/

印刷・製本　三秀舎
ISBN978-4-274-22920-6　Printed in Japan